湖南省职业教育优秀教材

高等职业教育课程改革系列教材

风电机组电气安装与调试

主　编　王　艳

副主编　唐　伟　黄建鹏

参　编　李治琴　陈文明　叶云洋　李谟发

张龙慧　刘宗瑶　罗小丽　石　琼

机械工业出版社

本书以风电机组装配工、风电机组调试员以及风电场运维人员所需要的电气安装及调试相关知识和技能为依据，按照完成一项工作任务的基本顺序，介绍了风电机组电气装调基本内容、风电机组电气安装的准备工作及安装工作、风电机组电气调试的基础知识及调试内容。全书的编写紧贴工作实际，将工作过程系统化和循序渐进化，关键技能点按照由浅入深的原则均设置了相应的任务实施和评价环节，使学生确切了解实际工作过程中电气装调的基本工作内容。每个项目均配有“思考与练习”，方便学习者巩固练习。

本书可作为高职高专风电类专业、应用型本科风电相关专业等的专业教材，也可以作为风电机组装配工、风电机组调试员以及风电场运维人员的学习参考用书。

为了方便学习，本书配有免费电子课件、思考与练习答案、模拟试卷及答案等，凡选用本书作为授课教材的学校，均可来电（010-88379375）或通过邮件（cmpgaozhi@sina.com）索取。

图书在版编目（CIP）数据

风电机组电气安装与调试/王艳主编．—北京：机械工业出版社，2019.5（2025.2重印）
高等职业教育课程改革系列教材
ISBN 978-7-111-62808-8

Ⅰ．①风…　Ⅱ．①王…　Ⅲ．①风力发电机-发电机组-安装-高等职业教育-教材 ②风力发电机-发电机组-调整试验-高等职业教育-教材
Ⅳ．①TM315

中国版本图书馆CIP数据核字（2019）第097790号

机械工业出版社（北京市百万庄大街22号　邮政编码100037）
策划编辑：王宗锋　　责任编辑：王宗锋　曲世海　韩　静
责任校对：炊小云　张晓蓉　封面设计：陈　沛
责任印制：刘　媛
涿州市般润文化传播有限公司印刷
2025年2月第1版第7次印刷
184mm×260mm · 13.75印张 · 334千字
标准书号：ISBN 978-7-111-62808-8
定价：49.90元

电话服务　　网络服务
客服电话：010-88361066　机　工　官　网：www.cmpbook.com
010-88379833　机　工　官　博：weibo.com/cmp1952
010-68326294　金　书　网：www.golden-book.com
封底无防伪标均为盗版　机工教育服务网：www.cmpedu.com

关于“十四五”职业教育
国家规划教材的出版说明

为贯彻落实《中共中央关于认真学习宣传贯彻党的二十大精神的决定》《习近平新时代中国特色社会主义思想进课程教材指南》《职业院校教材管理办法》等文件精神，机械工业出版社与教材编写团队一道，认真执行思政内容进教材、进课堂、进头脑要求，尊重教育规律，遵循学科特点，对教材内容进行了更新，着力落实以下要求：

1. 提升教材铸魂育人功能，培育、践行社会主义核心价值观，教育引导学生树立共产主义远大理想和中国特色社会主义共同理想，坚定“四个自信”，厚植爱国主义情怀，把爱国情、强国志、报国行自觉融入建设社会主义现代化强国、实现中华民族伟大复兴的奋斗之中。同时，弘扬中华优秀传统文化，深入开展宪法法治教育。

2. 注重科学思维方法训练和科学伦理教育，培养学生探索未知、追求真理、勇攀科学高峰的责任感和使命感；强化学生工程伦理教育，培养学生精益求精的大国工匠精神，激发学生科技报国的家国情怀和使命担当。加快构建中国特色哲学社会科学学科体系、学术体系、话语体系。帮助学生了解相关专业和行业领域的国家战略、法律法规和相关政策，引导学生深入社会实践、关注现实问题，培育学生经世济民、诚信服务、德法兼修的职业素养。

3. 教育引导学生深刻理解并自觉实践各行业的职业精神、职业规范，增强职业责任感，培养遵纪守法、爱岗敬业、无私奉献、诚实守信、公道办事、开拓创新的职业品格和行为习惯。

在此基础上，及时更新教材知识内容，体现产业发展的新技术、新工艺、新规范、新标准。加强教材数字化建设，丰富配套资源，形成可听、可视、可练、可互动的融媒体教材。

教材建设需要各方的共同努力，也欢迎相关教材使用院校的师生及时反馈意见和建议，我们将认真组织力量进行研究，在后续重印及再版时吸纳改进，不断推动高质量教材出版。

机械工业出版社

前　言

风电机组电气安装与调试是风电机组可以正常并网发电的重要前提之一，也是风电机组安全可靠、性能稳定的重要检验步骤之一。通过风电机组电气安装环节，可以将风电机组的所有电气系统可靠连接起来；通过风电机组电气调试环节，可以排除机械装配以及电气安装环节存在的各种问题，同时有效检验风电机组控制系统的控制功能，确保其符合设计要求。

本书的编写以风电机组电气安装与调试的实际工作过程为参考依据，紧密结合企业中对应工作岗位的技能需求，根据工作需求及工作内容将工作过程划分为6个项目，分别为兆瓦级风电机组认知、风电机组电气安装的通用准备工作、风电机组的电气安装、风电机组调试的通用准备工作、风电机组车间调试、风电机组现场调试。每个项目由多个任务组成，全书共计21个任务。完成每个任务所需要的知识采用任务驱动、问题探索的形式导入，让学生带着疑问学习相关知识，提升学生学习的积极性。每个任务均是风电机组电气装调工程师实际工作过程中的一部分工作内容，学生通过这些任务可以学以致用并掌握风电机组电气安装与调试的基本工作技能，为以后从事风电相关职业打下良好的基础。

本书由湖南电气职业技术学院的王艳老师担任主编，企业高级工艺师唐伟以及高级研发工程师黄建鹏担任副主编并进行内容的校核，主审工作由教学经验丰富、参加过多本书籍编写的王迎旭教授以及企业现场电气工程师汤文彬担任，李治琴、陈文明、叶云洋、李谟发、张龙慧、刘宗瑶、罗小丽、石琼参与了本书的编写工作。

由于编者水平有限，书中不妥之处在所难免，敬请各位同行、读者批评指正。

编　者

目　　录

目录

项目一　兆瓦级风电机组认知

风能作为自然界中一种常见的可再生能源，对自然条件的要求较低，目前已经被广泛开发和利用；同时风力发电技术已比较成熟、发电成本相对也较低，所以风力发电已经成为发展最快的可再生能源发电行业之一。

风力发电，顾名思义是利用风能来进行发电，风力发电机组（简称风电机组）就是这种将风能转换为电能的装置。风电机组通过叶轮将风能转换为机械能，通过传动系统将机械能传递给发电机，再通过发电机将机械能最终转换成电能，电能通过合适的装置储能或变换为可以直接并入电网的电能输送到电网中。

任务一　兆瓦级风电机组的结构、工作原理认知

学习目标

1. 了解兆瓦级风电机组的工作原理。
2. 了解兆瓦级风电机组的分类。
3. 掌握兆瓦级风电机组的结构。

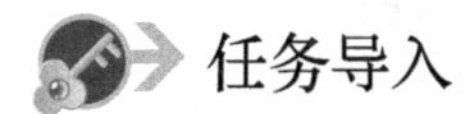

任务导入

观察风电实训室内各种类型的风电机组，会发现它们在外观结构及内部结构方面会存在一些区别。任意选取两台机组进行结构认知，是否可以立刻说出其外观结构和内部部件的名称及作用，以及两台机组之间的异同点呢？风电机组又是如何来实现发电、并网等功能的呢？下面将依次介绍风电机组的工作原理、分类以及结构等。

知识准备

一、风电机组的工作原理

风电机组的工作原理简单来说就是将风的动能转换成发电机转子的动能，转子的动能再转换成电能，具体能量转换过程如图 1-1 所示。

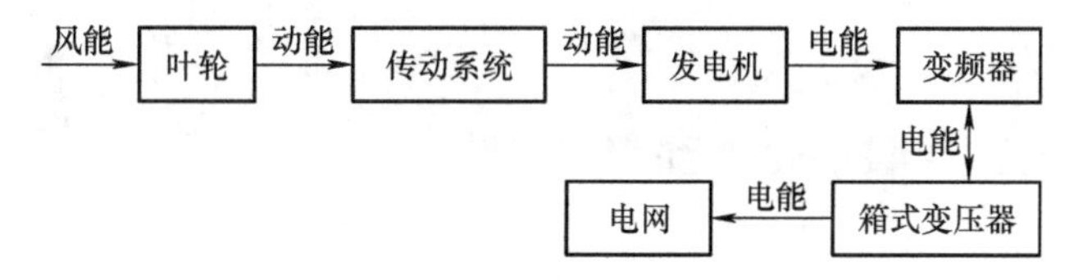

图 1-1　风电机组能量转换示意图

风的动能作用于叶片上，风电机组通过调整叶片迎风角捕获合适的风能，从而带动叶轮转动；叶轮的动能通过传动系统传递给发电机的转子；转子在定子产生的磁场中旋转从而产生电能，并将电能通过电缆输送至变流器发电机侧；变流器将发电机输出的电能转换为与电网同频同电压等级的电能输送给风电场每台风电机组配备的箱式变压器（简称箱变）；变压器将电能转换为10kV或35kV的电能输送到升压站内；升压站内的主变压器将此电能转换为110kV或220kV的电能，最终并入到电网中。

二、兆瓦级风电机组的分类

1. 根据风电机组主轴的安装方向分类

风电机组主轴是叶轮与发电机的连接轴，根据其安装方向不同，可以将风电机组分为垂直轴（见图1-2）和水平轴（见图1-3）两种类型。

目前市场上的主流机型是水平轴型的风电机组。

图1-2 垂直轴型风电机组

图1-3 水平轴型风电机组

2. 根据叶片数量分类

如图1-4所示，根据叶片数量的多少可以将风电机组分为单叶片、双叶片、三叶片和多叶片风电机组。

目前市场上主流的兆瓦级风电机组一般采用三叶片结构。

a) 单叶片

b) 双叶片

c) 多叶片

d) 三叶片

图1-4 不同叶片的风电机组

3. 根据功率控制方式分类

根据功率控制方式不同可以将风电机组分为失速型和变桨型两种。

如图 1-5 所示，失速型的风电机组一般是指定桨距型的风电机组，其叶片与轮毂之间采用刚性连接，其叶轮转速恒定，桨距角不变，在风速发生变化时无法通过调整叶片的迎风面积调整功率，所以采用失速调节控制功率。失速型风电机组在风速高于额定风速时，气流的攻角增大到失速条件，使桨叶的表面产生涡流，导致效率降低，从而降低功率的输出。在风电机组需要停机时，采用叶尖扰流器进行空气动力制动，从而快速响应停机指令。

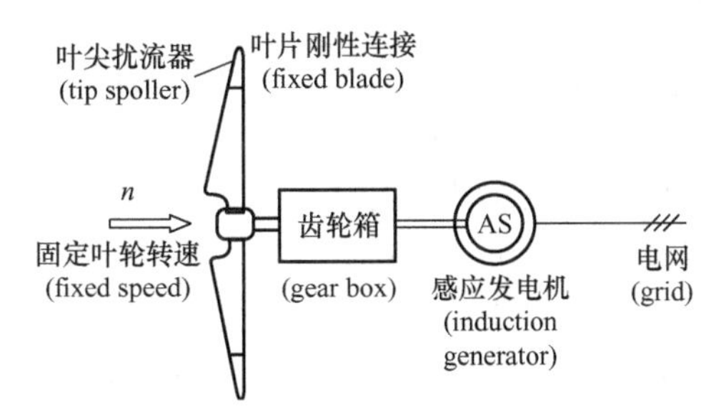

图 1-5　失速型风电机组工作过程示意图

如图 1-6 所示，变桨型风电机组的叶轮转速可以根据风速的变化而变化，其桨距角也可以根据要求进行相应的调整来改变叶片的迎风面积，从而有效快速地控制风电机组的功率输出。

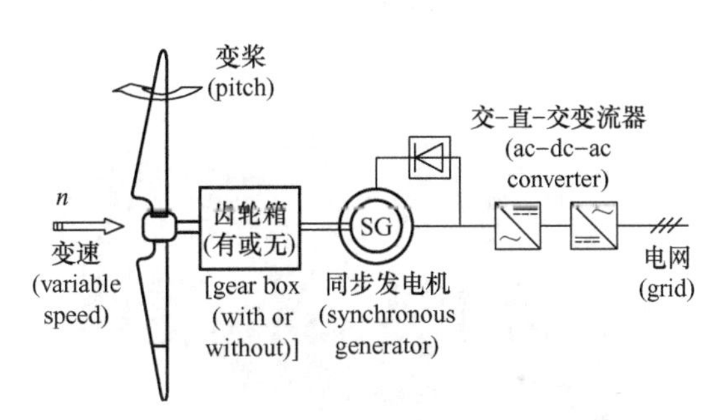

图 1-6　变桨型风电机组工作过程示意图

目前市场上的主流机型基本均采用变桨变速型的风电机组。

4. 根据发电机组类型分类

根据发电机类型的不同可以将风电机组分为双馈型和直驱型。

如图 1-7 所示为双馈型风电机组，其采用的发电机为双馈型发电机，在叶轮与发电机之间必须安装增速齿轮箱。

图 1-8 所示为直驱型风电机组，其采用的发电机一般为永磁同步发电机，其叶轮与发电机之间通过主轴直接相连，无增速装置。

目前市场上这两种类型的风电机组都很普遍。

5. 根据对风方式分类

根据风电机组的对风方式，可以将风电机组分为上风向和下风向两种类型。

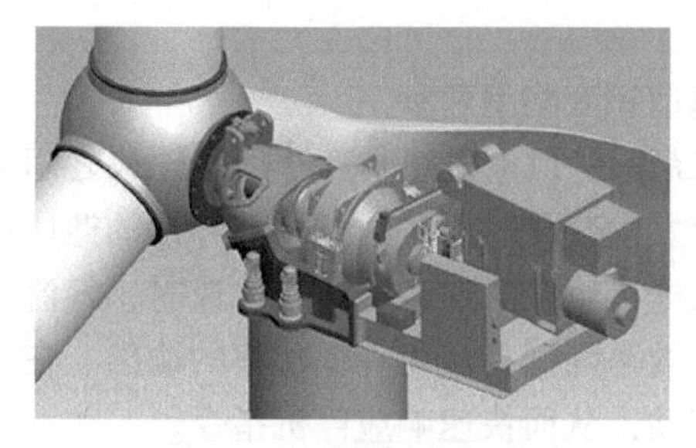

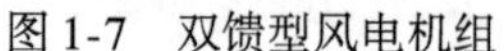

图 1-7 双馈型风电机组

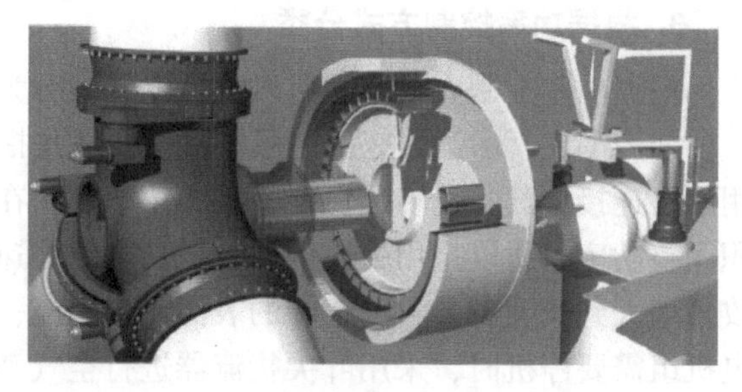

图 1-8 直驱型风电机组

上风向的风电机组，对风完成后，大部分情况下其叶轮在塔筒的前方；下风向的风电机组，对风完成后，大部分情况下其叶轮在塔筒的后方。

目前市场上大部分机组均为上风向型机组。

除上述分类外，还可以根据风电机组的额定容量、桨叶的受力方式等进行分类。综合各种类型的优缺点，以提高风电机组的性能及可利用率为前提，目前市场上广泛使用的兆瓦级风电机组一般为：水平轴三叶片上风向变桨变速永磁直驱（双馈）型风电机组。

三、兆瓦级风电机组的结构

目前市场主流的水平轴变桨变速型风电机组一般可以归纳为三种：直驱型风电机组（见图 1-9）、双馈型风电机组（见图 1-10）以及半直驱型风电机组，其中半直驱型的风电机组的传动系统结构类似双馈型，但是其发电机及变流器与直驱类似。

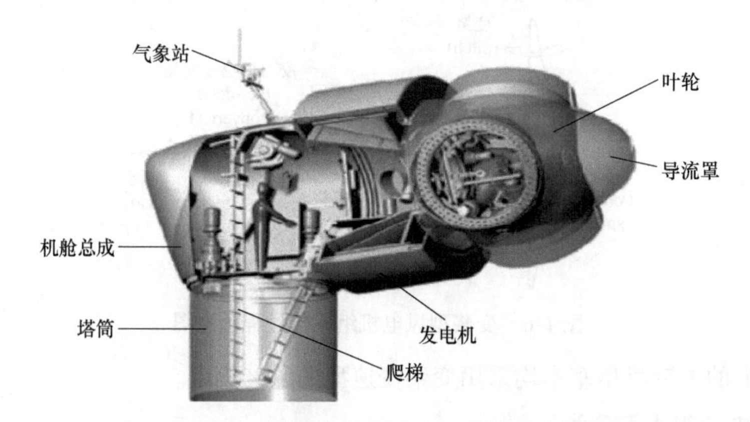

图 1-9 永磁直驱型风电机组结构示意图

图 1-9 和图 1-10 是市场上主流的两种机型，综合此两种机型可以将风电机组的整体结构划分为叶轮系统、传动系统、发电机、机舱系统、气象站、塔筒、控制系统和接地保护系统。

1. 叶轮（风轮）系统

叶轮也可以称之为风轮，由叶片、轮毂以及导流罩三大部分组成，其主要功能是从风能中获取能量，并将能量转换为叶轮旋转的机械能。

兆瓦级风电机组的叶片一般采用玻璃钢纤维或其他高强度复合材料制成。叶片安装到轮毂上，所有叶片捕获到的风能通过轮毂传递给传动系统，再送至发电机。同时为了确保机组

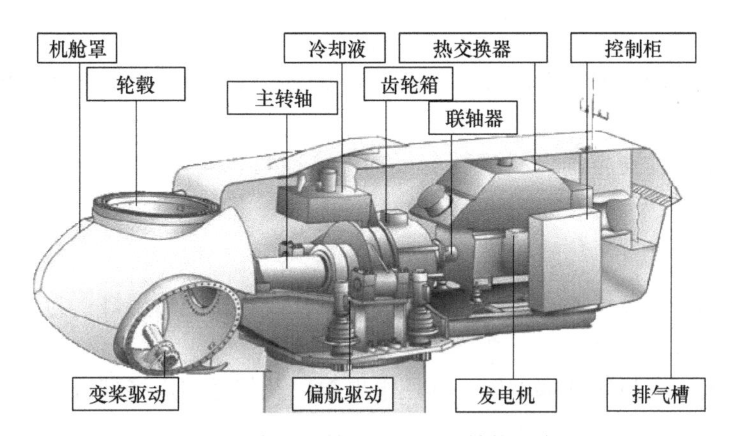

图 1-10　永磁双馈型风电机组结构示意图

的安全并控制风电机组的功率输出，叶片相对于轮毂可以做旋转运动，也即变桨系统。变桨系统的主要功能是在不同的风速情况下设置不同的桨距角确保机组的功率输出达到最优状态，并且确保机组一直在安全工况下运行。

风电机组的导流罩是风机轮毂的保护罩，确保机组在迎风情况下，气流会依照导流罩的流线型均匀分流，对风电机组起到一种保护的作用。

2. 传动系统

风电机组的传动系统的主要功能是将叶轮的机械能传递给发电机。

直驱型的风电机组的传动系统较简单，一般只包括一个主轴及其附件。

双馈及半直驱型的风电机组的传动系统结构较为复杂，除双馈机组使用的主轴外，还包含齿轮箱、联轴器等，如图 1-11 所示。

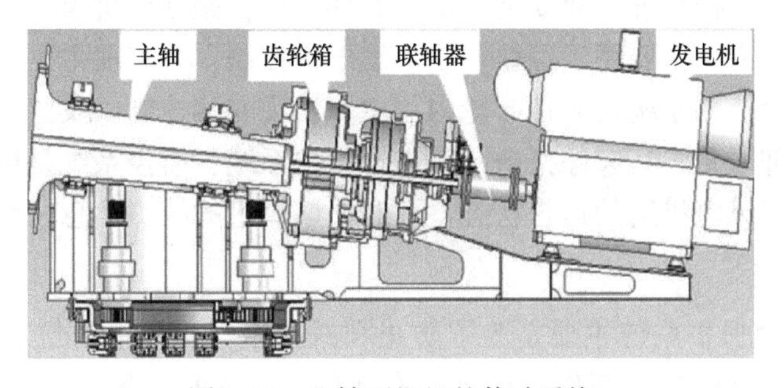

图 1-11　双馈型机组的传动系统

齿轮箱的主要功能是将叶轮转速增加到与发电机转速匹配的数值，从而带动发电机转动。

3. 发电机

发电机的主要功能是将机械能转换为电能，并将电能输送到并网装置内。

兆瓦级风电机组常用的发电机一般有永磁同步发电机和双馈异步发电机两种。直驱型风电机组采用永磁同步发电机，其体积大，转速慢；双馈型兆瓦级风电机组采用双馈异步发电机，其体积较直驱型小，转速较直驱型大很多。

4. 机舱系统

机舱是风电机组的主要承力部件之一，在其与塔筒的连接处设置有调向机构，也即偏航系统。

偏航系统的主要功能是确保机组随着风向的变化可以自动对风，使机组尽可能地捕获风能。

5. 气象站

气象站主要用于测量风速、风向、环境温度以及设置航空障碍灯，为风电机组控制系统的设计提供必要的输入信号。

气象站一般安装在机舱顶部位置，其用电电源以及信号均连接到机舱控制柜内。

6. 塔筒

塔筒也是风电机组的主要承力部件之一，100m 以下的塔筒一般由三段组成，100m 以上的塔筒根据运输条件分成四或五段。

塔筒的顶段与机舱连接，塔筒的底段与基础法兰连接。在塔筒内部设有电缆支架等，用于保护塔上到塔下的各种电缆和通信线；在塔筒内部装有从塔上到塔下的爬梯，部分机组也安装有简易电梯，用于供维护人员从塔下到塔上对风电机组进行维护与检修；塔筒内部一般设有三到四层平台，提供运维人员在塔筒内部休整的场地。

7. 控制系统

风电机组的控制系统由软件和硬件两大部分组成。

软件一般以应用程序的方式存储在指定的 PLC 单元内。

硬件系统一般由五大部分组成，分别为：主控系统、机舱控制系统、叶轮控制系统、变流器以及监控系统。主控系统一般安装在塔筒底部平台，是整台机组的核心控制部分；机舱控制系统安装在机舱内，主要用于偏航控制、发电机控制，并实现主控叶轮、主控与机舱之间的相互通信；叶轮控制系统安装在叶轮内，主要实现变桨控制以及紧急收桨控制；变流器一般安装在塔筒底部平台，其起停指令一般来自主控系统；监控系统是用于对机组或风电场进行监控，实时监视风电机组的运行状态，及时了解机组的故障信息，确保机组的安全。

8. 接地保护系统

风电机组的接地保护系统主要是为了防止和减少雷电对风电机组或工作人员造成的危害。风电机组内部所有的电气部件必须进行有效的接地保护，风电机组大部件与大部件之间、风电机组与大地之间设计了有效的雷击电流传输通道，最终将电流传输到大地上。

风电机组的整体防雷接地保护系统可以根据 IEC62305－4 标准防雷分区进行划分（见图 1-12），可以将风电机组的内外部划分成多个防雷保护区。

- LPZ0A 区：本区内的各物体都可能遭到直接雷击和导走全部雷电流，本区内的电磁场强度没有衰减。在这一区域的风电机组部件包括：叶片、机舱外部部分区域、塔筒外部的大部分区域。

- LPZ0B 区：本区内的各物体不可能遭到大于所选滚球半径对应的直击雷，但本区内的电磁场强度没有衰减。在这一区域的风电机组部件包括：机舱外部（非屏蔽机舱的内部）、发电机组外转子、机舱顶部区域（如气象站和航空灯等）、塔筒的底部部分区域。

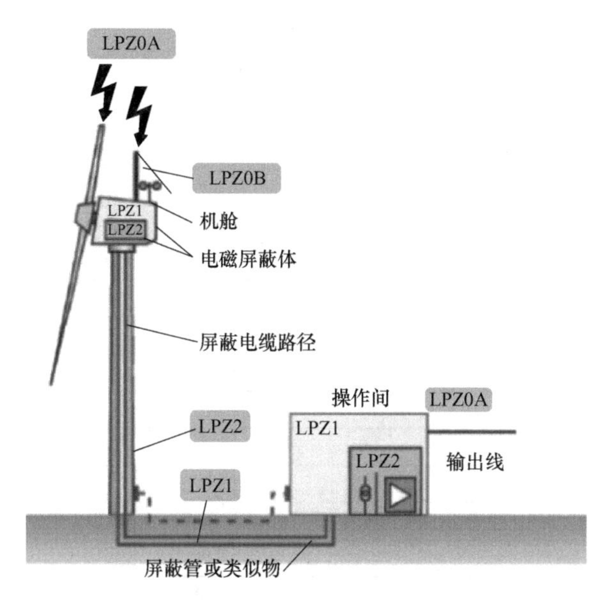

图 1-12　风电机组防雷接地保护系统

- LPZ1 区：本区内的各物体不可能遭到直接雷击，流经各导体的电流比 LPZ0B 区更小；本区内的电磁场强度可能衰减，这取决于屏蔽措施。在这一区域的风电机组部件包括：机舱内部和塔筒内部。
- LPZ2 区：本区是指处于 LPZ1 区内，同时具有一定雷电电磁脉冲屏蔽能力的区域。在这一区域的部件包括：机舱内的控制柜、塔筒底部的控制柜。
- LPZ3：本区是指处于 LPZ2 内，再次衰减流入的电流和电磁场的强度。根据需要，还可以继续有后续防雷区。

参考 IEC61400－24《风电机组防雷击保护》标准，对不同的雷区设计最合适的防护手段，主要包括雷电接收和传导系统、过电压保护和等电位联结、电控系统防雷等措施。

任务实施与评价

任务实施与评价表见表 1-1。

表 1-1　任务实施与评价表

任务名称	兆瓦级风电机组的结构、工作原理认知		
任务开始时间		任务结束时间	
任务实施环节问题记录			
任务描述	参考图 1-13 所示的两种类型的风电机组结构示意图，完成如下内容： 1）填写图 1-13 中的横线部分，明确风电机组的类型 2）完成本表格“任务实施”栏中所示表格的内容，并在实训室内的兆瓦级风电机组上寻找对应的零部件		

（续）

任务实施

风电机组结构认知实训表

图 1-13　a 风电机组结构认知			图 1-13　b 风电机组结构认知		
序号	部件名称	功能描述	序号	部件名称	功能描述
1			1		
2			2		
3			3		
4			4		
5			5		
6			6		
7			7		
8			8		
9			9		
10			10		
11			11		
12			12		
13			13		
14			14		
15			15		

任务总结

任务评价

1. 风电机组结构认知实训（共 40 分）

风电机组结构认知实训表中：名称错误一处扣 3 分，功能错误一处扣 5 分

2. 风电机组实物结构认知（共 60 分）

风电机组实物结构认知，包括外观结构和内部结构，认知过程中：名称错误一处扣 3 分，功能错误一处扣 5 分

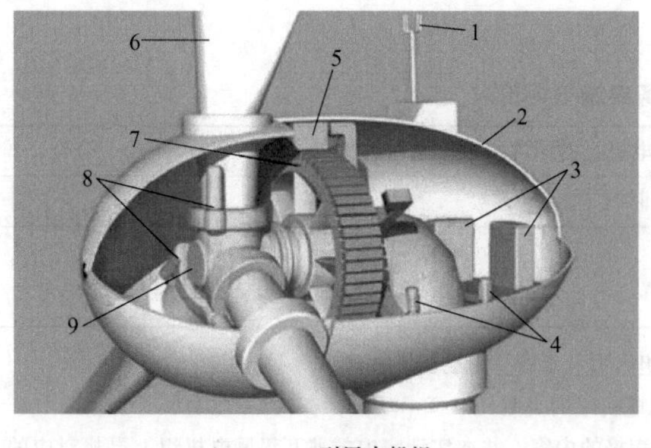

a) ________型风电机组

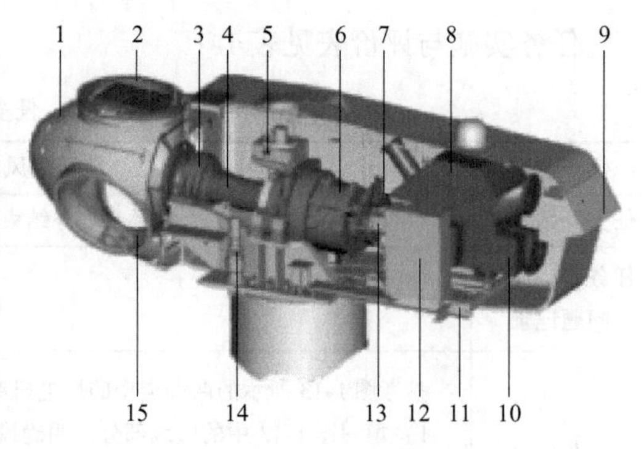

b) ________型风电机组

图 1-13　风电机组结构示意图

任务二　风电机组电气装调任务认知

学习目标

1. 了解风电机组车间电气装调的基本内容。
2. 了解风电机组现场电气装调的基本内容。

任务导入

风电机组电气装调主要工作内容包括哪些呢？车间的电气装调和现场的电气装调又存在怎样的区别呢？

知识准备

风电机组是一种重型的机电设备，其机械装配过程根据实际情况必须分成两大步骤完成：车间的各大总成部分的分别装配、风电场现场的组装和整机吊装。风电机组的电气装配与调试（以下简称风电机组电气装调）根据机械装配过程也分为两部分，分别为：车间的电气装配和调试、现场的电气装配和调试。

一、风电机组车间电气装调

根据工作内容的不同，可以将风电机组车间的电气装调分为两大部分：电气装配和电气控制功能调试。

1. 车间电气装配

电气装配，也即电气元件的装配与接线。对于整机制造商而言，电气元件的装配内容较少，重点内容集中在电气接线环节。

电气装配工程师必须要熟悉风电机组的电气工艺规范，能看懂电气接线图，能选取合适的物料按照电气装配标准进行装配，在装配完成之后可以对成品进行基本的检测，确保其连接的正确性。

在风电机组车间机械装配以及电气元件装配完成之后，根据电气工艺要求和风电机组的对应电气接线图将机舱总成（包含发电机及其冷却系统、齿轮箱及其冷却系统和气象站）、轮毂总成、主轴承总成、所有控制柜以及变流器内部的所有电气接线完成。部件总成相互之间的电气接线暂不连接，除非要进行调试或有其他特殊要求。

变流器内部、控制柜内部的元件之间的电气接线由其制造商完成。

机舱总成的电气接线拓扑图如图 1-14 所示，轮毂总成的电气接线拓扑图如图 1-15 所示。

2. 车间电气调试

风电机组车间电气安装完成之后，即可对单个部件总成进行调试。调试过程中严格按照调试手册的步骤测试和记录，发现问题时必须及时处理并记录。

车间调试一般分为三部分：主控系统调试、机舱系统调试和叶轮系统调试。其他部分的车间调试一般由制造商完成或者抽取一到两套产品在整机厂的组装车间进行联调。

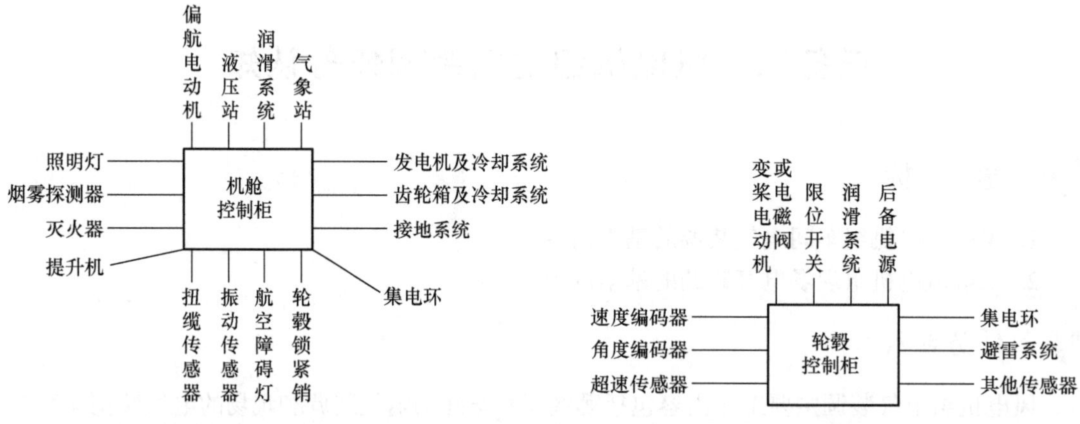

图 1-14 机舱总成电气接线拓扑图

图 1-15 轮毂总成电气接线拓扑图

调试必须由经过专业培训合格的人员担任，一般至少两个人一组。调试工程师必须熟悉风电机组的结构组成和安全要求，熟悉其电气控制原理，了解电气元件的基本工作原理，了解风电机组的基本控制流程，熟悉风电机组故障排除的基本思路和方法，知道在紧急情况下应该采取的安全措施。

二、风电机组现场电气装调

风电机组车间装调全部合格后可以将部件总成打包发货到指定风电场等待现场机械吊装。现场整机吊装完成并确保机械装配的基本工艺都已经完成，即可以开始现场的电气接线。在电气装调之前必须熟悉风电机组现场电气系统。

1. 风电场现场电气系统概述

（1）电气系统构成 风电场电气系统是由风电场、电网及负荷构成的整体，是用于风电生产、传输、变换、分配和消耗电能的系统。风电场是整个风电系统的基本生产单位，风电机组生产电能，变电站将电能变换后传输给电网。电网是实现电压等级变换和电能输送的电力装置。电网按电压等级划分为 6kV、35kV 和 110kV 等。我国的电网额定电压等级分为 0.22kV、0.38kV、3kV、6kV、10kV、35kV、60kV、110kV、220kV、330kV、500kV 等。习惯上称 10kV 以下线路为配电线路，35kV、60kV 线路为输电线路，110kV、220kV 线路为高压线路，330kV 以上线路为超高压线路。

风电场的电气系统和常规发电厂是一样的，也是由一次系统和二次系统组成。电气一次系统用于电能的生产、变换、分配、传输和消耗；对一次系统进行监测、控制、调节和保护的系统称为电气二次系统。

风电场一次系统由四个部分组成，即风电机组、集电系统、升压变电站及风电场用电系统。风电场的主流风电机组输出电压一般为 AC690V，经过机组升压变压器升高到 10kV 或 35kV。集电系统的主要功能是将风电机组生产的电能以组的形式收集起来，由电缆线路直接并联，汇集为一条 10kV 或 35kV 架空线路（或地下电缆）输送到升压变电站。升压变电站的主变压器将集电系统的电压再次升高，一般可将电压升高到 110kV 或 220kV 并接入到电力系统，百万千瓦级的特大型风电场需升高到 500kV 或更高。风电场用电主要是维持风电场正常运行及安排检修维护等生产用电和风电场运行维护人员在风电场内的生活用电。

（2）电气设备及运行　风电场电气一次系统和电气二次系统是由具体的电气设备构成的。构成电气一次系统的电气设备称为一次设备，构成电气二次系统的电气设备称为二次设备。一次设备是构成电力系统的主体，它是直接生产、输送、分配电能的电气设备，包括风电机组、变压器、开关设备、电力母线、电抗、电容、互感器、电力电缆和输电线路等。其中一次设备中最为重要的部分是发电机、变压器等实现电能生产和变换的设备，它们和载流导体（母线、线路）相连接实现了电力系统的基本功能。二次设备通过 CT、PT 同一次设备取得电的联系，是对一次设备的工作进行监测、控制、调节和保护的电气设备，包括测量仪表、控制及信号器件、继电保护和自动装置等。二次设备及其相互连接的回路称为二次回路，二次回路是电力系统安全生产、经济运行、可靠供电的重要保障，是风电场不可缺少的重要组成部分。

运行中的电气设备按运行情况可分为四种状态，即运行状态、热备用状态、冷备用状态和检修状态。

运行状态：电气设备的断路器、隔离开关都在合闸位置，设备处于运行中。

热备用状态：电气设备只断开了断路器而隔离开关仍在合闸位置，设备处于备用状态。

冷备用状态：电气设备的断路器、隔离开关部分都在分闸位置，设备处于停运状态。

检修状态：电气设备发生异常或故障，设备所有的断路器、隔离开关都已断开，并完成了装设地线、悬挂标示牌、设置临时防护栏等安全技术措施，准备检修。

送电过程中电气设备工作状态变化顺序为：检修→冷备用→热备用→运行。

停电过程中电气设备工作状态变化顺序为：运行→热备用→冷备用→检修。

在电力运行中利用开关电器，遵照一定的顺序，对电气设备完成运行、热备用、冷备用和检修四种状态的转换过程称为倒闸操作。倒闸操作必须严格遵守基本操作原则。

2. 现场电气装配

现场电气接线也有其工艺文件可以遵循，同样，电气工程师必须熟悉这部分工艺文件，确保电气装配的所有物料到位并按照工艺规范进行电气装配。

现场的电气接线拓扑图如图 1-16 所示。

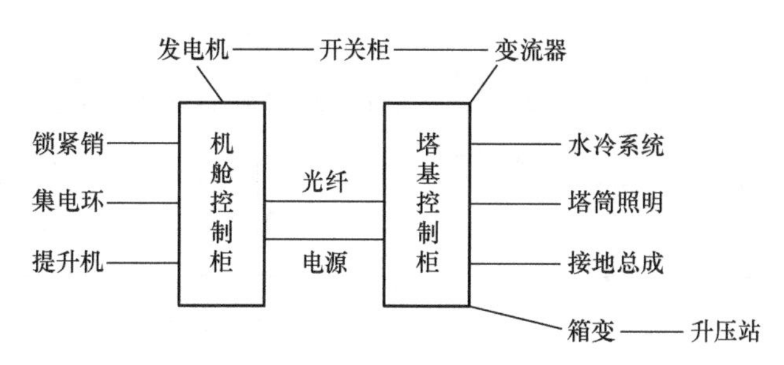

图 1-16　风电机组现场电气接线拓扑图

3. 现场电气调试

风电机组现场电气调试是风电机组可以运行的前提条件之一，通过整机的电气调试排除风电机组存在的各种故障，确保风电机组可以安全、顺利地并网发电。

风电机组现场调试一般分为三个步骤进行，分别为：离网调试、空转测试和并网调试。每一个步骤必须调试合格才能进入下一步，现场调试的步骤及内容都体现在风电机组的现场调试手册中，经过专业培训合格的调试人员对机组进行调试并记录，排除调试过程中遇到的各个故障点，为下一步的工作做好准备。

任务实施与评价

任务实施与评价表见表 1-2。

表 1-2 任务实施与评价表

<table>
<tr><td>任务名称</td><td>风电机组电气装调参考资料查询</td></tr>
<tr><td>资料查询手段</td><td></td></tr>
<tr><td>任务实施环节
问题记录</td><td></td></tr>
<tr><td>任务描述</td><td>结合任务二的“知识准备”部分，总结风电机组电气装调需要准备的资料。通过网络进行搜索，完成如下内容：
1）查找风电机组电气装配相关标准，将标准编号、标准名称等信息记录下来
2）查找风电机组电气调试手册以及风电机组主要零部件的维护手册并整理成电子文档
3）学会识别电缆规格，能根据资料查询或者看懂规格中字符的含义</td></tr>
<tr><td>任务实施</td><td>风电机组电气装调参考资料查询记录表
<table>
<tr><td colspan="3">电气装调相关标准</td></tr>
<tr><td>序号</td><td>标准编号</td><td>标准名称</td></tr>
<tr><td>1</td><td></td><td></td></tr>
<tr><td>2</td><td></td><td></td></tr>
<tr><td>3</td><td></td><td></td></tr>
<tr><td>4</td><td></td><td></td></tr>
<tr><td>5</td><td></td><td></td></tr>
<tr><td>6</td><td></td><td></td></tr>
<tr><td>7</td><td></td><td></td></tr>
<tr><td>8</td><td></td><td></td></tr>
<tr><td colspan="3">风电机组装调手册及维护手册资料查询记录表</td></tr>
<tr><td>序号</td><td>资料名称</td><td>资料说明</td></tr>
<tr><td>1</td><td></td><td></td></tr>
<tr><td>2</td><td></td><td></td></tr>
<tr><td>3</td><td></td><td></td></tr>
<tr><td>4</td><td></td><td></td></tr>
<tr><td>5</td><td></td><td></td></tr>
<tr><td>6</td><td></td><td></td></tr>
<tr><td>7</td><td></td><td></td></tr>
<tr><td>8</td><td></td><td></td></tr>
<tr><td>9</td><td></td><td></td></tr>
<tr><td>10</td><td></td><td></td></tr>
</table>
</td></tr>
</table>

（续）

风电机组电缆相关标准及资料查询记录表		
序号	资料名称	资料说明
1		
2		
3		
4		
5		

任务总结	
任务评价	1. 以资料的可参考性为基准，按照参考价值进行综合评定，评定级别分为：A（优秀）、B（良好）、C（中等）、D（及格）、E（不及格） 2. 以小组为单位将资料整理成电子档形式提交。

知识拓展——风电机组液压系统认知

在风电机组中，液压系统一般用于：

1）电动变桨系统：偏航制动、传动系统机械制动、叶轮锁紧。

2）液压变桨系统：液压变桨、偏航制动、传动系统机械制动、叶轮锁紧。

一、液压系统简介

液压系统的作用为通过改变压强增大作用力。一个完整的液压系统一般由动力元件、执行元件、控制元件、辅助元件和液压油五部分组成。液压传动系统以传递动力和运动为主要功能，液压控制系统的主要功能则是使液压系统的输出满足特定的性能要求（特别是动态性能），通常所说的液压系统主要指液压传动系统。

液压系统各组成部分的常用元件类型及功能说明见表1-3。

表1-3　液压系统组成及功能说明

<table>
<tr><th>序号</th><th>元件类型</th><th colspan="2">代表元件</th><th colspan="2">功能说明</th></tr>
<tr><td>1</td><td>动力元件</td><td colspan="2">液压泵</td><td colspan="2">将机械能转换为流体的压力能</td></tr>
<tr><td rowspan="2">2</td><td rowspan="2">执行元件</td><td colspan="2">液压缸</td><td rowspan="2">将液体的压力能转换为机械能</td><td>驱动负载做直线往复运动</td></tr>
<tr><td colspan="2">液压马达</td><td>驱动负载做回转运动</td></tr>
<tr><td rowspan="3">3</td><td rowspan="3">控制元件</td><td>方向控制阀</td><td>换向阀、单向阀</td><td colspan="2" rowspan="3">控制液压回路的通断及压力大小，并确保液压回路的压力值的稳定</td></tr>
<tr><td>流量控制阀</td><td>节流阀、调速阀</td></tr>
<tr><td>压力控制阀</td><td>溢流阀、顺序阀</td></tr>
<tr><td>4</td><td>辅助元件</td><td colspan="2">液压油缸、蓄能器、过滤器、油管、压力表、油位计</td><td colspan="2">辅助上述三部分组成一个完整的液压控制系统</td></tr>
<tr><td>5</td><td>液压油</td><td colspan="2">各种矿物油、乳化液和合成型液压油</td><td colspan="2">液压系统中传递能量的工作介质</td></tr>
</table>

二、液压系统的组成

1. 动力元件

液压系统中常用的动力元件为液压泵，其结构如图 1-17 所示。液压泵的主要功能是通过其机械运动将液压油从油缸中吸出并送到液压管道内，具体工作原理（见图 1-18）如下：

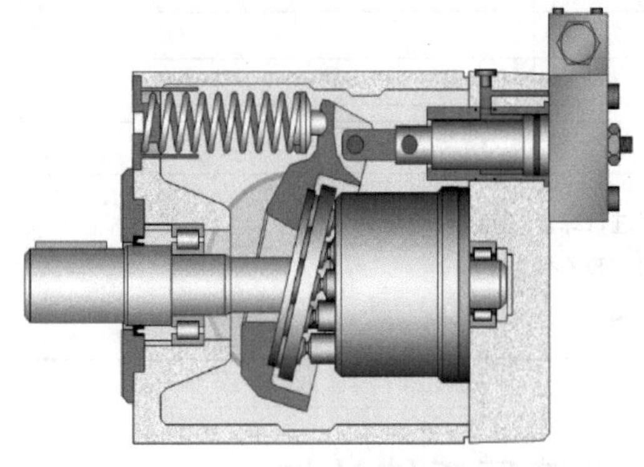

图 1-17 液压泵内部结构示意图

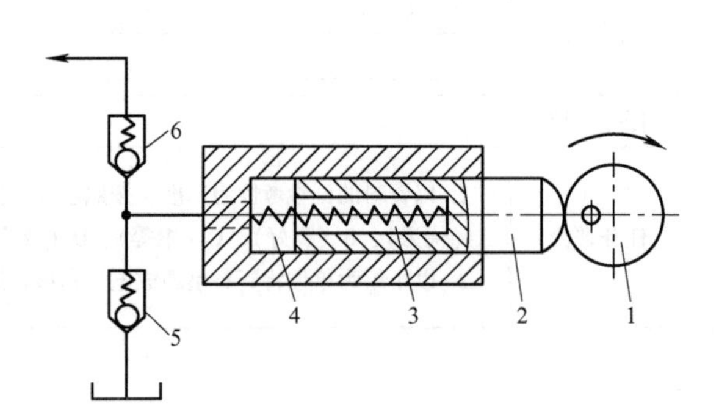

图 1-18 液压泵工作原理演示图

1—凸轮 2—柱塞 3—弹簧

4—密封工作腔 5、6—单向阀

- 首先，液压泵上电后带动凸轮旋转。
- 凸轮和弹簧合力带动柱塞 2 在缸体的柱塞孔内左、右往复移动。
- 吸油过程：柱塞向右运动时，4 容积由小变大，形成局部真空，大气压力迫使油箱中的油液通过吸油管顶开单向阀 5，进入 4 中。
- 压油过程：柱塞向左运动时，4 容积由大变小，迫使油箱中的油液顶开单向阀 6 流向系统中去，这就是泵的压油过程。

液压泵在液压控制原理图中的职能符号见附录 A，其他常用液压元件的职能符号也可参考附录 A，后面不再单独进行说明。

2. 执行元件

液压的常用执行元件包括液压缸（见图 1-19a）和液压马达（见图 1-19b），用于直接驱动被动对象。当液压管道内注入液压油时，其压力值增大，从而带动液压缸或液压马达内的活动部分做机械运动，最终带动被动对象进行直线或旋转运动。

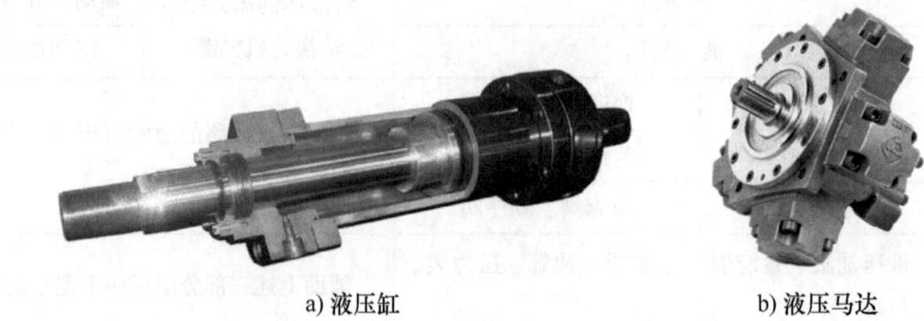

a) 液压缸　　b) 液压马达

图 1-19 液压缸及液压马达的外观结构

3. 控制元件

液压控制元件也叫液压控制阀，主要用于控制和调节液压系统中液体流动的方向、压力的高低、流量的大小，满足液压执行元件对压力、速度和换向的要求。

按照用途可以分为方向控制阀、压力控制阀和流量控制阀。

(1) 方向控制阀　方向控制阀用于控制液压系统的油流方向，接通或断开油路，从而控制执行机构的起动、停止或改变运动方向。常用的方向控制阀分为单向阀和换向阀。

1) 单向阀。单向阀只允许液流单方向流动，不允许反向倒流，其开启压力一般为0.03～0.05MPa。图1-20所示为单向阀的外观结构，其油流方向为：A→B。

图1-20　单向阀

图1-21　换向阀

单向阀可以与其他阀组合成一体，成为组合阀或复合阀，如单向顺序阀（平衡阀）、可调单向节流阀等。

2) 换向阀。换向阀（见图1-21）是利用阀芯与阀体相对位置的改变，来控制各油口的通断，切断或变换从而控制执行元件的换向和起停，其分类方式见表1-4，在风电机组中一般采用电磁阀。

表1-4　换向阀的分类

分类方式	换向阀类型
按阀芯的运动形式	滑阀、转阀等
按阀的工作位置和通路数	二位二通、二位三通、二位四通、三位四通等
按阀的操纵方式	手动、机动、液动、电液动等

常用换向阀的外观结构如图1-21所示，其内部结构如图1-22所示，其中：P为进油口，T为回油口，A和B分别接液压缸的两腔。

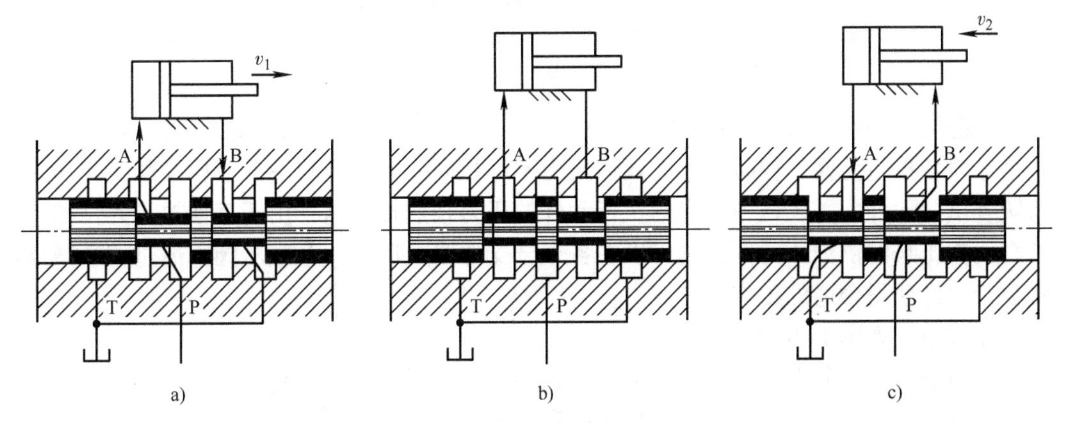

图1-22　换向阀工作原理示意图

换向阀的工作原理如下：

• 换向阀在图1-22b所示状态下，四个油口互不相通。液压缸两腔内不通液压油，活塞处于停止状态。

• 要使液压缸内的活塞往右移动，则换向阀的工作过程为：换向阀阀芯左移（见图1-22a），P和A接通，B和T接通，压力油经P、A进入液压缸左腔；右腔的油液经B、T流回油箱，活塞向右运动。

• 要使液压缸内的活塞往左移动，则换向阀的工作过程为：换向阀阀芯右移（见图1-22c），P和B接通，A和T接通，压力油经P、B进入液压缸右腔；左腔的油液经A、T流回油箱，活塞向左运动。

在画液压控制原理图时，换向阀的符号与油路的连接一般应画在常态位置上。

（2）压力控制阀　压力控制阀是指控制液压系统油液压力或利用液压力作为信号控制其他元件动作的阀，如溢流阀、减压阀、顺序阀、比例阀、压力继电器等。

这类阀的共同特点是，利用作用在阀芯上的液压作用力和弹簧力相平衡的原理来进行动作。

下面介绍上述两类风电机组中常用的四种压力控制阀。

1）溢流阀。溢流阀（见图1-23）是通过阀口对液压系统相应液体进行溢流，调定系统的工作压力或限定其最大工作压力，防止系统工作压力过载。溢流阀的原理是通过溢流的方法，使入口压力稳定为常值。溢流阀在液压系统中常用来组成调压回路，其出口与油箱相连。

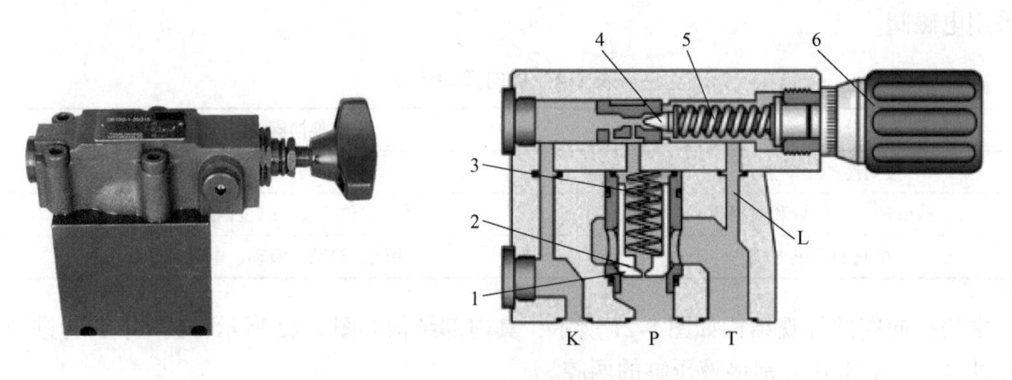

图1-23　（先导型）溢流阀结构示意图

1—主阀阀芯　2—阻尼孔　3—主阀弹簧　4—导阀阀芯　5—导阀弹簧　6—调压平轮

K—控制口　P—进油孔　T—出油孔　L—卸油口

2）减压阀。在一个液压系统中，往往使用一个液压泵，但需要供油的执行元件一般不止一个，而各执行元件工作时需要的液体压力不尽相同。一般情况下，液压泵的工作压力依据系统各执行元件中需要压力最高的执行元件的压力来选择，这样由于其他执行元件的工作压力都比液压泵的供油压力低，则可以在各个分支油路上串联一个减压阀，通过调节减压阀使各执行元件获得合适的工作压力。

减压阀结构如图1-24所示。

3）比例阀。普通阀是不能按比例进行连续阶跃控制的，是纯粹的单一动作式开关阀，其阀开口方向、开口量或弹簧设定力都是一定的，不能根据实际情况变化而变化。

比例阀全称为电液比例控制阀，结构如图1-25所示。它是按比例进行的连续阶跃控制，

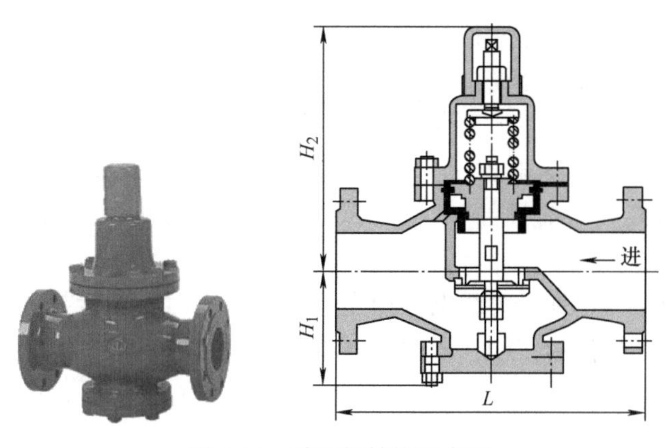

图 1-24　减压阀结构示意图

根据实际情况变化采集信息对目标进行自动补偿控制，其阀开口方向、开口量或弹簧设定力都是随动的，实现一系列连续可控的随动变化的动作。

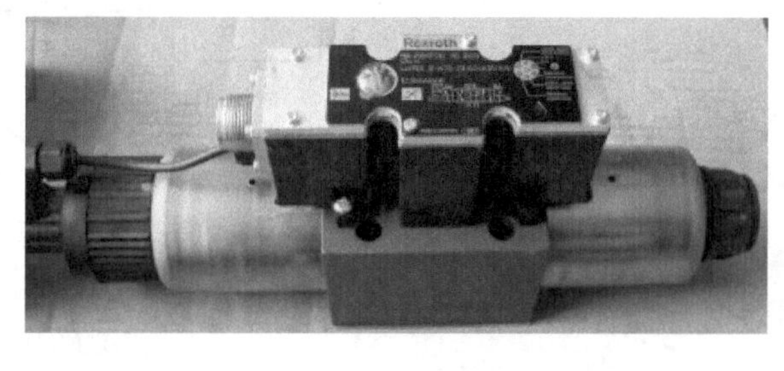

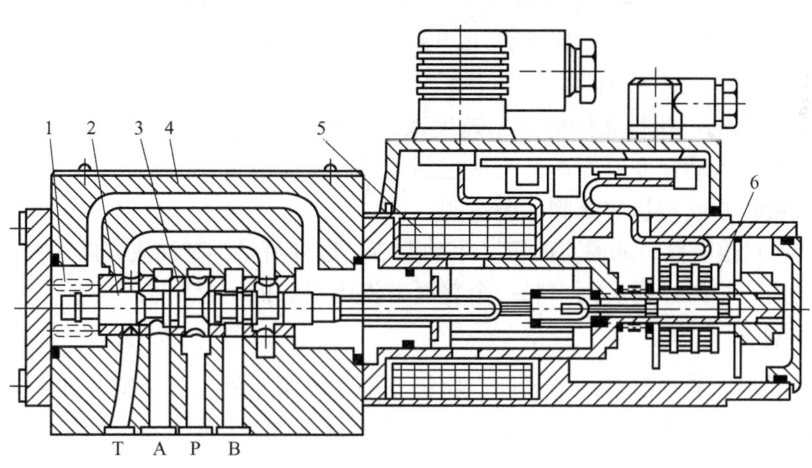

图 1-25　比例阀结构示意图

1—阀芯复位弹簧　2—阀芯　3—钢制阀套　4—铸造阀套　5—比例电磁铁
6—位移传感器　T—出油孔　P、A、B—进油孔

比例阀工作原理：指令信号经比例放大器进行功率放大，并按比例输出电流给比例阀的比例电磁铁，比例电磁铁输出力并按比例移动阀芯的位置，即可按比例控制液流的流量和改变液流的方向，从而实现对执行机构的位置或速度控制。在某些对位置或速度精度要求较高的应用场合，还可通过对执行机构的位移或速度检测，构成闭环控制系统。比例阀工作原理示意图如图 1-26 所示。

在风电机组中，比例阀通常用在变桨液压系统中，实现对叶片的变桨速率的调节。

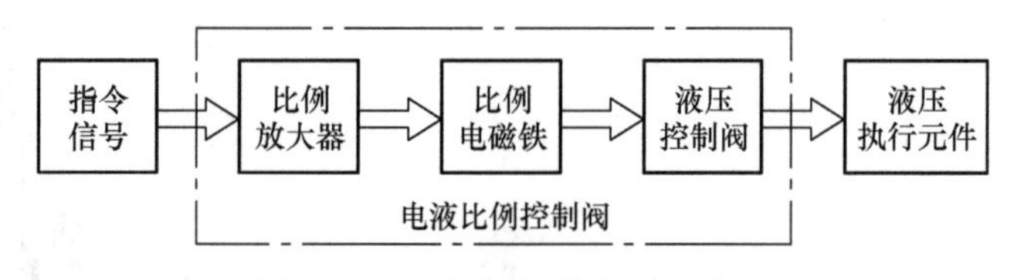

图 1-26 比例阀工作原理示意图

4）压力继电器。压力继电器是将液体压力信号转换成电信号的电液控制元件。

当回路中的油液压力达到压力继电器预先调定的压力时，就会控制电路的接通或断开，以实现自动控制或安全保护的作用，压力继电器的结构如图 1-27 所示。

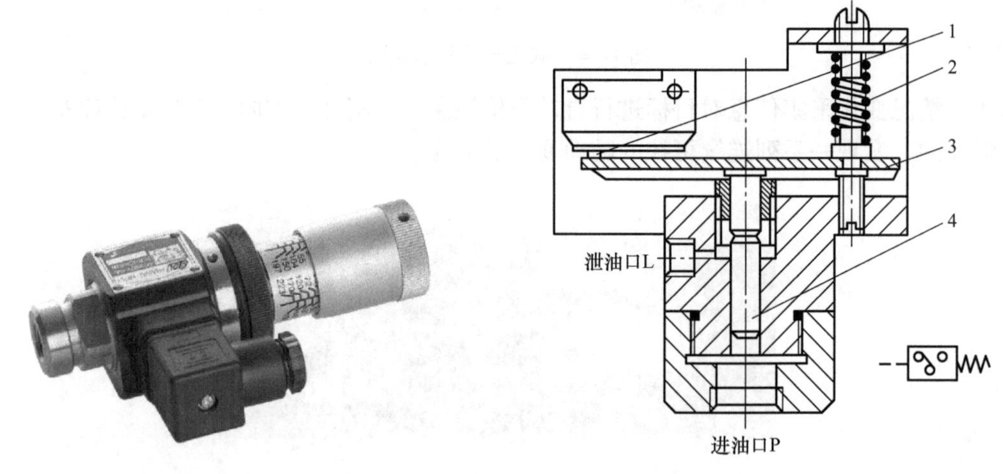

图 1-27 压力继电器结构示意图

1—微动开关 2—调压弹簧 3—杠杆 4—柱塞调节

（3）流量控制阀 执行元件的运动速度取决于输入到执行元件的液体流量的大小，为了调整执行元件的运动速度就要通过流量控制阀控制液体流量。

常用的流量控制阀包括节流阀和调速阀。

节流阀是通过改变阀口的通流面积（手动调节）改变流量，其油流方向为：P_1 流向 P_2。

调速阀是由一个减压阀后面串联一个普通节流阀组成的组合阀。

4. 辅助元件

液压系统的辅助元件是将动力元件、执行元件和控制元件三部分组合到一起，组成一个完整的液压控制回路的元件，包括液压管路（输送液压油）、蓄能器、油缸（储油）、压力表（查看压力值）等。

三、液压控制原理图解析

液压控制原理图是根据被控对象的控制要求选取液压元件组成具有某种特定功能的控制系统。

液压控制原理图一般由一条主油路、若干分支回路组成。分支回路的条数及功能由被控对象的控制要求及控制策略的设计进行确定。

在解读、分析液压原理图时，首先要知道图中所有符号代表的液压元件及其主要功能，然后根据图中找出每支控制回路的送油回路和回油回路。

下面以图 1-28 所示的液压控制原理图为例进行说明。

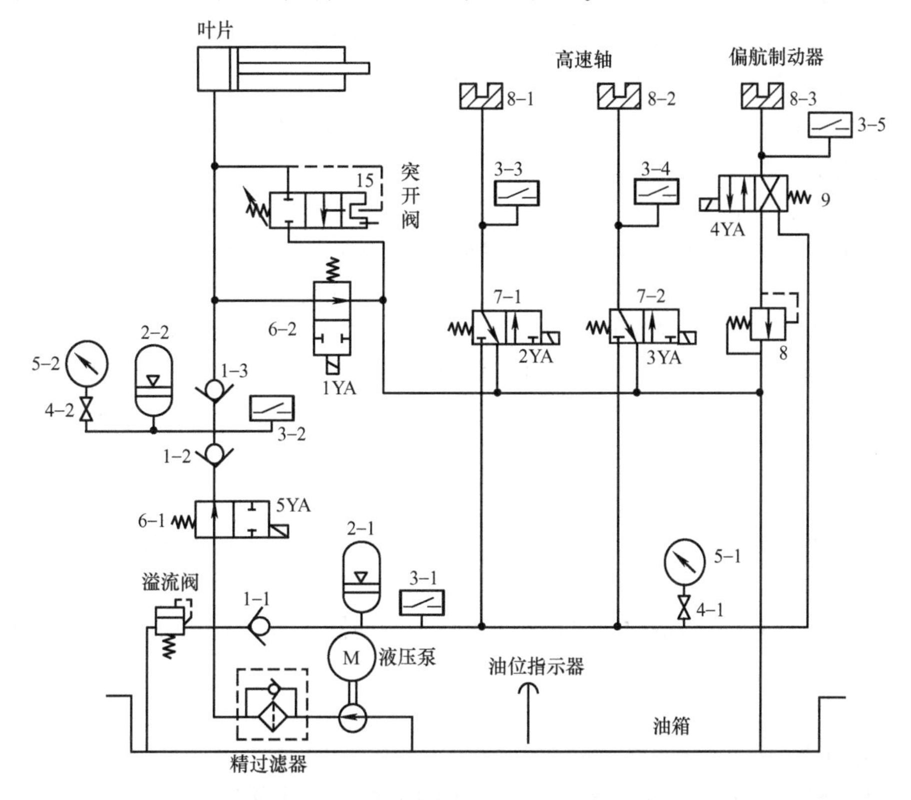

图 1-28　定桨距风电机组的液压控制原理图

图 1-28 为一个定桨距类型的风电机组的液压控制原理图。从图上可以看出此液压图包含一条主油路、四条分支油路，分别为一路叶尖扰流器控制回路、两路主传动制动回路、一路偏航制动回路。

1. 液压元件名称

图 1-28 中各液压元件的名称见表 1-5。

表 1-5　图 1-28 中液压元件名称

序号	名称
1-1、1-2、1-3	单向阀
2-1、2-2	蓄能器
3-1、3-2、3-3、3-4、3-5	压力继电器
4-1、4-2	截止阀
5-1、5-2	压力表
6-1、6-2	叶尖扰流器控制回路电磁阀
7-1、7-2	高速轴制动回路电磁阀
8	溢流阀
8-1、8-2、8-3	制动器
9	偏航制动回路电磁阀

2. 液压控制回路分析

(1) 主油路　主油路上的压力值一般为整个系统所需的最大压力值（加上液压元件的自身损耗），通过溢流阀、蓄能器2-1稳定主油路的压力值；通过压力继电器3-1将压力信号转换为电信号送给PLC进行检测；同时在主油路上还安装有压力表5-1，用于对主油路的压力值进行实时观测。

(2) 叶尖扰流器控制回路

1）送油回路：电磁阀6-2得电，电磁阀6-1失电；油箱→液压泵→精过滤器→电磁阀6-1失电→单向阀1-2→单向阀1-3→液压缸左腔→叶尖扰流器。

2）回油回路：叶尖扰流器的回油回路有两条：一条回路（电磁阀6-2所在回路）是风电机组叶片正常收桨回路；另外一条（突开阀所在回路）是在发现机组超速的情况下的紧急（超速保护）回油回路，属于风电机组的紧急制动回路，独立于风电机组的PLC控制系统。

① 正常收桨回油回路：电磁阀6-1得电，电磁阀6-2失电；液压缸右腔→电磁阀6-2失电→油箱。

② 超速紧急收桨回油回路：电磁阀6-1得电；液压缸右腔→电磁阀6-2失电/突开阀15接通→油箱。

在叶尖扰流器的控制回路中同样有用于稳压的蓄能器2-2，用于PLC控制输入的压力继电器3-2，用于压力观测的压力表5-2。

(3) 高速轴制动回路

1）制动回路1。

① 送油回路：油箱→液压泵→精过滤器→单向阀1-1→电磁阀7-1得电→高速轴制动回路1液压缸。

② 制动回路1的回油回路：高速轴制动回路1液压缸→电磁阀7-1失电→油箱。

2）制动回路2。

① 送油回路：油箱→液压泵→精过滤器→单向阀1-1→电磁阀7-2得电→高速轴制动回路2液压缸。

② 制动回路2的回油回路：高速轴制动回路2液压缸→电磁阀7-2失电→油箱。

在每条回路上都设置有一个压力传感器用于PLC的控制。

(4) 偏航制动回路

1）送油回路：油箱→液压泵→精过滤器→单向阀1-1→溢流阀8→电磁阀9失电→偏航制动器液压缸。

2）回油回路：偏航制动器液压缸→电磁阀9得电→溢流阀8→油箱。

从回油回路可知，此系统的偏航为低阻尼偏航，即在偏航状态时，制动器与偏航轴承之间有接触面，但是接触面的摩擦力小。

思考与练习

一、选择题

1. 下列________不属于风电机组的组成部分。

A. 叶片　　B. 箱变　　C. 塔筒　　D. 变流器水冷系统

2. 风电场电气________系统主要用于能量生产、变换、分配、传输和消耗。

A. 一次　　B. 二次　　C. 三次　　D. 一次和二次

3. 风电机组的________将风能转换成机械能；________将机械能转换成电能；________将电能的频率变为电网可以接收的频率。

A. 叶片　　B. 叶轮　　C. 发电机　　D. 机舱　　E. 塔筒

F. 变桨轴承　　G. 变流器　　H. 箱变　　I. 塔基控制柜

4. 双馈型风电机组的叶轮转速________发电机转速；直驱型风电机组的叶轮转速________发电机转速。

A. 小于　　B. 大于　　C. 等于　　D. 不确定

5. 风电机组的叶片的防雷分区应为________；气象站的防雷分区应为________；风电机组电控柜的防雷分区应为________。

A. LPZ1　　B. LPZ2　　C. LPZ3　　D. LPZ0A　　E. LPZ0B

二、填空题

1. 根据主轴安装方向不同，可以将风电机组分为________型和________型风电机组；根据发电机类型不同，可以将风电机组分为________型和________型风电机组；根据功率控制方式不同，可以将风电机组分为________型和________型风电机组。

2. 风电机组控制系统一般由________、________、________、________和________组成。

3. 叶轮是________和________的总成，其主要功能是________________。

4. 变桨轴承上安装两个限位开关的作用是________________。

5. 双馈型风电机组上安装的齿轮箱的主要功能是________________。

6. 风电机组润滑系统的基本组成单元包括________、________和________等。

7. 在每个控制柜内均设置有柜内冷却及加热系统，其主要目的是________________。

8. 风机偏航系统主要是根据________信号判断是否进行偏航动作的；采用液压制动时，偏航过程中压力值呈现________状态，偏航对风完成，压力值呈现________状态。

9. 正常变桨和紧急变桨的区别主要有________________。

10. 风电机组电控柜内安装的浪涌保护器的主要功能是________________。

11. 双馈机组变流器一般由________、________和________组成，其功能分别是________________。

12. 风电机组的电气装调一般分为________和________。

三、简答题

1. 简述风电机组的基本工作原理。

2. 简述风电机组的结构组成及其功能；简述风电机组控制系统的组成及各部分的功能。

3. 简述低电压穿越的基本要求。

4. 在车间电气接线过程中，哪些设备要进行接线？其连接线要接到哪里？

5. 请采用三种方式起动、停止风电机组，分别简述其操作过程。

6. 请画出风电机组通信以及电源传递示意图。

7. 简述风电场电气系统的一次系统和二次系统的组成和功能。

项目二　风电机组电气安装的通用准备工作

风电机组的电气安装与调试（简称电气装调）包括的操作环节较多，在每一个环节开始之前都必须要完成一系列的准备工作。风电机组电气安装作为风电机组安装的重要环节之一，在开始进行之前要做的准备工作主要包括：了解风电机组机械装配常用的紧固件，熟悉风电机组电气装配过程中常用的电缆连接紧固件；认识并要会使用电气装调工具；根据电气物料清单明确电气安装前所需的各种物料，并将物料准备到位；能采用专业工具对电缆进行制作，且自制电缆工艺要符合标准要求；能看懂电气接线图，能根据电气接线图以及电气工艺指导文件完成电气安装及检测。

任务一　风电机组装配常用紧固件及电气连接件

学习目标

1. 了解风电机组常用紧固件。
2. 熟悉风电机组常用电缆连接件。

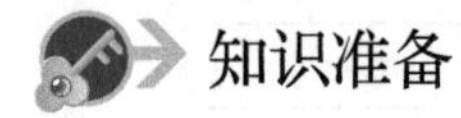

知识准备

一、风电机组常用紧固件

风电机组常用紧固件有螺栓、螺柱、螺母、螺钉和垫片等，其结构、使用说明等见表 2-1。

表 2-1　风电机组常用机械紧固件列表

序号	名称	结构组成	说明	实物图
1	螺栓	由头部和螺杆两部分构成	使用时一般与螺母配套使用 用于紧固连接两个带有通孔的零件 把螺母从螺栓上旋下，可以使这两个零件分开，属于可拆卸连接	
2	螺柱	没有头部、两端均外带螺纹	一端必须旋入带有内螺纹孔的零件中，另一端穿过带有通孔的零件中，然后旋上螺母 主要用于被连接零件之一厚度较大，要求结构紧凑，或因拆卸频繁，不宜采用螺栓连接的场合 螺柱连接也是属于可拆卸连接	

（续）

序号	名称	结构组成	说明	实物图
3	螺母	带有内螺纹孔，形状一般为扁六角柱形，也有的呈扁柱形，也有的呈扁方柱形或扁圆柱形	配合螺栓、螺柱或机器螺钉，用于紧固连接两个零件，使之成为一个整体	
4	螺钉	由头部和螺杆两部分构成 按用途可以分为三类：机器螺钉、紧定螺钉和特殊用途螺钉	用于一个紧定螺纹孔的零件，与一个带有通孔的零件之间的紧固连接，不需要螺母配合 螺钉也可以与螺母配合，用于两个带有通孔的零件之间的紧固连接 属于可拆卸连接	
5	平垫	平垫挨着被安装件表面；弹簧垫在平垫和螺母之间	平垫一般是用来加大螺钉与部件的接触面积，防止被安装件受到损坏，或者是遮挡开孔用的	
6	弹簧垫		弹簧垫圈的主要作用是防止螺母松动	

二、风电机组电气装配连接及保护件

1. 电缆

电缆的结构如图 2-1 所示，一般由下列部件构成：

① 一根或多根（屏蔽或非屏蔽）绝缘线芯；

② 各自的包覆层（如有）；

③ 组件保护层（如有）；

④ 屏蔽层（如有）；

⑤ 护套（如有）。

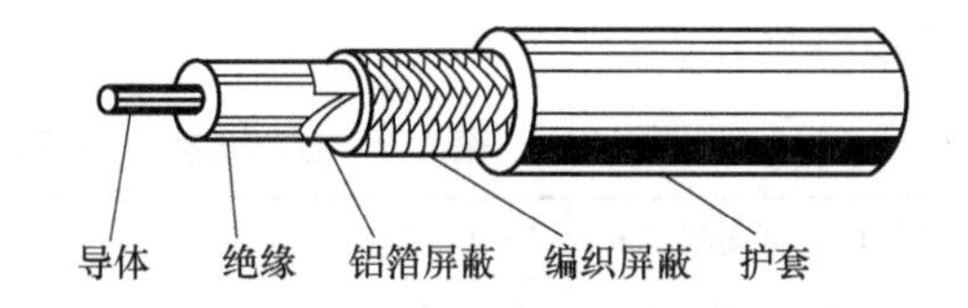

图 2-1　电缆结构示意图

风电机组用电线电缆可以参考如下规范要求：

1）主回路电缆截面的选择应按环境温度、导体温度、线束同时工作等因数进行修正，同时考虑电缆的机械强度及电路发生短路时电缆的热稳定性。控制回路电线电缆的选择还应考虑特性阻抗、电磁兼容以及屏蔽层等性能要求。

2）电线电缆芯线应为退火铜线，≤$6mm^2$的芯线可以选用镀锡、银、镍、金，其他截面积的电线电缆芯线可不进行电镀。

3）选择的电线电缆截面应根据电流的大小、电压高低、频率范围及使用环境等合理选用，铜芯线通过的安全电流值可按 IEC60364－5－523 进行计算。

4）用于绕接的电线应选择单股实心软圆铜导线，直径一般为 0.25～1.0mm（带绝缘层），绕接点温度长期工作在 90℃，导线可选择为其他材料，如退火软化的铍铜或其他铜合金导线，导线芯线需镀锡、镀铅锡合金或镀银。

5）多芯电缆内导线数小于5，可采用颜色或者数字进行标识；当导线数大于5时建议使用数字进行标识，具体可参考GB/T 5013.1—2008中的要求。

6）多芯电缆内黄绿导线必须为接地线，若多芯电缆中无黄绿线，但需要其中一根线进行接地，则该线芯必须套上相对应的黄绿色热缩套管进行接地标识。

2. 绝缘芯线

绝缘芯线是由导体及绝缘和屏蔽（如有）组成的组件。

3. 导体

导体是电线电缆中具有传导电流特定功能的一个部件，如接线端子中的导电部分、铜排母线等。导体分为实心导体和绞合导体。

实心导体是由一根单线构成的导体（芯线）。

绞合导体是由若干根单线或股线组成的导体（芯线）。

GB/T 5013.1—2008（《额定电压450/750V及以下橡皮绝缘电缆 第1部分：一般要求》）中要求导线中的导体应为退火铜线；GB/T 14315—2008（《电力电缆导体用压接型铜、铝接线端子和连接管》）中要求压接端子应为T2、T3铜；铜母线、铜排一般采用TBY、TBR型扁铜线及TMY、TMR型铜线，根据GB/T 5584.2—2009（《电工用铜、铝及其合金扁线 第2部分：铜扁线》）及GB/T 5585.2—2005（《电工用铜、铝及其合金母线 第2部分：铝和铝合金母线》）选用。

4. 接线端子

接线端子主要是用于电缆末端连接和续接，能让电缆和电器连接更牢固。

根据接线端子外部是否包有绝缘层，可以将接线端子分为预绝缘端子和裸端子；根据接线端子的外部接线点的结构，可以将接线端子分为：Y（U）形、R（O）形、管形、插型、全绝缘型、OT铜接头端子等。风电机组常用的OT铜接头端子的连接接线孔数量及对应螺栓规格见表2-2。

表2-2 OT铜接头端子的连接接线孔数量及对应螺栓规格

电线电缆截面积/mm²	16	25	35	50	70		95（90°弯头）			120		150		185		240	
接线孔数量/个	1	1	1	1	1		1			1		1		1		1	
螺栓规格	M8	M8	M8	M10	M8	M10	M8	M10	M12	M10	M12	M10	M12	M10	M12	M12	M16

5. 线束

线束是指把电线电缆绑扎在一起的电线电缆组。

6. 螺栓连接

这是通过螺栓对导体加压的一种连接方法。

7. 护套管

护套管是在电气布线中对电缆走线进行固定，起着防水、防油、防刮、屏蔽作用的电缆附件。

1）护套管外层可以分为可开式护套管、金属护套管，具体型号可根据不同场合进行选用。

2）护套管内径尽量选择在制造商企标的正公差上，外径则控制在负公差范围内。

8. 热缩套管

热缩套管是安装时加热到临界温度，内径永久性缩小而使壁厚增大的塑料管，作为布线的标识或者防护用。

任务二　常用电气装调工具的使用

学习目标

1. 熟悉风力发电机组电气装调所需要的各种工具。
2. 熟悉各种常用工具的使用方法。
3. 熟悉工具使用过程中的注意事项。

任务导入

在对设备进行装调之前，必须先将装调所需要的工具准备到位。对于风电机组，在进行电气装调之前需要准备哪些工具呢？工具又该如何使用呢？使用过程中又要注意什么？下面将介绍风电机组电气装调常用工具。

知识准备

风力发电机组在电气安装与调试过程中，电气工程师必须要经过专业的电气安装培训，熟练掌握电气装调所需要的各种工具的使用。

一、常用电气装调工具

风力发电机组电气装调过程中常用的各种工具见表2-3。

表2-3　风电机组电气装调常用工具列表

序号	名称	数量	序号	名称	数量
1	一字螺钉旋具	1套	16	剪线钳	1把
2	十字螺钉旋具	1套	17	斜口钳	1把
3	活扳手	2把	18	M端子压线钳	1把
4	扭力扳手	1套	19	一字端子压线钳	1把
5	呆扳手	1套	20	哈丁（Harting）端子压线钳	1把
6	两用扳手	1套	21	剥线钳	1把
7	组合套筒扳手	1套	22	电工刀	1把
8	铁皮剪	2把	23	热风枪	1把
9	手锤	1把	24	试电笔	1把
10	胶锤	1把	25	万用表	1块
11	盘尺（5m）	1把	26	相序表	1块
12	盘尺（10m）	1把	27	绝缘电阻测试仪	1套
13	内六角扳手	1套	28	钳形表	1块
14	绝缘胶	2卷	29	移动照明灯	1套
15	电缆绞盘	1套	30	网线（20m）	2根

二、工具的使用方法及注意事项

在电工或继电器控制系统安装与调试类书籍中已经对电气安装与调试常用的一些工具（如剪线钳、斜口钳、压线钳、万用表以及试电笔等）进行了介绍，故在此部分仅介绍一些特殊的电气装调工具，如相序表、绝缘电阻测试仪以及钳形表。

1. 相序表

相序表是交流三相相序表的简称，是一种用于判别交流电三相相序的测量仪表。在判断电路是否带电或判断电源相序是否为正相序等方面，相序表发挥了很大的作用。同时，相序表还可以用来检测工业用电中出现的断相、逆相、三相电压不平衡、过电压、欠电压五种故障现象。

（1）结构　相序表的结构如图2-2所示，主要由显示屏和表笔两部分组成。相序表有三根表笔，带三根测量线，每根线上都有明显的三相标识（如L1、L2、L3）。测量线的接头一般配置两种，适用于不同的测量场合。

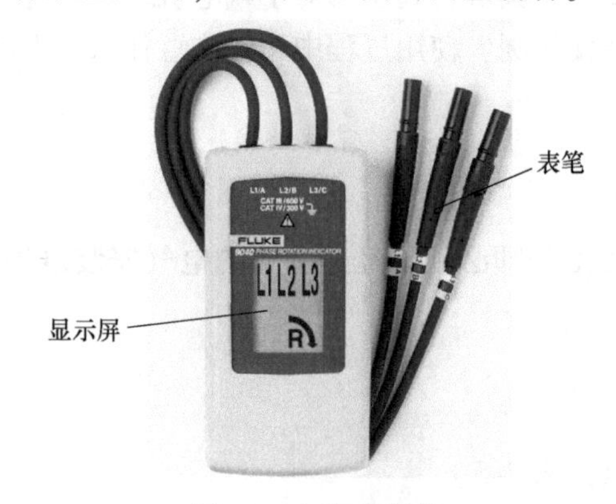

图2-2　相序表结构

图2-3　相序表使用方法

（2）使用方法　相序表的使用方法如图2-3所示，具体描述如下：

1）将三根测量线分别对应接到需要检测的三相线上，切记三根表笔的导电部分一定不能相互触碰到。

2）观察显示屏，查看其显示状态：

① 如果显示屏上显示了三相且出现顺时针箭头，则说明相序是正相序。

② 如果显示屏上显示了三相且出现逆时针箭头，则说明相序是反相序。

③ 如果显示屏有至少一相未显示，则表示断相。

（3）使用注意事项

1）使用相序表时，不需要其他电源或电池为其供电，而是直接由被测电源供电即可。

2）在使用相序表对三相电源的相序进行检测时，三根表笔的导电部分一定不能相互触碰到，否则会造成相间短路。

3）相序表的绝缘口可用于夹取、检测直径在2.4～30mm之间的绝缘电线。

4）在使用相序表时，若当三相输入线中有一条线接电时，表内就会带电，在做相应操作时一定要记得安全操作。

2. 绝缘电阻测试仪

绝缘电阻测试仪俗称兆欧表、摇表，它的刻度是以兆欧（MΩ）为单位的，主要用来检查电机、电缆、变压器和其他电气设备的绝缘电阻。

（1）结构　绝缘电阻测试仪一般分为机械式和电子式两种，机械式的结构如图2-4所示；电子式的绝缘电阻测试仪的结构类似数字式万用表，在其表面有MΩ标识。

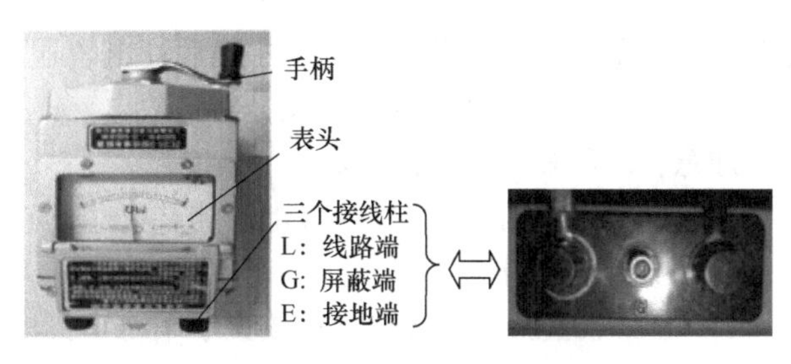

图2-4　机械式绝缘电阻测试仪结构示意图

绝缘电阻测试仪内置一台直流发电机，当手动摇动手柄时，发电机的两侧会产生直流电能，此时即可对设备进行绝缘电阻的测量。

（2）使用方法　绝缘电阻测试仪可以测量任意电气设备的绝缘电阻，使用方法如图2-5所示，具体描述如下：

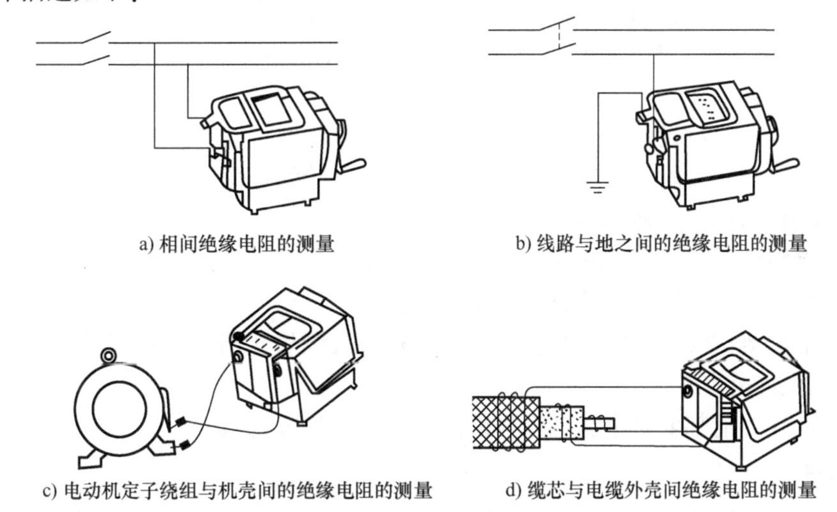

图2-5　绝缘电阻测试仪的使用方法

1）绝缘电阻测试仪的选择。使用绝缘电阻测试仪应按电气设备电压等级选用，测量500V以下的电气设备时，应用500V绝缘电阻测试仪；测量500V以上电气设备时，应用1000V或2500V绝缘电阻测试仪。

2）绝缘电阻测试仪的检查。在使用绝缘电阻测试仪之前必须对绝缘电阻测试仪分别进行一次开路和短路试验，检查绝缘电阻测试仪是否良好。

试验时先将绝缘电阻测试仪两测量连接线（L和E）开路，摇动手柄，指针应指在“∞”位置，然后将两连接线（L和E）短路一下，轻轻摇动手柄（注意时间不可太长，转速不可太快，以免烧坏表头），指针应指向“0”，否则说明绝缘电阻测试仪有故障，需要检修。

3）使用前的准备工作。被测对象的表面应清洁、干燥，以减小误差。在测量前必须切断电源，并将被测设备充分放电，以防止发生人身和设备事故，同时便于得到精确的测量结果。

4）测量。测量时，应把绝缘电阻测试仪放平稳。“L”（线路端）接被测设备导体，

“E”（接地端）接地，“G”（屏蔽端）接被测设备的绝缘部分，摇动手柄的速度应由慢逐渐加快，并保持速度在120r/min左右。如果被测设备短路，指针摆到“0”点应立即停止摇动手柄，以免烧坏仪表。

测量大电容设备时，一般采用1min的读数，在绝缘电阻测试仪未停止摇动手柄前，应先断开被测量设备，以免停止摇动手柄后，电容通过绝缘电阻测试仪放电，损坏绝缘电阻测试仪。测量完毕后，被测设备应充分对地放电。

注意：L和E一定不能接反。

5）读数。读数的时间以绝缘电阻测试仪达到一定转速1min后读取的测量结果为准。

（3）使用注意事项

1）绝缘电阻测试仪必须水平放置于平稳牢固的地方，以免在摇动时因抖动和倾斜产生测量误差。

2）接线必须正确无误，三个接线柱与被测物的连接线必须采用单根线，绝缘良好，不得绞合，表面不得与被测物体接触。

3）摇动手柄的转速要均匀，一般规定为120r/min。通常要摇动1min后，待指针稳定下来再读数。如被测电路中有电容时，先持续摇动一段时间，让绝缘电阻测试仪对电容充电，指针稳定后再读数。测试完成后先拆去接线，再停止摇动。若测量中发现指针指零，应立即停止摇动手柄。

4）测量完毕，应对设备充分放电，否则容易引起触电事故。

5）禁止在雷电时或附近有高压导体的设备上测量绝缘电阻。只有在设备不带电又不可能受其他电源感应而带电的情况下才可测量。

6）绝缘电阻测试仪未停止转动以前，切勿用手去触及设备的测量部分或绝缘电阻测试仪接线柱。拆线时也不可直接去触及引线的裸露部分。

7）绝缘电阻测试仪应定期校验，校验方法是直接测量有确定值的标准电阻，检查其测量误差是否在允许范围以内。

8）每次使用之前都要对绝缘电阻测试仪进行开路和短路测试。

3. 钳形表

在使用万用表对电路中的电流进行检测时，需要先断电再将万用表串联到电路中进行测量，对于已经安装完成的电气回路，这样操作是很麻烦的且可能破坏原有的电气工艺。此时，如果使用钳形表进行电流检测就会方便很多，可以在不动原有线路的情况下对电路中的电流进行检测，同时也可以检测电路中的电压、电阻与电路的通断等。

（1）结构及工作原理　钳形表的结构如图2-6所示，其工作原理如下：

钳形表是由电流互感器和电流表组合而成。电流互感器的铁心在捏紧钳头扳机时可以张开，以便被测导线可以穿过，当手松开扳机后钳夹闭合。穿过铁心的被测电路导线就成为电流互感器的一次线圈，当被测导线中有电流通过时，通过电流便在二次线圈中感应出电流，从而测出数值并在电流表中显示。

（2）使用方法　钳形表的使用方法如图2-7所示。

（3）使用注意事项　为了避免触电或者其他人身伤害，在使用钳形表时一定要注意：

1）测量电流时，要将测试导线与仪表断开，将手指放在触摸挡板之后。

2）测量电流时，每次只能测量一相导线的电流，被测导线应置于钳形窗口中央，不可

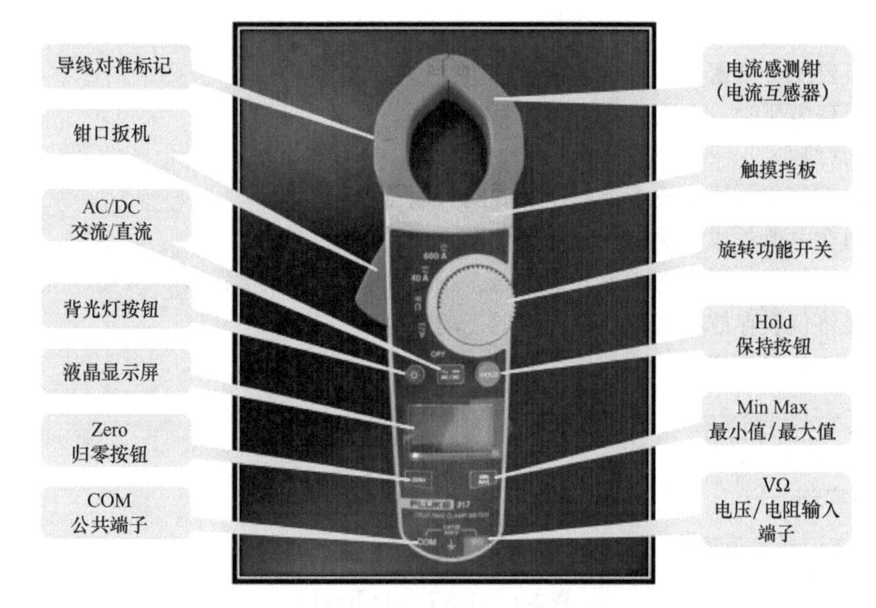

图 2-6　钳形表结构示意图

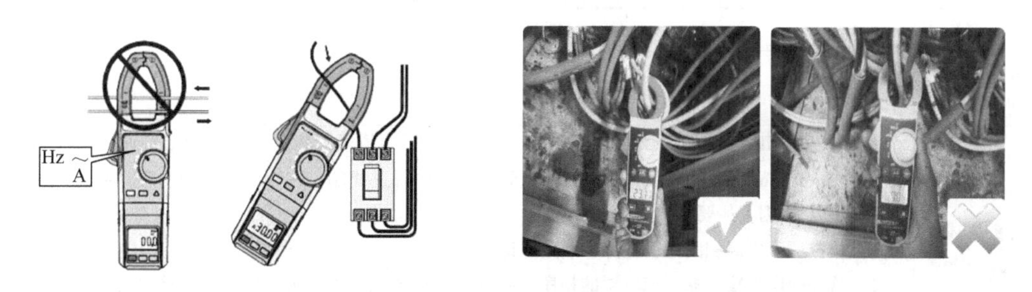

a) 测量相电流

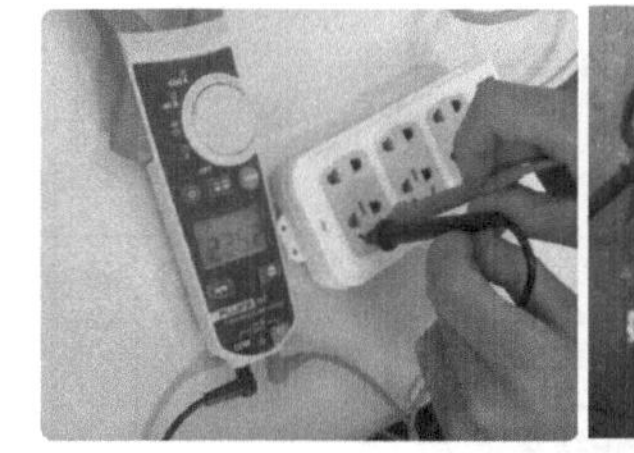
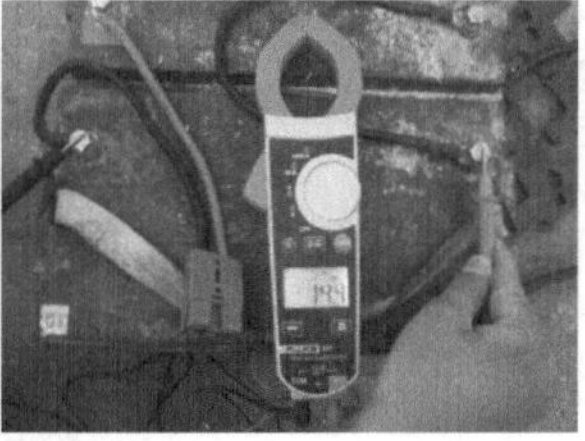

b) 测电压

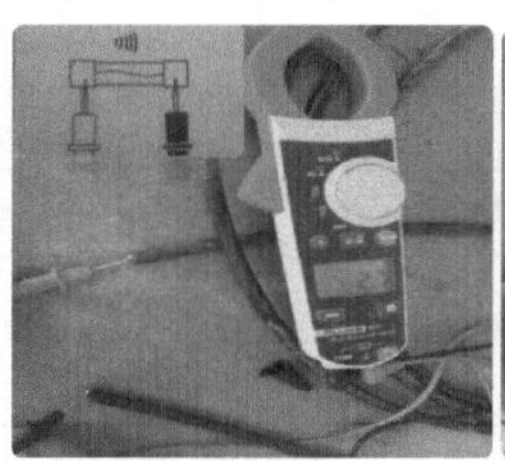
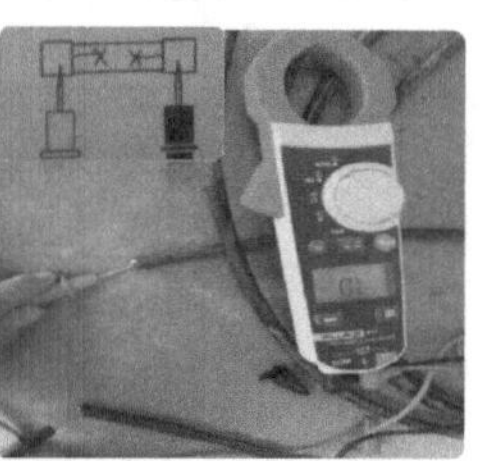

c) 测电路通断

图 2-7　钳形表测量方法示意图

以将多相导线都夹入窗口测量。

3）测量电压时，使用测试探针，手指应握在护指装置的后面。

4）测量电阻与通断性时，应确保已经切断电路的电源，并将所有电容器放电。

5）测量时要使用正确的端子、功能档和量程。钳形表测量前应先估计被测电流的大小，再决定用哪一量程。若无法估计，可先用最大量程档，然后适当换小些，以准确读数。不能使用小电流档去测量大电流，以防损坏仪表。

6）被测电路电压不能超过钳形表上所标明的数值，否则容易造成接地事故，或者引起触电危险。

7）钳口要闭合紧密，不能带电换量程。

8）测量高电压时，应戴绝缘手套，站在绝缘垫上。

（4）日常维护

1）在取下仪表电池盖或后盖前，要先断开测试导线。

2）切勿在电池盖或后盖拆除时使用仪表。

3）钳形口铁心的两个面应很好地吻合，不应夹有杂质和污垢。

4）不要将仪表存放在高温或高湿度的环境中。

5）为了避免损坏仪表，请勿使用腐蚀剂或溶剂。

 任务实施与评价

1. 任务实施

任务实施记录表见表 2-4。

表 2-4 任务实施记录表

<table>
<tr><td>任务名称</td><td colspan="3">电气线路检查及电气参数检测</td></tr>
<tr><td>小组成员</td><td></td><td>日期</td><td></td></tr>
<tr><td>任务实施环节问题记录</td><td colspan="3"></td></tr>
<tr><td>任务描述</td><td colspan="3">现有一套供电需求为三相五线 AC400V/35A 的风电机组塔基控制柜，工程师已经通过一根 5m 长、规格为 $5\times10mm^2$ 的电缆将配电柜电源引入到控制柜电源进线端，在不动控制柜内已经接好的电气线路基础上，根据上述要求完成如下任务：
1）检查三相电源相间是否短路、断路并记录
2）检测配电柜输出端三相电源的相序、线电压、相电压、相电流，并记录；检测塔基控制柜电源进线端的相序、线电压、相电压、相电流，并记录</td></tr>
<tr><td>任务实施</td><td colspan="3">记录表
<table>
<tr><td colspan="4">三相电源接线检测记录表</td></tr>
<tr><td>检测项</td><td>检测结果</td><td>检测项</td><td>检测结果</td></tr>
<tr><td>短路</td><td>□ 是 □ 否</td><td>断路</td><td>□ 是 □ 否</td></tr>
<tr><td colspan="4">三相电源电气参数检测记录表</td></tr>
<tr><td colspan="2">检测项</td><td colspan="2">检测结果记录</td></tr>
<tr><td rowspan="4">配电柜侧</td><td>相序</td><td colspan="2"></td></tr>
<tr><td>线电压</td><td colspan="2"></td></tr>
<tr><td>相电压</td><td colspan="2"></td></tr>
<tr><td>相电流</td><td colspan="2"></td></tr>
<tr><td rowspan="4">塔基控制柜总电源进线端</td><td>相序</td><td colspan="2"></td></tr>
<tr><td>线电压</td><td colspan="2"></td></tr>
<tr><td>相电压</td><td colspan="2"></td></tr>
<tr><td>相电流</td><td colspan="2"></td></tr>
</table>
</td></tr>
<tr><td>任务总结</td><td colspan="3"></td></tr>
</table>

2. 任务评价

任务评价表见表2-5。

表2-5　任务评价表

任务	基本要求	配分	评分细则	评分记录
工具的准备	电气线路及电气参数检测所需要的工具全部准备到位	20分	少一个工具，扣10分	
			工具损坏未发现，一个扣10分	
工具的选取及使用	可以采用正确的工具测量电气线路或电气参数	45分	工具选取不当，一处扣5分	
			工具使用方法不对，一处扣5分	
记录表	所有测试过程需要记录的内容必须记录	20分	无记录，扣20分	
			记录缺少一项，扣5分	
			测量结果错误，一处扣8分	
6S	工作区域符合6S规范要求	15分	每发现一处，扣3分	

任务三　风力发电机组电气装配物料准备

学习目标

1. 熟悉风电机组电气部分的所有物料清单类型。
2. 熟悉风电机组的电气元件的规格型号。
3. 能够在电气安装过程中选择合适的物料。

任务导入

风电机组电气装配的主要内容其实就是电气BOM里面的相关物料，那么电气BOM又有哪些呢？每个BOM的物料又包括什么呢？下面将针对这些问题进行说明。

知识准备

电气装配的物料也即电气装配过程中需要安装的物件，这些物料一般以物料清单（Bill of Materials，BOM）的形式体现出来。

BOM是用某种数据格式来描述产品结构的文件。现代企业均采用计算机辅助企业生产管理，首先要使计算机能够读出企业所制造的产品构成和所有要涉及的物料，为了便于计算机识别，必须把用图示表达的产品结构转化成某种数据格式，也即BOM。BOM是构成企业ERP（Enterprise Resource Planning，企业资源计划）系统的框架，它必须高度准确并恰当构成。BOM是根据需求和预测来安排物料供应和生产计划的，在BOM中要明确写明：需要什么物料，物料的规格和数量，如果可能的话表明物料需要的时间。BOM清单给出的物料需求是各级物料的毛需求量，再加上考虑已有库存量和在制量则可算出动态的物料净需求量。

BOM是风电机组物料购买及其安装的参考依据，所以在进行电气安装之前必须熟悉风电机组的电气物料清单，并根据清单及安装任务准备相应物料。

一、风电机组电缆物料的准备

1. 电缆的分类

风电机组的电缆一般分为动力电缆、控制电缆和通信电缆三种类型。

(1) 动力电缆　动力电缆（见图2-8）又称为电力电缆，主要是指用于传输电能的电缆，如VV（铜芯导体聚氯乙烯绝缘及聚氯乙烯护套电力电缆）、YJV（铜芯（铝芯）交联聚乙烯绝缘聚氯乙烯护套电力电缆）等。动力电缆传输持续性的电流，电压等级范围较宽（1～220kV），电流较大（导体横截面积大），电缆线芯数较少，有3芯、4芯（三相四线制）、5芯（三相五线制）。

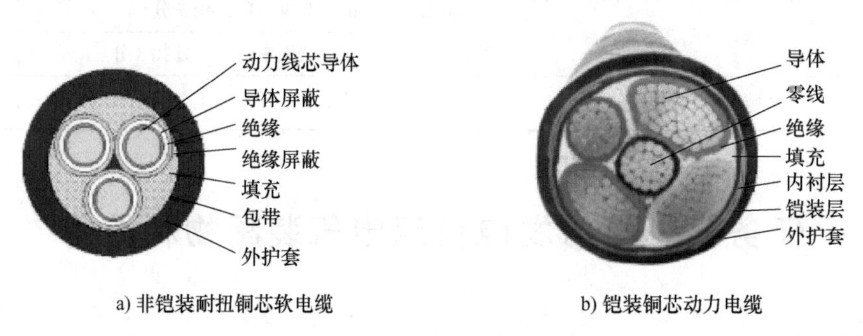

a) 非铠装耐扭铜芯软电缆　b) 铠装铜芯动力电缆

图2-8　风电机组用动力电缆

风电机组的动力电缆一般是指风电机组的发电机电能输出端与变流器、变流器与箱式变压器之间的电缆。

1）发电机输出端到变流器之间的电缆。

此段电缆一般采用非铠装铜芯软电缆，此电缆分为两段，分别为：

- 第一段：发电机绕组引出端到塔筒内的马鞍面；
- 第二段：马鞍面到变流器，即塔筒内部的动力电缆。

此段电缆因为存在扭缆现象，所以必须要选择耐扭型的电缆。

2）变流器到箱式变压器的电缆。

此段电缆一般采用地埋式且一般不存在扭缆现象，为了延长电缆的使用寿命且保护电缆的安全，需要进行特别保护，所以一般选择铠装电缆。此段电缆一般由风电场业主提供，风电机组制造商提供基本参数和性能要求即可。

目前市场上动力电缆的规格以横截面积为240mm^{2}居多（有的厂家也会选择240mm^{2}与其他规格混用，确保性价比最高；混用时要注意电缆的对称性）。

(2) 控制电缆　控制电缆（见图2-9）一般是指传输各种控制信号以及低压电源的电缆，如KVV（聚氯乙烯绝缘聚氯乙烯护套的控制电缆）、KYJVP（交联聚乙烯绝缘铜丝编织屏蔽聚氯乙烯护套控制电缆）等。控制电缆的电流相对较小，其横截面积一般小于10mm^2；额定电压为450/750V；电缆线芯数较多：2～61芯，甚至更多。控制电缆一般还采用各种线芯结构、屏蔽等措施，来获得满意的电磁兼容效果。

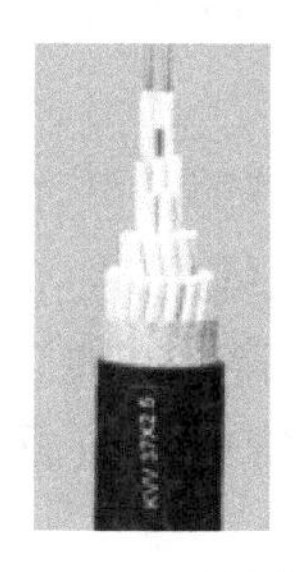

图 2-9　KVV 控制电缆

图 2-10　通信电缆

（3）通信电缆　通信电缆（见图 2-10）一般由一对以上相互绝缘的导线绞合而成，主要用于传输电话、电报、传真文件、电视和广播节目、数据和其他电信号，如光缆、数据电缆、CANOpen 通信电缆等。通信电缆带有屏蔽层，可防止外来信号的干扰，其通信容量较大、传输稳定性高、保密性好、少受自然条件和外部干扰影响等。

2. 电缆 BOM

为了便于物料的识别，一般情况下每种类型的电缆分别对应一个 BOM。大多数情况下，即使是同种机型，因为其安装的气候环境、布线工艺设计不同，其电缆 BOM 也有所不同，所以电气工程师制作的电缆 BOM 会根据机型、机组安装环境、机组电缆布线设计等适当调整。

在制作风电机组电缆 BOM 之前，必须要熟悉风电机组各组成部件的机械尺寸、安装位置、电源传递方式、电气控制逻辑、电缆的布线设计、发电机的额定电流以及发电机的绕组设计等。同时，因为风电机组安装环境的特殊性，还对电缆的性能有各方面的要求，比如电缆要耐扭、阻燃、耐高/低温、抗腐蚀等。所以，在制作电缆 BOM 的过程中，要根据实际情况选择合适规格的电缆，确保电缆的可靠性、可用性和耐用性。

电缆的 BOM 一般包括：电缆的安装位置说明、所需电缆的长度、所配电缆线芯的颜色要求、电缆数量和规格。一般情况下，电缆供应商会根据 BOM 表算出同类型电缆的总长度，然后以电缆盘的形式供货。风电用电缆尤其是动力电缆，价格很贵，为了确保公司的利益本着不浪费的原则，电气工程师必须尽可能确保给出的数据万无一失，不要出现太大的裕量或计算得又过少，导致部分电缆浪费。下面以动力电缆为例说明电缆 BOM 的制作过程。

（1）动力电缆数量的确定　对于兆瓦级的风电机组，其发电机输出的电能一般为 AC690V，电流根据风电机组的设计及发电机类型的不同而不同。在电缆横截面积确定的情况下，电缆的数量与电流的大小有直接的关系，所以首先需要确定发电机绕组的连接方式及输出电流。

举例说明如何根据电流确定动力电缆的数量：

某一台 2MW 的风电机组，其发电机为永磁双绕组，输出相电流为 2000A，选取横截面积为 240mm^{2}的电缆，已知某一常用风电机组 240mm^{2}电缆的额定允许载流量为 784A，则发电机单相动力电缆的数量为

$$N_{240} = 2000/2/784 \approx 2$$

故这台风电机组从发电机到变流器所需要电缆的总数量为 $2\times3\times2=12$ 根。

（2）电缆长度的确定　电缆的长度是根据动力电缆的布线工艺、塔上到塔下的距离等

进行确定的。一般情况下，在布线工艺相同的情况下，同一种类型的风电机组其长度基本是相同的。

对电缆长度有直接影响的因素包括：发电机电能输送端到塔筒马鞍面的距离、布线工艺、安全需求（扭缆）及裕量要求，马鞍面到变流器进线端的电缆距离、布线工艺要求等；变流器动力电缆进线口的设计及到其内部发电机侧接线母排的距离、布线工艺。

（3）动力电缆型号的确定　动力电缆规格的确定包括：电缆的横截面积、电缆导体的类型、电缆的绝缘及护套要求以及电缆的其他性能指标。

针对风电机组的动力电缆，在规格选取的过程中可以参考如下标准进行确定：NB/T 31035—2012（《额定电压1.8/3kV及以下风力发电用耐扭曲软电缆　第2部分：额定电压1.8/3kV电缆》）。

根据风电机组动力电缆的应用环境，基本可以确定动力电缆的主要参数如下：

铜芯、第五类或第六类导体、乙丙橡皮绝缘、氯磺化聚乙烯橡皮护套、耐扭转、抗紫外线、抗腐蚀、耐湿、阻燃、耐冲击电压、低温弯曲性能符合要求、单芯电缆外径满足NB/T 31035—2012中的要求。

根据上述主要参数并参考标准NB/T 31035—2012，基本可以确定动力电缆的规格为表2-6中的型号名称。

表2-6　动力电缆的型号及部分参数（以常用的240mm² 为例说明）

<table>
<tr><th>型　号</th><th>横截面积</th><th colspan="3">名　称</th></tr>
<tr><td>ZC－FDEH－25(－40)</td><td>240mm²</td><td colspan="3">铜芯乙丙橡皮绝缘氯磺化聚乙烯橡皮护套风力发电用（耐寒）耐扭曲软电缆</td></tr>
<tr><td>线芯及线色</td><td>绝缘标称厚度/mm</td><td colspan="2">单根电缆外径/mm</td><td>导体</td></tr>
<tr><td rowspan="2">U：绿/黄或浅蓝色
V：浅蓝色或黑色
W：棕色</td><td rowspan="2">2.8</td><td>下限</td><td>上限</td><td rowspan="2">软导体（第五类或第六类导体）</td></tr>
<tr><td>66.7</td><td>83.7</td></tr>
</table>

注：1. 电缆型号中的字母含义：

ZC代表阻燃；FD代表风电机组；E代表乙丙橡皮绝缘；F代表氯磺化聚乙烯橡皮护套；－25代表电缆适用的最低环境温度，低温区域要选择耐低温（－40℃）或耐严寒（－55℃）型。

2. 表格只给出标准的参数值，实际应用会允许适当的误差。

3. 关于电缆导体的参数可以参考国家标准GB/T 3956—2008（《电缆的导体》）。

（4）动力电缆BOM的制作　动力电缆的数量、长度以及类型全部确定完成之后，即可以开始制作其BOM，具体格式可以参考图2-11。在BOM中要体现出物料的名称、物料在ERP系统中的编码（物料代码）、物料的规格型号、计量单位及单台机组的用量等。

二、其他物料的准备

除电缆外，在风电机组电气装配前还需要提供如传感器（风速仪、风向标等）、电气辅料（电气部件的接地螺栓组、耗材等）等的物料，以确保电气装配的完整性和及时性。

1. 传感器BOM

传感器物料准备之前必须要熟悉风电机组常用的传感器及主要技术参数要求。电气工程

序号	物料名称	物料代码	规格型号	计量单位	标准用量/(个/单位产品)
1	玻璃二极管	01.DJG.BL2001	ZMM10V	个	1
2	玻璃二极管	01.DJG.BL2002	ZMM11V	个	1
3	玻璃二极管	01.DJG.BL2003	ZMM12V	个	1
4	玻璃二极管	01.DJG.BL2004	ZMM13V	个	3
5	玻璃二极管	01.DJG.BL2005	ZMM14V	个	3
6	玻璃二极管	01.DJG.BL2006	ZMM15V	个	1
7	玻璃二极管	01.DJG.BL2007	ZMM16V	个	1
8	玻璃二极管	01.DJG.BL2008	ZMM17V	个	1
9	玻璃二极管	01.DJG.BL2009	ZMM18V	个	15
10	玻璃二极管	01.DJG.BL2010	ZMM19V	个	4
11	玻璃二极管	01.DJG.BL2011	ZMM20V	个	1
12	玻璃二极管	01.DJG.BL2012	ZMM21V	个	1
13	玻璃二极管	01.DJG.BL2013	ZMM22V	个	2
14	玻璃二极管	01.DJG.BL2014	ZMM23V	个	1
15	玻璃二极管	01.DJG.BL2015	ZMM24V	个	1
16	玻璃二极管	01.DJG.BL2016	ZMM25V	个	1
17	玻璃二极管	01.DJG.BL2017	ZMM26V	个	1

图 2-11　物料清单参考格式

师根据技术参数要求与各种传感器制造厂家进行技术交流，最终确定符合机组要求的传感器类型；采购时再与传感器制造商进行商务洽谈，确定最终购买的传感器的厂家和型号；根据交流及商务洽谈结果，将传感器的名称、规格、数量等汇总到一起形成一份此机型的完整的传感器 BOM。在传感器物料准备时，按照此物料清单准备即可。机组常用的传感器见表2-7，每种传感器的防护等级根据其在机组内的安装位置不同而不同，一般情况下叶轮内安装的传感器的防护等级要求最高。

表 2-7　风电机组部分传感器及基本技术参数参考表

名称	基本要求	数量（单台机组）	实际应用传感器图片
风速仪	● 测量范围：0～100m/s ● 输出类型：4～20mA 或脉冲信号 ● 供电电压：DC24V ● 加热或非加热类型 ● 室温或常温型	1～2 个	机械式风速仪　机械式风向标 超声波测风仪
风向标	● 测量范围：0～360° ● 输出类型：4～20mA ● 供电电压：DC24V ● 加热或非加热类型 ● 室温或常温型	1～2 个	
振动传感器	● 检测方向：*X*、*Y*、*Z* 三个方向 ● 供电电压：DC24V ● 通信方式：CANOpen	1～2 台	

（续）

名称	基本要求	数量（单台机组）	实际应用传感器图片
解缆开关	● 触点：2对常闭 ● 测量范围：-3～3转 ● 输出：弱电信号（电压或电流） ● 供电电压：DC24V、DC220V或DC380V	1台	
速度传感器	● 绝对值或增量式编码器，精度根据实际应用选取 ● 供电电压：DC24V ● 接口：SSI ● 防护等级：IP65	2～4个	
角度编码器	● 绝对值或增量式编码器，精度根据实际应用选取 ● 供电电压：DC24V ● 接口：SSI ● 防护等级：IP65		
限位开关	● 触点：常开常闭均至少一对 ● 供电电压：DC24V	2～4个	
航空障碍灯	● 供电电压：AC220V ● 光源：超高亮发光二极管 ● 颜色：红色 ● 闪光频率：按照行业要求 ● 有效光强：大于1600cd	1～2个	
温度传感器	● PT100 ● 接线方式：两线、三线或四线 ● 测量范围：安装位置不同，范围要求不同，轴承温度范围为：-50～260℃	10个以上	

注：表格中的传感器参数仅供参考。

2. 电气辅料 BOM

电气辅料一般指的是电气耗材、常用的电气接地保护所需要的螺栓组以及电气部件的紧固螺栓组等。根据电气接地或电气部件的紧固工艺要求选择合适的螺栓规格及配套螺母、垫片等即可。

三、风电机组的电气裁线

风电机组电气装配所需要的 BOM 全部制作完成，即可根据 BOM 以及机组电气工艺设计进行裁线。所谓裁线，是指某个电气环节装配过程中需要截取的电缆的长度，此长度仅作为电气布线过程中裁线的参考依据。在正式施工过程中根据实际应用再对裁线清单进行修改，确保物料清单及物料准备的准确性，故电气裁线是 BOM 的反馈环节。

电气裁线清单一般分为车间的裁线清单和现场的裁线清单，不同机型或同种机型工艺设计不同，其裁线清单也不相同。裁线的工艺可以参考本项目任务四中知识讲解中的裁线部分。

任务实施与评价

1. 任务实施

“电气 BOM 制作”任务实施表见表 2-8。

表 2-8　“电气 BOM 制作”任务实施表

任务名称	微型风电机组（可发电）电气 BOM 的制作		
小组成员		日期	
任务实施环节问题记录			
任务描述	现有一套微型直驱型风电机组，此机组可以正常运行、发电和存储电能。已知：机舱内的电气元件：两台偏航电动机（每台电动机需配两根引出线）、两个偏航角度检测传感器（每个传感器需配三根引出线）；轮毂内的电气元件：三台变桨电动机（每台两根 DC24V 电源线）、三个角度编码器（每个编码器需配四根引出线）、共计 6 个限位用光电开关（每个光电开关需配三根引出线） 作为一名电气工艺工程师，请根据上述信息再结合现场实物观测完成如下内容： （1）机舱内电缆 BOM（长度、数量、规格、用途等）与传感器 BOM（传感器名称、制造厂家、用途、紧固件等）的制作（传感器安装所需要的紧固件也纳入传感器 BOM 中） （2）轮毂内电缆 BOM（长度、数量、规格、用途等）与传感器 BOM（传感器名称、制造厂家、用途、紧固件等）的制作（传感器安装所需要的紧固件也纳入传感器 BOM 中）		

（续）

<table>
<tr><td rowspan="21">任务实施</td><td colspan="5">电缆 BOM 表（可供参考）</td></tr>
<tr><td colspan="5">机舱电缆 BOM 表</td></tr>
<tr><td>序号</td><td>电缆用途</td><td>规格型号</td><td>长度/m</td><td>线色要求</td></tr>
<tr><td>1</td><td></td><td></td><td></td><td></td></tr>
<tr><td>2</td><td></td><td></td><td></td><td></td></tr>
<tr><td>3</td><td></td><td></td><td></td><td></td></tr>
<tr><td>4</td><td></td><td></td><td></td><td></td></tr>
<tr><td>5</td><td></td><td></td><td></td><td></td></tr>
<tr><td>6</td><td></td><td></td><td></td><td></td></tr>
<tr><td>7</td><td></td><td></td><td></td><td></td></tr>
<tr><td>8</td><td></td><td></td><td></td><td></td></tr>
<tr><td colspan="5">轮毂电缆 BOM 表</td></tr>
<tr><td>序号</td><td>电缆用途</td><td>规格型号</td><td>长度/m</td><td>线色要求</td></tr>
<tr><td>1</td><td></td><td></td><td></td><td></td></tr>
<tr><td>2</td><td></td><td></td><td></td><td></td></tr>
<tr><td>3</td><td></td><td></td><td></td><td></td></tr>
<tr><td>4</td><td></td><td></td><td></td><td></td></tr>
<tr><td>5</td><td></td><td></td><td></td><td></td></tr>
<tr><td>6</td><td></td><td></td><td></td><td></td></tr>
<tr><td>7</td><td></td><td></td><td></td><td></td></tr>
<tr><td>8</td><td></td><td></td><td></td><td></td></tr>
<tr><td>任务总结</td><td colspan="5"></td></tr>
</table>

2. 任务评价

任务评价表见表2-9。

表 2-9　任务评价表

<table>
<tr><th>任务</th><th>基本要求</th><th>配分</th><th>评分细则</th><th>评分记录</th></tr>
<tr><td rowspan="2">BOM 制作前的观测工作</td><td rowspan="2">观察微型风电机组实物，测量和记录与电气 BOM 制作相关的零部件</td><td rowspan="2">20 分</td><td>未进行现场观测，扣 15 分</td><td rowspan="2"></td></tr>
<tr><td>测量或记录不完整，一处扣 3 分</td></tr>
<tr><td rowspan="2">机舱电缆 BOM 的制作</td><td>制作 BOM 表格</td><td rowspan="2">15 分</td><td>BOM 表格设计不合理，一处扣 2 分</td><td rowspan="2"></td></tr>
<tr><td>在 BOM 中至少要体现出电缆的规格、型号、长度、数量以及用途</td><td>BOM 信息不完整，一处扣 5 分</td></tr>
<tr><td rowspan="2">机舱传感器 BOM 的制作</td><td>制作 BOM 表格</td><td rowspan="2">15 分</td><td>BOM 表格设计不合理，一处扣 2 分</td><td rowspan="2"></td></tr>
<tr><td>在 BOM 中至少要体现出传感器的名称、组件、型号、数量以及用途</td><td>BOM 信息不完整，一处扣 5 分</td></tr>
<tr><td rowspan="2">轮毂电缆 BOM 的制作</td><td>制作 BOM 表格</td><td rowspan="2">20 分</td><td>BOM 表格设计不合理，一处扣 2 分</td><td rowspan="2"></td></tr>
<tr><td>在 BOM 中至少要体现出电缆的规格、型号、长度、数量以及用途</td><td>BOM 信息不完整，一处扣 5 分</td></tr>
<tr><td rowspan="2">轮毂传感器 BOM 的制作</td><td>制作 BOM 表格</td><td rowspan="2">20 分</td><td>BOM 表格设计不合理，一处扣 2 分</td><td rowspan="2"></td></tr>
<tr><td>在 BOM 中至少要体现出传感器的名称、组件、型号、数量以及用途</td><td>BOM 信息不完整，一处扣 5 分</td></tr>
<tr><td>6S</td><td>工作区域符合 6S 规范要求</td><td>10 分</td><td>每发现一处，扣 3 分</td><td></td></tr>
</table>

任务四　风电机组电缆接头的制作工艺

学习目标

1. 熟悉风电机组所用的各种电缆的规格。
2. 会选择合适的电缆。
3. 熟悉风电机组电缆的制作工艺。

任务导入

制作一个符合工艺要求的电缆接头，需要进行哪几道工序？每道工序的基本要求又是什么呢？下面的知识准备环节将给出答案。

知识准备

电缆接头的制作工艺主要包括电缆的裁线、剥线以及压接等过程。

电缆是一个非常重要的电气部件，如果电缆制作工艺不符合要求，会导致载流量无法达到预期要求，甚至会造成漏电、断路、短路及打火等问题，所以电缆的制作一定要严格按照要求进行。电缆制作的工艺流程一般为：根据电气系统设计要求的电缆规格选取合适的电缆；按照电气裁线和剥线要求，对电缆进行裁线和剥线；根据工艺要求选择合适的接线端子；对电缆进行标识和压接。根据工艺流程规划了本任务的学习目标、知识准备，结合实训任务巩固所学知识点。

、电缆的选取

电缆的选取也即电缆技术参数的确定过程。电缆技术参数有很多，芯数和横截面积都是重要参数之一。电缆的芯数及线芯颜色可以根据用户需求进行定制；电缆横截面积用“平方毫米（mm^2）”来衡量，实际上指的是导体圆形横截面的面积，所以在根据载流量进行电缆选取之前先来了解一下电缆横截面积的计算。

1. 电缆横截面积的计算

一根电缆的一根线芯中导体横截面积之和就是这根电缆的横截面积规格。

（1）单芯线电缆横截面积的计算　已知电缆中的线芯的半径（单位为 mm），计算电缆的横截面积（单位为 mm^2，俗称“电缆平方数”），计算公式如下：

$$电缆横截面积 = \pi \times 线芯半径^2$$

（2）多股芯线电缆横截面积的计算　已知电缆中单股线芯的半径（单位为 mm），计算电缆的横截面积，计算公式如下：

$$电缆横截面积 = 0.7854 \times 单根线芯的半径^2 \times 股数$$

如 48 股（每股线芯的半径为 0.2mm）1.5mm^2的线：

$$0.7854 \times (0.2 \times 0.2) \times 48mm^2 = 1.5mm^2$$

（3）国标电缆横截面积和直径一览表（见表 2-10）

表 2-10 国标电缆横截面积和直径一览表

单股线芯横截面积/mm^2	线芯直径/mm	25℃铜线载流量/A
1.5	1.38	18
2.5	1.78	26
4.2	2.25	38
6	2.76	44
10	1.33×7	68
16	1.70×7	80
25	2.10×7	109
35	2.50×7	125
50	1.78×19	163
70	2.10×19	202
95	2.50×19	243

注：1. 以上导体直径指 BV 塑铜线换算方法；其他类型的电缆的载流量计算可以参考下面所述内容。

2. 例如，1.33×7 表示：10 个平方的电缆一般是 7 股，每股直径为 1.33mm。

2. 电缆线径的选择

电缆（导线）的载流量与电缆（导线）截面积有关，也与电缆中导体的材料、电缆的型号、电缆的敷设方法以及环境温度等有关，影响的因素较多，计算也较复杂。各种导线的载流量通常可以从制造商的产品手册中查找。利用口诀再配合一些简单的心算，也可直接算出电缆大概的横截面积。

本部分所谓的线径，指的是电缆内单根导线的线径。对于线径的初步选择，可以采用口诀进行初步筛选，然后再根据产品手册对比相关参数，最终确定电缆（导线）的线径。

（1）铝芯绝缘线载流量的计算口诀

- 10 下五，100 上二。
- 25、35，四、三界。
- 70、95，两倍半。
- 穿管、温度，八、九折。
- 裸线加一半。
- 铜线升级算。

（2）口诀解析　口诀中对各种横截面积的电缆的载流量（单位为 A）不是直接指出的，而是用横截面积乘上一定的倍数来表示。我国常用导线标称截面积（单位为 mm^2）有 1、1.5、2.5、4、6、10、16、25、35、50、70、95、120、150、185、240 等。

1）第一句口诀指出铝芯绝缘线载流量（单位为 A）可按截面的倍数来计算。口诀中的阿拉伯数码表示导线横截面积（单位为 mm^2），大写数字表示倍数。

2）口诀“10 下五”是指截面积在 $10mm^2$ 以下时，载流量都是横截面积的五倍。

举例：横截面积为 $2.5mm^2$，按照口诀计算可以得到其允许通过的电流最大值为

$$2.5\times5\text{A}\approx12\text{A}$$

3）“100 上二”是指截面积在 100mm^2 以上的载流量是横截面积数值的二倍。

举例：当横截面积为 150mm^2 时，算得载流量为

$$150\times2\text{A}=300\text{A}$$

4）“25、35，四、三界”。横截面积为 25mm^2 与 35mm^2 是四倍和三倍的分界处，其中：16mm^2 和 25mm^2 的导线的载流量是其横截面积的四倍，35mm^2 和 50mm^2 的导线的载流量是其横截面积的三倍。

5）“70、95，两倍半”是指截面积为 70mm^2、95mm^2 的导线，其载流量都是截面积的 2.5 倍。从上面的排列可以看出：除 10mm^2 以下及 100mm^2 以上之外，中间的导线截面积是每两种规格属同一种倍数。

6）“穿管、温度，八、九折”是指：若是穿管敷设（包括槽板等敷设，即导线加有保护套层，不明露的），则需要将根据上述计算方法计算出的载流量再乘以 0.8；若环境温度超过 25℃，根据上述计算方法计算出的载流量再乘以 0.9；若穿管敷设，且温度超过 25℃，则需要将根据上述计算方法计算出的载流量乘以 0.8，然后再乘以 0.9。

例如：对铝芯绝缘线在不同条件下载流量的计算：

当截面积为 10mm^2 穿管时，则载流量为 $10\times5\times0.8\text{A}=40\text{A}$；若为高温，则载流量为 $10\times5\times0.9\text{A}=45\text{A}$；若穿管又高温，则载流量为 $10\times5\times0.7\text{A}=35\text{A}$。

7）“裸线加一半”是指根据上述计算方法计算出来的载流量再加上其的一半。

一般情况下，同样横截面积的裸铝导线与铝芯绝缘线比，其载流量可加大一半。

举例：对于一根 16mm^2 的裸铝导线，在温度低于 25℃ 且无穿管的情况下，其载流量的计算过程如下：

$$16\times4\times1.5\text{A}=96\text{A}$$

8）“铜线升级算”是指计算铜制导线的载流量时，即把铜线的排列顺序提升一级，然后再按照铝芯线的计算口诀进行计算。

举例：横截面积为 35mm^2 的裸铜线环境温度为 25℃，载流量的计算为（按升级为 50mm^2）：

$$50\times3\times1.5\text{A}=225\text{A}$$

（3）电缆线径的选取　对于高电压电缆，大体上可直接采用导线线径选取中的口诀进行计算。

举例：35mm^2 的高电压铠装铝芯电缆埋地敷设的载流量为

$$35\times3\text{A}=105\text{A}$$

二、裁线

对电线电缆进行裁线时，不应采用刀片以及剪刀类等不能裁剪金属的工具进行切割，应采用下线机、剪线钳或者电缆切割工具。

电线电缆裁线后两端头应平整、外绝缘层不得有碰刮伤及擦痕等缺陷。

在裁线的过程中，要确保电缆的规格型号、电缆的线芯及线色、线长及剥头的长度，裁线的过程中要保证电缆切口的整齐度，同时不要误伤到电缆，具体见表 2-11。

表 2-11　电线电缆裁线检验表

检验点	合格品	不合格品
电缆切口	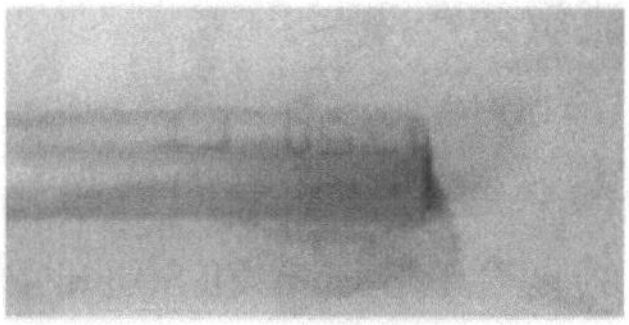 良品	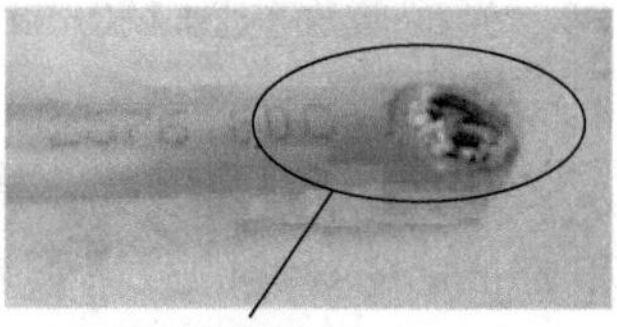 切口不整齐
电缆外绝缘层	 良品	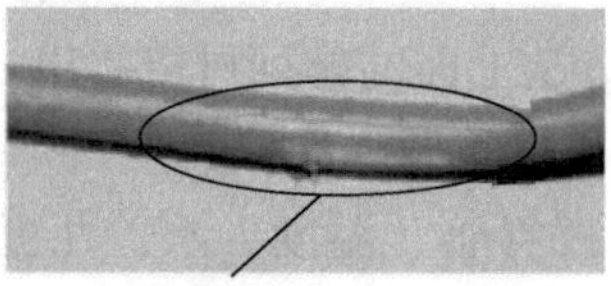 线材拉伤

三、剥线

在对电缆进行剥线的过程中，可以按照如下要求进行：

1）电缆的剥线一般要用到电工刀、剥线钳或者专业剥线设备等。

2）用电工刀剖削塑料硬线绝缘层时，电工刀刀口在需要剖削的导线上与导线成 45°夹角，斜切入绝缘层，然后以 25°角倾斜推削。最后将剖开的绝缘层折叠，齐根剖削，不可损伤内部线缆绝缘。

3）剥切多芯电缆外层橡皮护套时，应在适当长度处用剥线刀（或美工刀）顺着电缆壁圆周画圆，然后剥去电缆外层橡皮护套，注意切割时用力要均匀、适当，不可损伤内部线缆绝缘。

4）单芯 1.0～2.5mm^2的线缆应用剥线钳剥去绝缘层，注意按绝缘线直径不同，放在剥线钳相应的齿槽中，以防导线受损，剥切长度根据选用的接线端头长度加长 1mm。

5）剥线时不可损伤芯线，剥线过程中经常出现的问题及其对应的正确操作结果见表 2-12。

表 2-12　电缆剥线检验表

检验点	合格品	不合格品
电缆脱皮是否平整	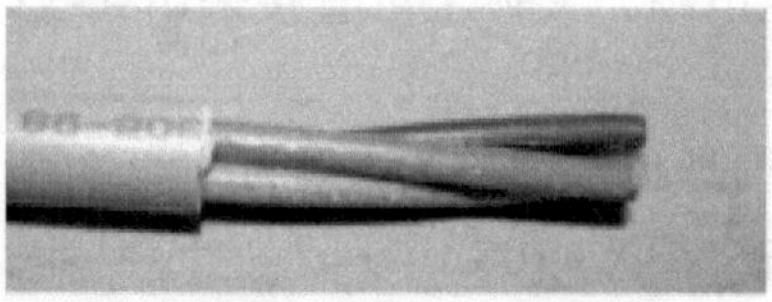 良品	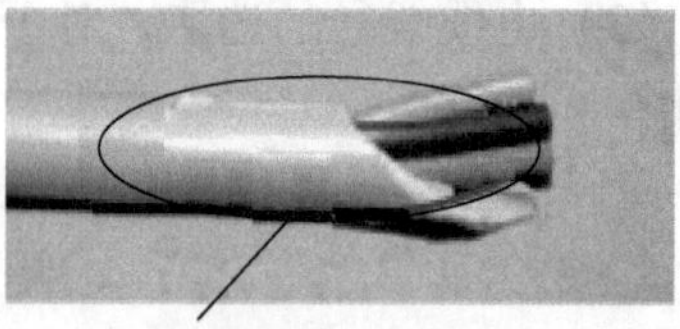 脱皮不净
电缆编织是否损坏	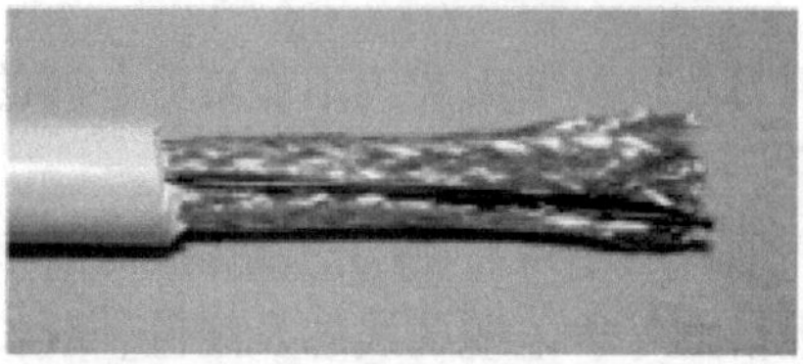 良品	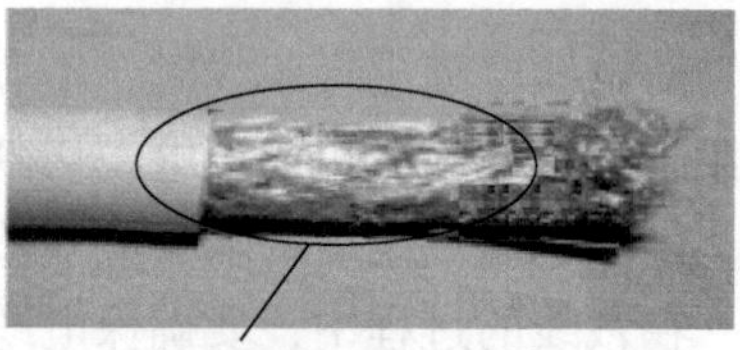 开断编织

（续）

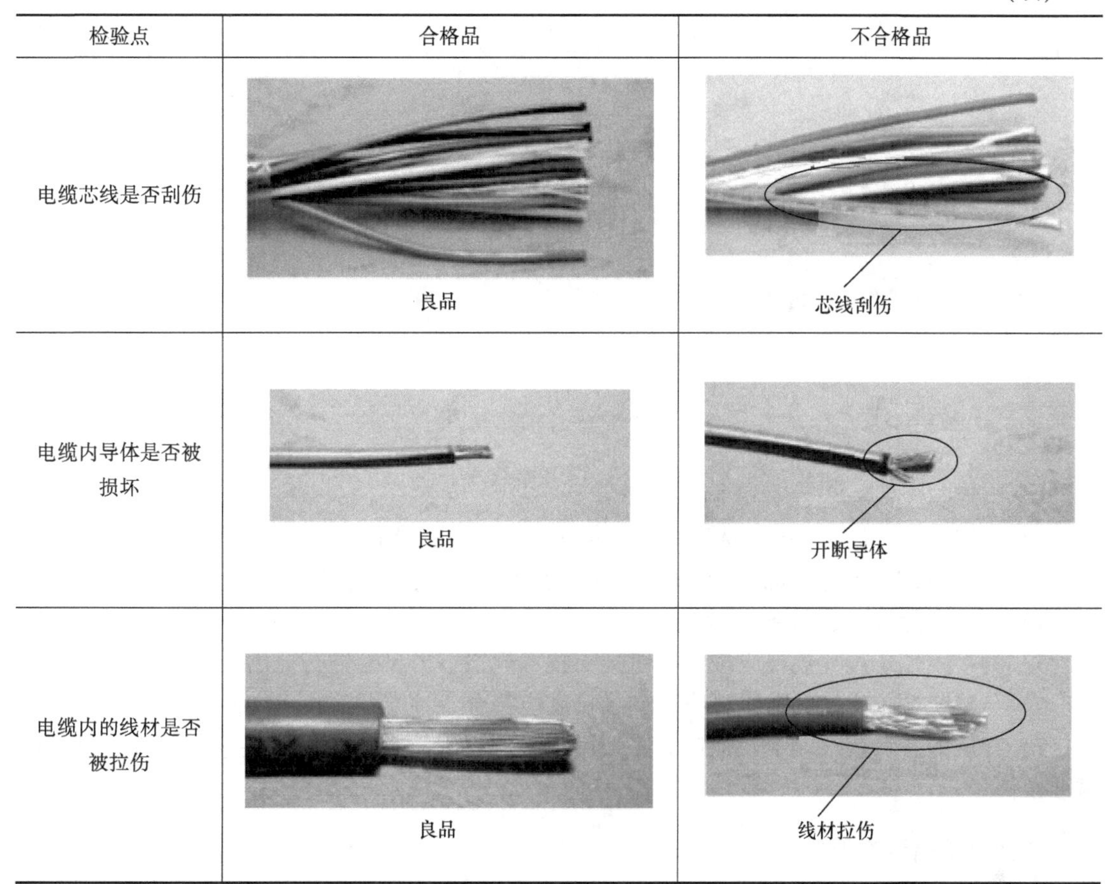

检验点	合格品	不合格品
电缆芯线是否刮伤	良品	芯线刮伤
电缆内导体是否被损坏	良品	开断导体
电缆内的线材是否被拉伤	良品	线材拉伤

四、导线标识

电缆裁线剥线完成、压接之前，必须要给每根导线制作一个标识（如图2-12所示的白色号码管），便于后期的维护，这个标识一般采用号码管进行标识。号码管上面的文字或数字符号要跟电气接线图保持一致，具体标识以电气工艺设计要求为准。

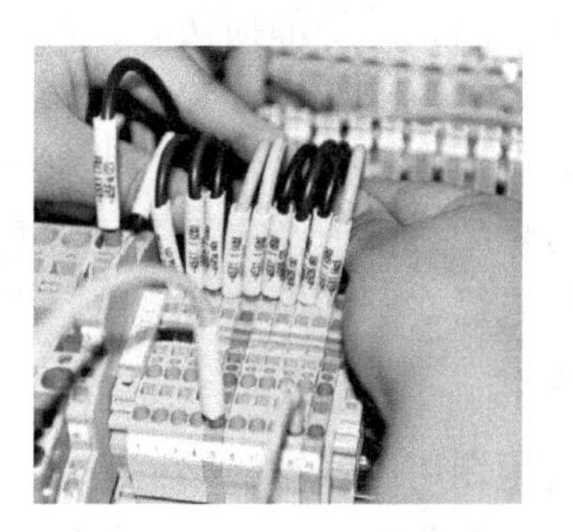

图2-12　导线号码管

导线标识的安装要符合适读要求，其适读方式为：以维护面为准自上而下、自左而右。

五、接线端子的选取

风电机组电气接线常用接线端子如图2-13所示。

接线端子的选择应按不同电流及保证足够的接触面积、防止松动、降低连接处温升等原则进行选择，选取方式可以参考如下描述：

1）≤$6mm^2$的电线电缆一般推荐用H插套、O形、U形、管形、片形裸端子等冷压端子。

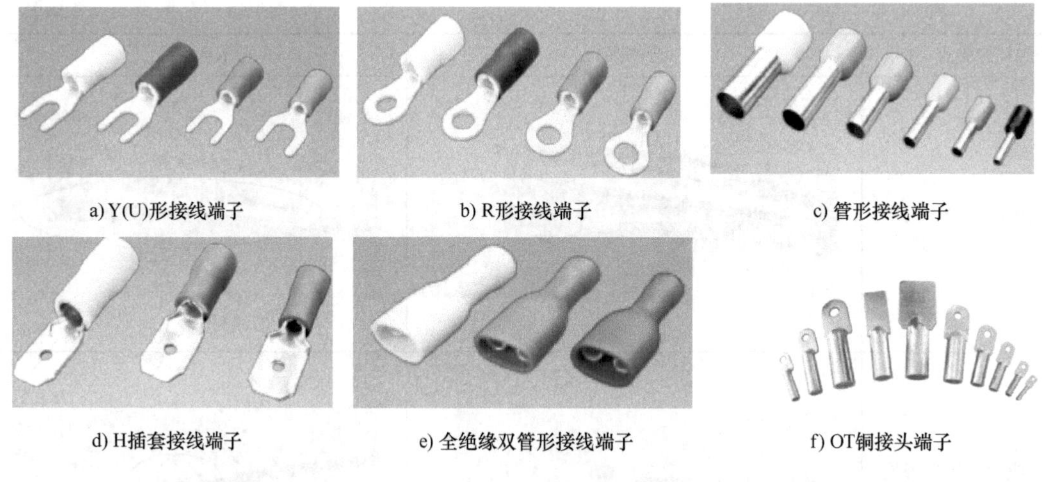

a) Y(U)形接线端子　b) R形接线端子　c) 管形接线端子

d) H插套接线端子　e) 全绝缘双管形接线端子　f) OT铜接头端子

图 2-13　常用接线端子

2）≥10mm²的电线电缆宜选用 OT 铜接头端子、管形端子以及 C45 系列片形端子。

3）≥16mm²的电线电缆用 OT 铜接头端子连接，接线孔推荐按表 2-2 选择。

4）根据实际情况选用 90°的铜接头。

5）铜接线端子尺寸规格应按照电缆接头技术规格书内尺寸进行提供。

6）与接线端子连接的电线电缆，剥线长度应符合各种端子的技术文件。

7）冷压的各种接线端子及铜接头需采用铜材质材料，端子表面需要进行处理，具备防腐蚀条件。

六、电缆端头的压接

在确认电缆规格、型号正确且无外部损伤时，可对电缆导线接头进行压接。

压接是电缆组装过程中对电缆内的导线和接线端子进行的一种连接方式，通过施加一定的机械外力，使两种材料紧密地结合，从而达到电气导通或牢固结合的目的。压接后的接续管或接线端子，应将压痕边缘休整圆滑、齐平，无尖角、毛刺，以免造成电场恶化。

风电机组常用的管式预绝缘端子和铜接线端头，其压接要求如下：

1. 管式预绝缘端头的压接

管式预绝缘端头必须选用专用压线钳压接，注意压线钳选口要正确，线缆头穿入前先绞紧，防止穿入时线芯分岔，如图 2-14 所示。线缆绝缘层需完全穿入绝缘套管，线芯需与针管平齐，如有多余需用斜口钳去除，压接完成后需用力拉拔端头，检查是否牢固。

管式预绝缘端头用压线钳压好后，会出现一面平整而另一面有凹槽。端头与弹簧端子连接时，必须将管式预绝缘端头的平整面与弹簧端子的金属平面相连（端头平整面需正对端子中心后插入），如果用有凹槽的一面与弹簧端子的金属平面相连会造成接触不良而烧毁端子。

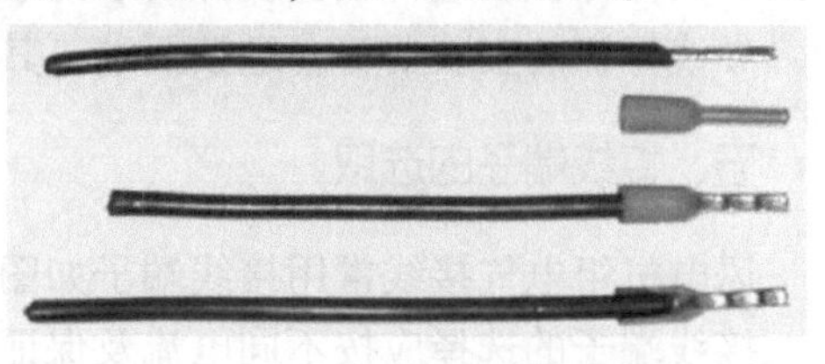

图 2-14　管式绝缘端头的压接

2. 铜接线端子的压接

铜接线端子压接前，应先将热缩管套入电缆。压接时应确保缆芯铜丝笔直再穿进端头内，注意要将所有缆芯内的铜丝都放入端头内，不能截掉铜丝。根据铜接线端头的长短选择压接道数，尾部较短的端头用液压钳压接两道，尾部较长的端头用液压钳压接三道。压接时要从前往后，避免压接时铜管内出现气堵现象。

铜接线端子用压线钳压好后，在电缆芯与端头的结合部用绝缘胶带均匀紧密缠绕，防止电缆内部进入潮气腐蚀线芯，最后套热缩管防护。铜接线端子在电气接线过程中，必须配合螺栓一起使用，如图 2-15 所示。

图 2-15　铜接线端子接线示意图

任务实施与评价

1. 任务实施

“风电机组供电主电缆的接头制作”任务实施记录表见表 2-13。

表 2-13　“风电机组供电主电缆的接头制作”任务实施记录表

<table>
<tr><td>任务名称</td><td colspan="3">风电机组供电主电缆的接头制作</td></tr>
<tr><td>小组成员</td><td></td><td>日期</td><td></td></tr>
<tr><td>任务实施环节
问题记录</td><td colspan="3"></td></tr>
<tr><td>任务描述</td><td colspan="3">某一台风电机组现需要一根 5 ×16mm² 的电缆将外部电源引入到塔基控制柜内的 X0 - 1、2、3，N、PE 上，所需长度为 10m，线色分别为：红、黄、绿、蓝色（N）、黄绿相间（PE），采用 O 形 16mm² 黑色预绝缘端子
现有一捆 100m 长的电缆，请根据上述描述完成如下任务：
（1）截取 10m 长度的电缆，要求切口平整，而且不能伤害电缆内部的线芯和导体，最终截取后的公差在允许范围内
（2）剥线长度要求比所选绝缘端子长 1mm
（3）电缆标识为 11W1，电缆内五根线缆的标识分别为：1、2、3、N、PE
（4）对电缆线头进行压接，并查看压接端面是否符合工艺要求</td></tr>
<tr><td>任务实施</td><td colspan="3">电缆接头制作记录
<table>
<tr><td>工艺项</td><td>工艺要求</td><td>结果记录</td><td>偏差说明</td></tr>
<tr><td>裁线</td><td></td><td></td><td></td></tr>
<tr><td>剥线</td><td></td><td></td><td></td></tr>
<tr><td>标识</td><td></td><td></td><td></td></tr>
<tr><td>压接</td><td></td><td></td><td></td></tr>
</table></td></tr>
<tr><td>任务总结</td><td colspan="3"></td></tr>
</table>

2. 任务评价

任务评价表见表2-14。

表2-14 任务评价表

<table>
<tr><th>任务</th><th>基本要求</th><th>配分</th><th>评分细则</th><th>评分记录</th></tr>
<tr><td>工具的准备</td><td>电缆制作所需要的各种工具准备到位</td><td>20分</td><td>少一个工具，扣10分</td><td></td></tr>
<tr><td rowspan="6">电缆的制作</td><td rowspan="2">裁线长度符合要求</td><td rowspan="6">70分</td><td>公差过大，每处扣3分</td><td rowspan="6"></td></tr>
<tr><td>电缆长度不够，每处扣10分</td></tr>
<tr><td>剥线工艺符合要求</td><td>不符合工艺要求，一处扣3分</td></tr>
<tr><td>导线标识符合要求</td><td>标识不符合要求，每处扣2分</td></tr>
<tr><td>接线端子的选取符合要求</td><td>不符合要求，一个端子扣3分</td></tr>
<tr><td>压接工艺符合要求</td><td>不符合工艺要求，一处扣5分</td></tr>
<tr><td>6S</td><td>工作区域符合6S规范要求</td><td>10分</td><td></td><td></td></tr>
</table>

任务五 风力发电机组电气控制原理图的认知

学习目标

1. 了解电气原理图中的组成。
2. 熟悉电气原理图中常用电气符号的含义。
3. 能够自行设计风电机组的部分电气原理图。

任务导入

风电机组内有很多的电气零部件，这些电气零部件之间的电气连接是根据电气控制原理图来进行连接的，所以看懂电气原理图至关重要。如何看懂一套电气控制原理图呢？在看懂的基础上，现需要对电气原理图进行二次修改，又该如何设计电气控制原理图呢？下面将一一讲解电气原理图的组成、分类、设计等。

知识准备

风电机组电气控制原理图详细地描绘了其内部的电气连接及逻辑控制关系，也是电气安装之前必须要熟悉的资料之一。通过电气控制原理图，电气工程师可以了解风电机组每根导线的连接位置及功能，也可以知道风电机组各零部件之间的相互控制逻辑，同时也是电气安装工艺的原始数据来源。所以，不管是电气装配工程师还是调试工程师，都必须熟悉风电机组的电气控制原理图，也即必须要了解机组的所有电气接口。

风电机组的电气控制原理图一般分为三部分，分别为：主控系统的电气控制原理图、机舱系统的电气控制原理图和叶轮系统的电气控制原理图。主控系统的电气控制原理图详细地描绘了主控与变流器、主控与机舱、主控与变流器水冷系统、主控与监控系统及辅助控制系统等的电气连接关系。机舱系统的电气控制原理图描述了机舱内部所有电气部件的相关电气连接及控制关系，明确了机舱与主控、机舱与叶轮之间的电源及通信传递功能，同时还描述了机舱与发电机等部件之间的电气接口。叶轮系统的电气控制原理图描述的主要是叶轮内部所有电气设备的电气接口及电气控制逻辑等，同时也阐明了机组的急停系统的设计逻辑。总之，电气控制原理图详细地描述了风电机组的所有电气接口、控制逻辑及安全链系统。

所以，如何识别电气控制原理图是一项至关重要的任务。在电气工程中，电气控制原理图是电气工程图的一部分，下面先简要说明一下电气工程图的组成。

一、电气工程图的组成

电气工程图用来阐述电气工程的构成和功能，描述电气装置的工作原理，提供安装和维护使用信息。

一份电气工程图装订成册，通常包含以下内容：

1）图样总目录。

2）技术说明。

3）电气设备平面布置图（供电组合、控制柜）。

4）电气系统图。

5）电气原理图：

① 电气控制柜（箱）外形尺寸图；

② 电气原理图；

③ 电气元件布置图；

④ 接线端子排图；

⑤ 设备接线图（或接线电缆表）；

⑥ 电气元件清单（单台明细表）。

6）电气设备使用说明书。

1. 目录与前言

目录：便于检索图样，由序号、图样名称、编号、张数等构成。

前言：包括设计说明、图例、设备材料明细表、工程经费概算等。

2. 电气平面图

电气平面图（见图2-16）表示电气工程中电气设备、装置和线路的平面布置，一般在建筑平面图中绘制出来。

根据用途不同，电气平面图可分为供电线路平面图、变电所平面图、动力平面图、照明平面图、弱电系统平面图、防雷与接地平面图等。

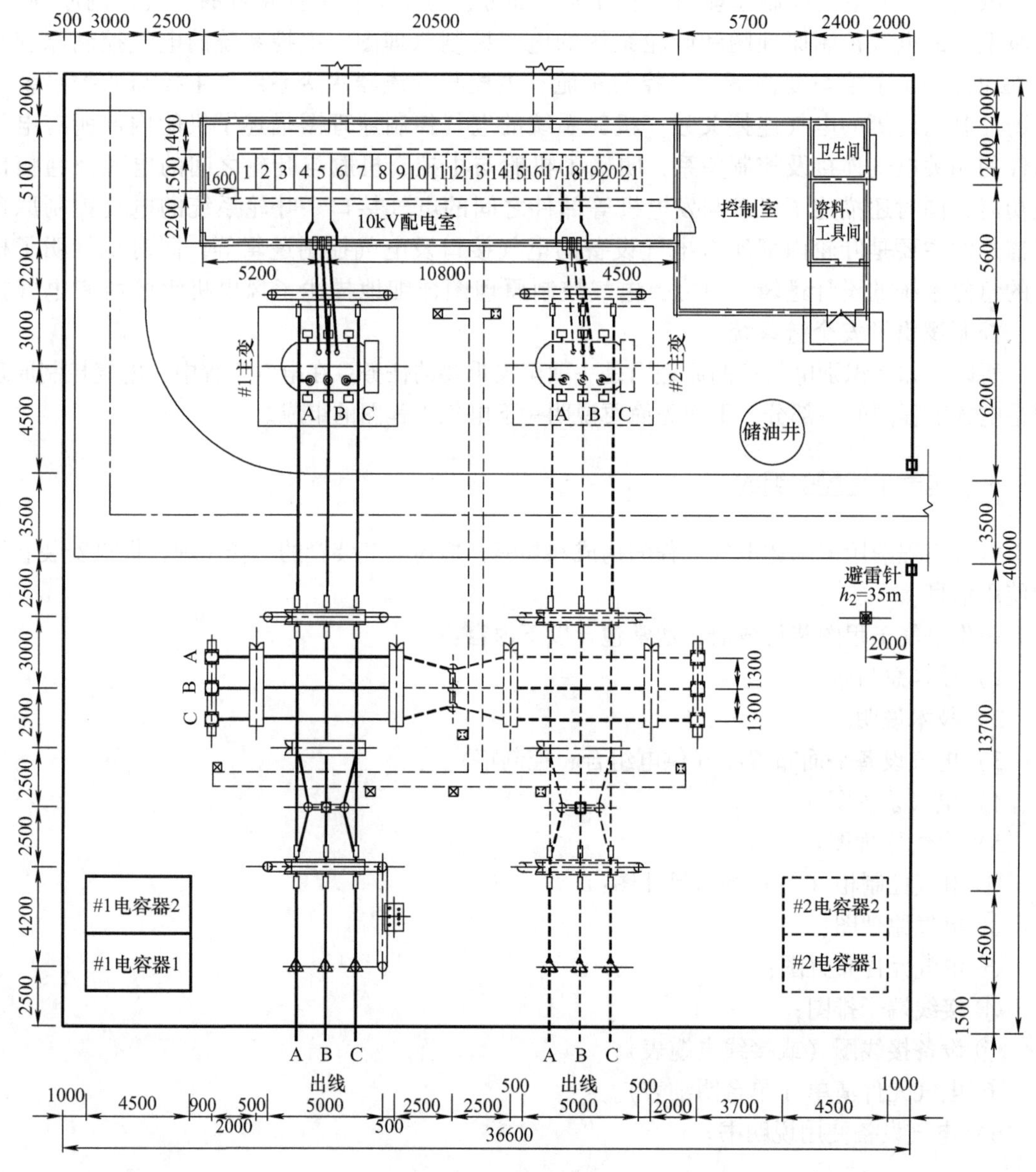

图2-16 电气平面图

3. 电气系统图和框图

电气系统图和框图（见图2-17）用于表示整个工程或该工程中某一项目的供电方式和电能输送关系，也可表示某一装置各主要组成部分的关系。

4. 设备布置图

设备布置图主要表示各种电气设备和装置的布置形式、安装方式及相互位置之间的尺寸关系，通常由平面图、立面图、断面图、剖面图等组成。这种图按三视图原理绘制，与一般的机械图没有大的区别。

电源进线	刀开关	熔断器额定电流/A 熔体额定电流/A	计算电流/A	导线型号规格 穿线管规格	线路编号	控制设备	符号	型号 功率/kW	名称	安装位置编号 设备编号	备注
BLX-3×70 +1×35-K	HDR-100 /31	RL型 30/25	11	BLX-3×2.5 SC15-FC	1	CJ10-20	M 3～	Y/5.5	电动机	2/1	
		30/25	8.2	BLX-3×2.5 SC15-FC	2	CJ10-20	M 3～	Y/4		2/2	
		30/25	8.2	BLX-3×2.5 SC15-FC	3	CJ10-20	M 3～	Y/4		2/3	
		200/ 100	79	BLX-3×35 SC15-FC	4	CJ12-100	M 3～	YR/40		2/4	

a) 电气系统图

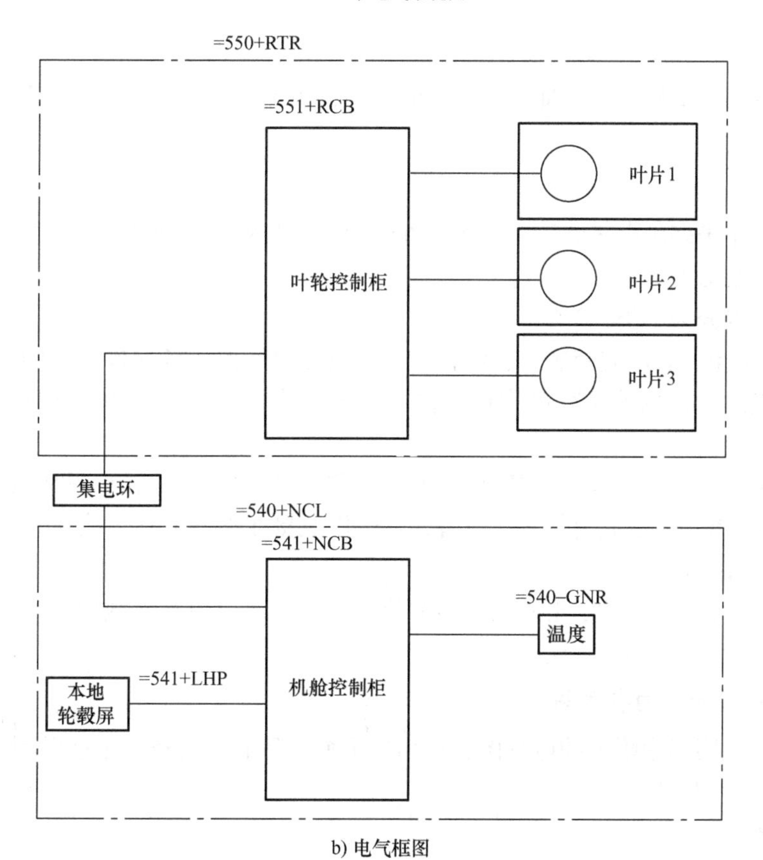

b) 电气框图

图 2-17　电气系统图和框图

5. 电路图

电路图（见图2-18）主要表示系统或装置的电气工作原理，又称为电气原理图。

绘制原则：从上到下、从左到右。

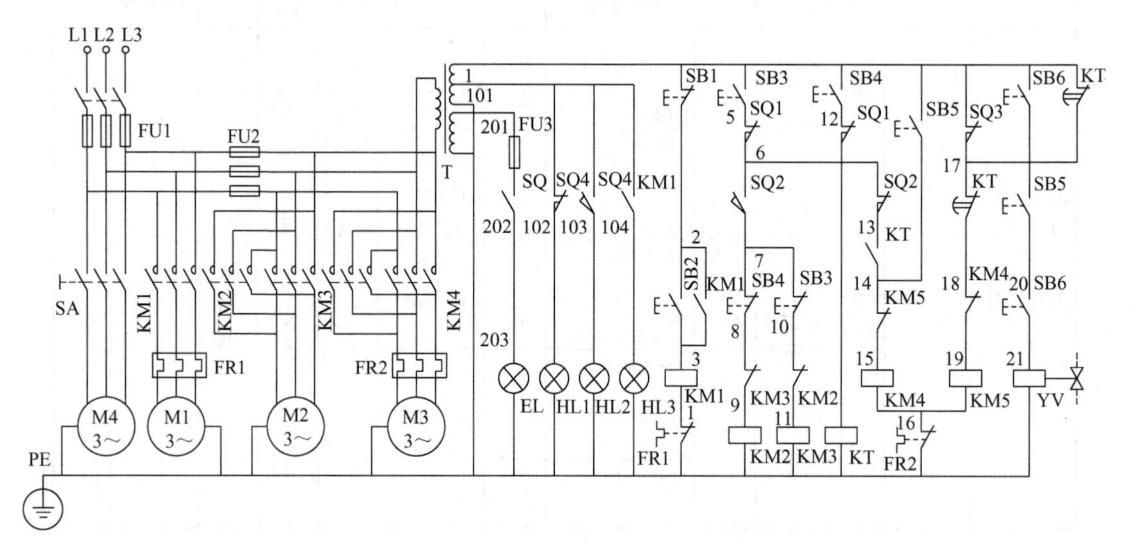

图2-18 电路图

6. 大样图

大样图表示电气工程中某一部件、构件的结构，用于指导加工和安装。部分大样图为国家标准图。

7. 接线图

接线图主要用于表示电气装置内部各元件之间及其与外部其他装置之间的连接关系，便于制作、安装和维修人员接线和检查。

接线图又可以分为三类：

1）单元接线图：表示成套装置或设备中一个结构单元内的各元件之间的连接关系的一种接线图。这里的“结构单元”是指在各种情况下可独立运行的组件或某种组合体，如电动机、开关柜等。

2）互连接线图：表示成套装置或设备的不同单元之间连接关系的一种接线图。

3）端子接线图：表示成套装置或设备的端子以及接在端子上外部接线（必要时包括内部接线）的一种接线图。

4）电线电缆配置图：表示电线电缆两端位置，必要时还包括电线电缆功能、特性和路径等信息的一种接线图。

8. 产品使用说明书用电气图

厂家在产品说明书中附上的电气图，供用户了解产品的组成和工作过程及注意事项，以便正确使用、维护和检修。

9. 其他电气图

电气系统图、电路图、接线图和平面图是最主要的电气图，但在一些较复杂的电气工程中，为了补充和详细说明某一局部工程，还需要使用一些特殊的电气图，如功能图、逻辑图、印制板电路图、曲线图、表格等。

10. 设备元件和材料表

设备元件和材料表是把某一电气工程所需要的主要设备、元件、材料和有关的数据列成表格，包括其名称、符号、型号、规格、数量等。这种表格主要用于说明图上符号所对应的元件名称、作用、功能和有关数据等，应与图联系起来阅读。

二、电气控制原理图的组成

电气控制原理图是工程技术的通用语言，一般由各种电气元件图形、文字符号要素及连接线组成。

在电气图的识别及绘制方面可以参考国家针对电气图制定的相关标准：

我国电气设备有关国家标准：

GB/T 4728.1～.5—2005、GB/T 4728.6～.13—2008《电气简图用图形符号》

GB/T 6988.1—2008《电气技术用文件的编制　第1部分：规则》

GB/T 6988.5—2006《电气技术用文件的编制　第5部分：索引》

GB/T 21654—2008《顺序功能表图用GRAFCET规范语言》

规定从1990年1月1日起，电气图中的图形符号和文字符号必须符合国家的最新标准。

电气控制原理图中的图形符号可参考本书的附录B。

1. 常用元件及其图形符号

图形符号是用于图样或其他文件以表示一个设备或概念的图形、标志、字符。电气图形符号是构成电气图的基本单元。电气图形符号包括一般符号、符号要素、限定符号、方框符号。

电气控制原理图用图形符号的分类：

《电气简图用图形符号》系列标准将电气所用的图形符号分为总则、符号、导线和连接器件、无源元件、半导体和电子管、电能的发生和转换、开关控制和保护装置、测量仪表（灯）和信号器件、交换和外围设备（电信）、传输、电力照明和电信布置、逻辑单元、模拟单元共13个部分11种类。

本部分内容主要介绍一下在电气图中常用的几种电气元件及其对应的图形符号（见表2-15），其他电气元件的电气图形符号可以参考附录B。

表2-15　常用元件外观结构及图形符号表

序号	元件名称	外观结构	图形符号	说明
1	按钮	由按钮帽、复位弹簧桥式触点和外壳组成	常开按钮：SB 常闭按钮：SB 复合按钮：SB	按下按钮，常闭（又称动断）触点断开、常开（又称动合）触点闭合；松开按钮，在弹簧作用下各触点恢复原态

（续）

序号	元件名称	外观结构	图形符号	说明
2	行程开关		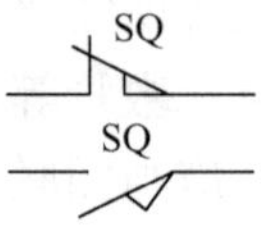 SQ SQ	将机械位移转换成电信号，使电动机运行状态发生改变，即按一定行程自动停车、反转、变速或循环。当运动机构的挡铁压到位置开关的滚轮上时，转动杠杆连同转轴一起转动，凸轮撞动撞块使得常闭触点断开，常开触点闭合；挡铁移开后，复位弹簧使其复位
3	交流接触器	 由电磁系统和触点系统组成	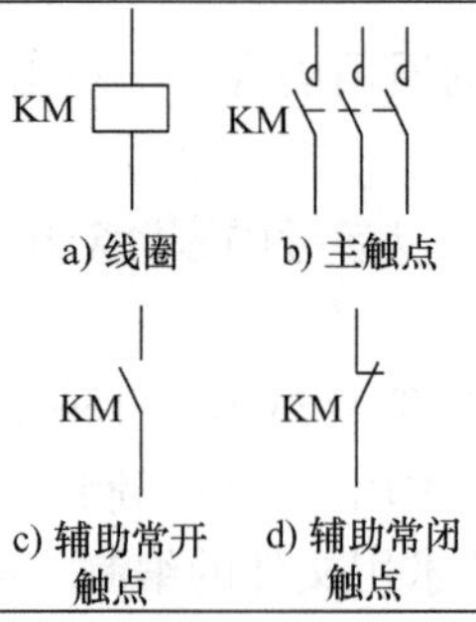 KM a) 线圈 KM b) 主触点 KM c) 辅助常开触点 KM d) 辅助常闭触点	交流接触器的线圈得电，其辅助常闭触点先断开，辅助常开触点和主触点再闭合；线圈失电，辅助常开触点和主触点先断开，辅助常闭触点再闭合
4	热继电器		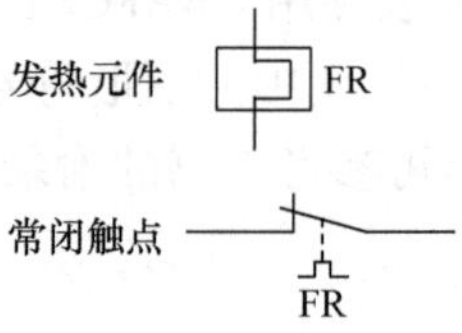 发热元件 FR 常闭触点 FR	热继电器是利用电流的热效应原理来切断电路以保护电器的设备。发热元件接入电机主电路，若长时间过载，双金属片被烤热。因双金属片的下层膨胀系数大，使其向上弯曲，扣板被弹簧拉回，常闭触点断开
5	时间继电器	 	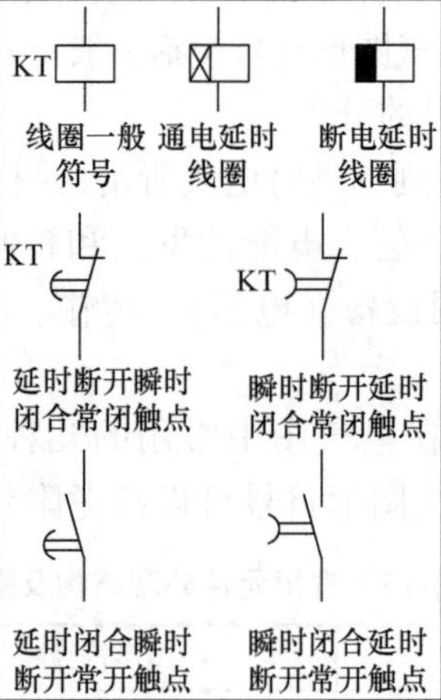 KT 线圈一般符号 通电延时线圈 断电延时线圈 KT 延时断开瞬时闭合常闭触点 KT 瞬时断开延时闭合常闭触点 延时闭合瞬时断开常开触点 瞬时闭合延时断开常开触点	通电延时：当线圈通电时触点延时动作，线圈断电时使触点瞬时复位 断电延时：线圈断电时使触点延时复位，线圈通电时使触点瞬时动作
6	熔断器	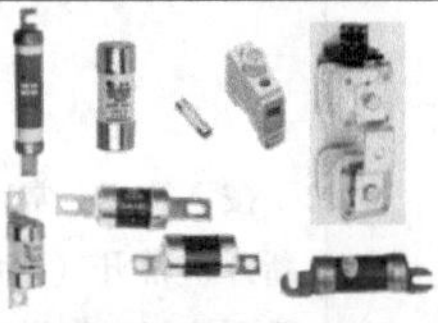 熔断器的主体是用低熔点的金属丝或者金属薄片制成的熔体，熔体与绝缘底座或者熔管组合而成熔断器总成	 FU	一种广泛应用于低压电路或者电动机控制电路中的最简单有效的过电流保护电器

2. 文字符号

依据标准选取的文字符号，标注在电气设备、装置、元件近旁，以表示其名称、功能、状态和特征。

文字符号可以是项目代号，也可作为限定符号与一般图形符号组合使用，派生新的图形符号。

文字符号分为基本文字符号和辅助文字符号。

（1）基本文字符号　基本文字符号表示电气设备、装置和元件的名称，常用的基本文字符号见表2-16。

表2-16　电气控制原理图中的基本文字符号

设备、装置和元件种类	名称	基本文字符号	
		单字母	双字母
继电器 接触器	继电器	K	KA
	接触器		KM
测量设备	电流表	P	PA
	电压表		PV
电力电路的开关器件	断路器	Q	QF
	电动机保护开关		QM
	隔离开关		QS
电阻器	电位器	R	RP
	热敏电阻器		RT
	压敏电阻器		RV
控制、记忆、信号电路的开关器件选择器	控制开关 选择开关	S	SA
	按钮		SB
	压力传感器		SP
	位置传感器		SQ
	转速传感器		SR
	温度传感器		ST
变压器	电流互感器	T	TA
	电力变压器		TM
	电压互感器		TV
调制器、变换器	编码器、整流器	U	
电子管 晶体管	电子管	V	VE
	控制电路用电源的整流器		VC
传输通道 波导、天线	电缆	W	
	波导		

（续）

设备、装置和元件种类	名称	基本文字符号	
		单字母	双字母
端子、插头、插座	测试插孔	X	XJ
	插头		XP
	插座		XS
	端子排		XT
电气操作的机械器件	电磁铁	Y	YA
	电磁制动器		YB
	电磁离合器		YC
	电动阀		YM
	电磁阀		YV

从表2-16可以看到，基本文字符号分为两种：

1）单字母符号：用拉丁字母将电气设备、装置和元件划分为23大类，用专用单字母符号表示。

2）双字母符号，用一个表示种类的单字母符号在先，与另一字母在后的次序列出，更详细、具体地表述电气设备、装置和元件。

（2）辅助文字符号　辅助文字符号是表示电气设备、装置、元件和线路的功能、状态和特征的，常用的辅助文字符号见表2-17。

表2-17　辅助文字符号

辅助文字符号	名称	辅助文字符号	名称	辅助文字符号	名称
AC	交流	DC	直流	OFF	断开
AUT	自动	E	接地	ON	接通
ACC	加速	F	快速	OUT	输出
AUX	辅助	FB	反馈	PE	保护接地
ASY	异步	FW	正，向前	RST	复位
BRK	制动	IN	输入	RUN	运转
BW	向后	INC	增	ST	起动
CW	顺时针	L	左	SET	置位
CCW	逆时针	MAN	手动	STE	步进
D	延时	N	中性线		

（3）文字符号的补充原则

1）可采用国际标准中规定的电气技术文字符号。

2）在优先采取规定的单字母符号、双字母符号和辅助文字符号的前提下，可补充有关的双字母符号和辅助文字符号。

3）同一设备若有几种名称时，应选用其中一个名称。当设备名称、功能、状态或特征为一个英文单词时，一般采用该单词的第一位字母构成文字符号，需要时也可用前两位字母，或前两个音节的首位字母，或采用常用缩略语或约定俗成的习惯用法构成。

4）当设备名称、功能或状态为两个或三个英文单词时，一般采用该两个或三个单词的第一位字母，或采用常用缩略语或约定俗成的习惯用法构成文字符号。

5）因 I、O 易于同 1 和 0 混淆，因此，不允许单独作为文字符号使用。

三、电气控制原理图的一般特点

（1）清楚　用图形符号、连线或简化外形来表示系统或设备中各组成部分之间的相互电气关系及其连接关系。

（2）简洁　采用电气元件或设备的图形符号、文字符号和连线表示，没有必要画出电气元件的外形结构。

（3）独特性　表示成套装置或设备中各元件之间的电气连接关系。

（4）布局　电气图的布局依据图所表达的内容而定。

电路图、系统图是按功能布局，只考虑便于看出元件之间的功能关系，而不考虑元件实际位置，要突出设备的工作原理和操作过程，按照元件动作顺序和功能作用，从上而下、从左而右布局。对于接线图、平面布置图，则要考虑元件的实际位置，所以应按位置布局。

（5）多样性　在某一个电气系统或电气装置中，各种元件、设备、装置之间，从不同角度、不同侧面去考察，存在不同的关系，构成下面 4 种物理流：

1）能量流——电能的流向和传递。

2）信息流——信号的流向、传递和反馈。

3）逻辑流——表征相互间逻辑关系。

4）功能流——表征相互间功能关系。

物理流有的是实有或有形的，如能量流、信息流等；有的则是概念化或抽象的，如逻辑流、功能流等。

在电气设计中，往往根据需要出发，以不同的物理流用合适的形式描述电气功能。

四、电气控制原理图的设计规范

1. 图样格式

一张完整图样（见图 2-19）由边框线、图框线、标题栏（见图 2-20）、会签栏和绘图区等组成。

标题栏用来确定图样的名称、图号、张次、更改和有关人员签署等内容，位于图样的下方或右下方，也可放在其他位置。图样的说明、符号均应以标题栏的文字方向为准。

我国没有统一规定标题栏的格式，通常标题栏格式包含内容有设计单位、工程名称、项目名称、图名、图别、图号等。

会签栏留给相关的水、暖、建筑、工艺等专业设计人员会审图样时签名用。

2. 图幅尺寸

由边框线围成的幅面为图样幅面，分为 5 类：A0 ~ A4，如图 2-21 所示。

图幅尺寸的选择原则：

1）电气图的规模与复杂程度，能够清晰地反映电气图的细节。

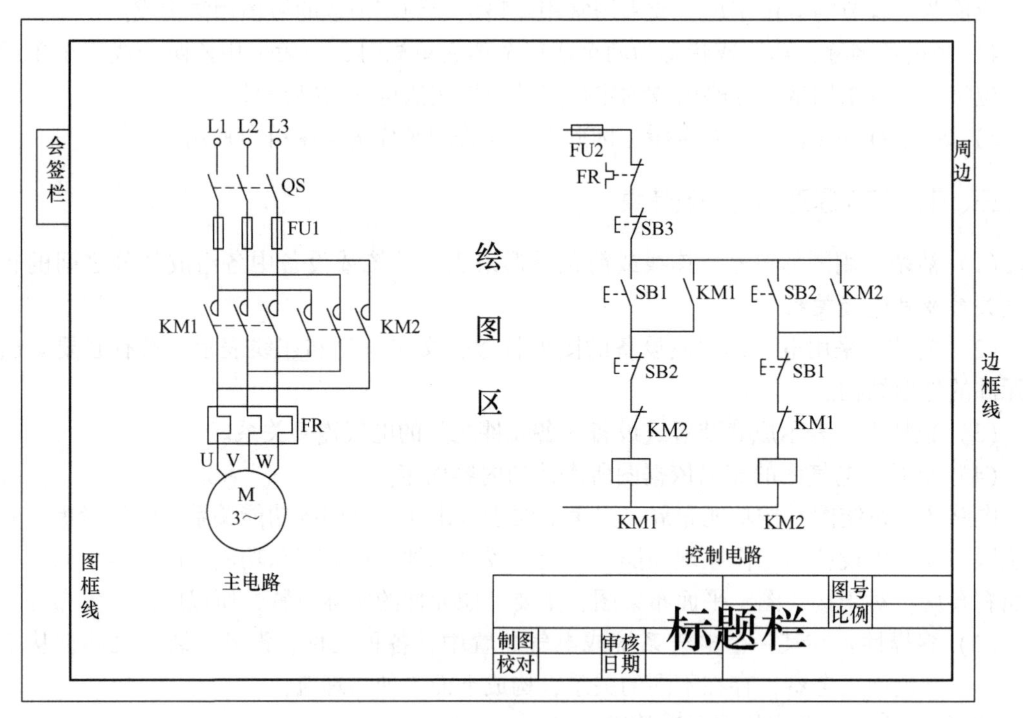

图 2-19 电气控制原理图图样格式

<table>
<tr><td colspan="4" rowspan="2">设计单位名称</td><td>工程名称</td><td>设计号</td><td></td></tr>
<tr><td></td><td>图号</td><td></td></tr>
<tr><td>总工程师</td><td></td><td>主要设计人</td><td></td><td colspan="3" rowspan="3">项目名称</td></tr>
<tr><td>设计总工程师</td><td></td><td>技　核</td><td></td></tr>
<tr><td>专业工程师</td><td></td><td>制　图</td><td></td></tr>
<tr><td>组　长</td><td></td><td>描　图</td><td></td><td colspan="3" rowspan="2">图　名</td></tr>
<tr><td>日　期</td><td></td><td>比　例</td><td></td></tr>
</table>

图 2-20 标题栏

2）整套图样的幅面尽量保持一致，便于装订和管理。

3）用 CAD 软件绘制时，输出设备（打印机、绘图仪等）对于输出幅面的限制。

幅面	A0	A1	A2	A3	A4
长/mm	1189	841	594	420	297
宽/mm	841	594	420	297	210

幅面	A3×3	A3×4	A4×3	A4×4	A4×5
长/mm	891	1189	630	841	1051
宽/mm	420	420	297	297	297

图 2-21 图幅尺寸

3. 图框线

图框线根据图样是否需要装订以及图样幅面的大小确定，如图 2-22 所示。

需要装订的图样的图框线：A0、A1、A2：a = 25mm，c = 10mm；其他：a = 25mm，c = 5mm。

不需要装订的图样的图框线：A0、A1：e = 20mm；其他：e = 15mm。

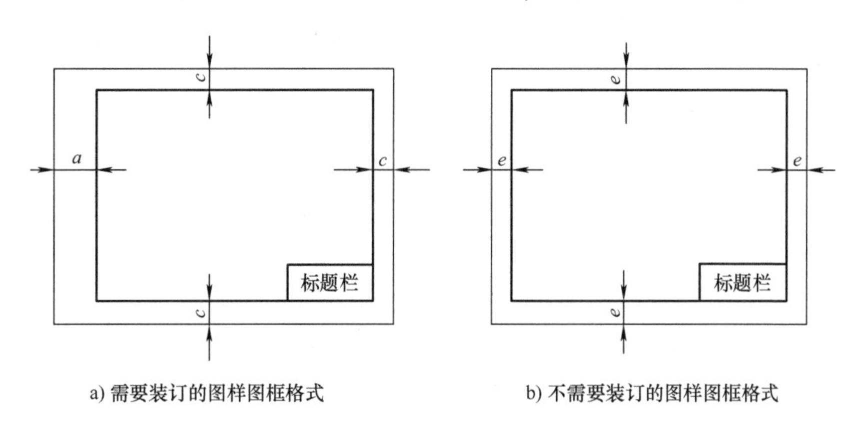

a) 需要装订的图样图框格式　　b) 不需要装订的图样图框格式

图 2-22　图框线

4. 图幅分区

对各种幅面的图样进行分区表示电气图中各个组成部分在图上的位置，便于直观反映绘图的范围及确定相互之间的关系，如图 2-23 所示。

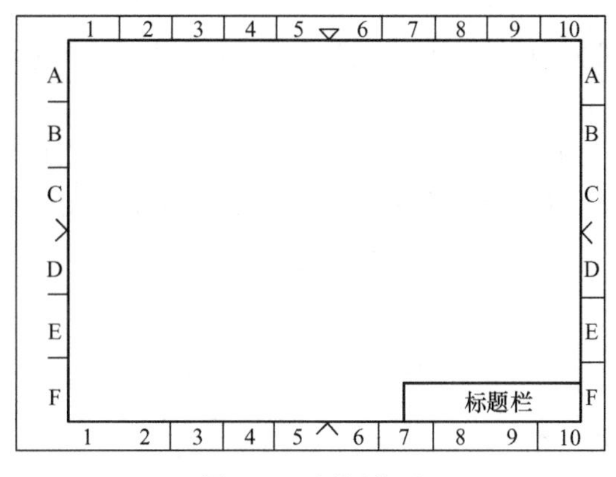

图 2-23　图幅分区

分区数一般为偶数，每一分区的长度为 25 ~ 75mm，分区在水平和垂直两个方向的长度可以不同。

分区的编号，水平方向用阿拉伯数字，垂直方向用大写英文字母。编号从图样的左上角开始，分区代号用行与列两个编号组合而成。

5. 图线

国家标准规定 8 种基本图线：粗实线、细实线、波浪线、双折线、细虚线、细点画线、粗点画线、细双点画线，并分别用代号 A、B、C、D、F、G、J、K 表示，见表 2-18。

所有线型的图线宽度（d）应按图样的类型和尺寸大小在下列系列中选择：0.13mm、0.18mm、0.25mm、0.35mm、0.50mm、0.7mm、1mm、1.4mm、2mm。

表 2-18 图线

图线名称	线　型	图线名称	线　型
粗实线		细虚线	12d 3d
细实线		细点画线	3d 24d 0.5d
波浪线		细双点画线	3d 24d 0.5d
双折线			

6. 字体

GB/T14691—1993（《技术制图 字体》）规定，汉字采用长仿宋体，字母、数字可用直体、斜体；字体号数（即字体高度，单位 mm）分为 20mm、14mm、10mm、7mm、5mm、3.5mm 及 2.5mm 七种。字体宽度约等于字体高度的 2/3，而数字和字母的笔画宽度约为字体高低的 1/10。因汉字笔画较多，不宜用 2.5 号字。

7. 箭头和指引线

电气图中箭头（见图 2-24）有两种形式：开口箭头表示电气连接上能量或信号的流向；实心箭头表示力、运动、可变性方向。

指引线（见图 2-25）用于指示注释的对象，其末端指向被注释处，并在其末端加注以下标记：若指在轮廓线内，用一黑点表示；若指在轮廓线上，用一箭头表示；若指在电气线上，用一短线表示。

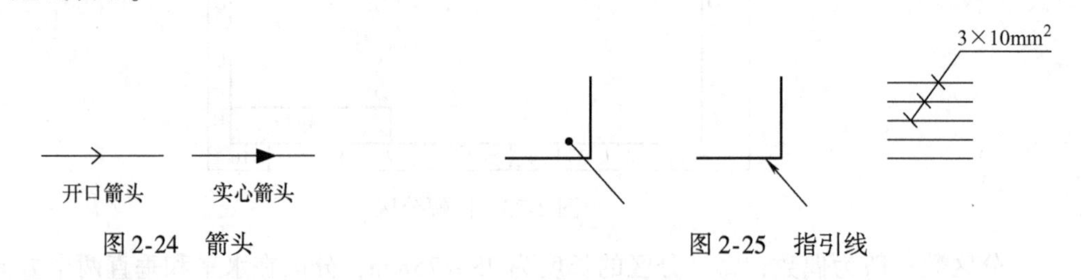

图 2-24 箭头　　　　图 2-25 指引线

8. 图框

图框用于集中表示功能单元、结构单元或项目组，通常用点画线框表示。

图框的形状可以是不规则的，但不能与元件符号相交。

9. 比例

图上所画图形符号的大小与物体实际大小的比值称为比例。

电气线路图一般不按比例绘制，但是位置平面图等须按比例或部分按比例绘制。

电气图常用比例有1∶10、1∶20、1∶50、1∶100、1∶200、1∶500等。

10. 尺寸标注

电气图标注尺寸是电气工程施工和构件加工的重要依据。

尺寸标注由尺寸线、尺寸界线、尺寸起点（实心箭头和45°斜短画线）、尺寸数字4个要素组成。

通常图样上尺寸单位为mm，除特殊情况外，图上一般不标注单位。

11. 注释、详图

（1）注释　在图形符号表达不清楚的地方或不便表达的地方可以加上注释。

注释有两种形式：一是直接放在所要说明的对象附近；二是加标记，将注释放在另外的位置或另一页。

当图中有多个注释时，应把这项注释按编号顺序放在图样边框附近。如果是多张图样，一般性注释放在第一张图上，其他注释则放在与其内容相关的图样上。

注释方法可采用文字、图形、表格等形式，其目的是把对象表达清楚。

（2）详图　详图实质上是用图形来注释，相当于机械制图的剖面图，即将电气装置中某些零件、连接点等结构、安装工艺等放大并详细表达出来。

详图可放在要详细表示的对象的图上，也可放在另一图上，但必须要用一个标志将它们联系起来。标注在总图上的标志称为详图索引标志，标注在详图位置上的标志称为详图标志。

五、电气控制原理图的绘制原则及方法

1. 电气绘图的基本原则

1）原理图一般分为：电源电路、主电路、控制电路、信号电路、照明电路。

① 电源电路画成水平线，相序由上而下排列，中性线和保护地线画在相线下面。直流电源正极在上，负极在下。

② 主电路是指受电的动力装置及保护电器，画在原理图左侧。

③ 控制电路、信号电路、照明电路绘图时要跨在两相电源线之间，依次垂直画在右侧，耗能元件（线圈、灯）画在电路下方，电气触点画在耗能元件上方。

2）原理图中各电气触点按常态画出。

3）原理图中电气元件按照统一国标符号画出。

4）原理图中同一电气元件的各部件按其作用分画在不同电路中，必须标以相同文字符号。

5）原理图中对有直接电联系的交叉点应用小黑圆点表示。

2. 电气控制原理图的绘制方法

确定要绘制的原理图的类型，选择合适的图幅、图框、标题栏、会签栏后，对图样进行分区，然后对图样进行初步布局，再按照控制原理结合相应标准进行图样的绘制。

（1）图样布局

1）机械图和图线的布局。机械图必须严格按机械部件的位置进行布局，而简图的布局则可根据具体情况灵活进行。

图线的布置：表示导线、信号通路、连接线等的图线一般应为直线，尽可能减少交叉和弯折。图线布置又分为三种，分别为：

① 水平布置：将设备和元件按行布置，使得其连接线一般成水平布置。

② 垂直布置：将设备或元件按列排列，连接线成垂直布置。

③ 交叉布置：将相应的元件连接成对称的布局。

2）电路或元件的布局。

① 功能布局法：简图中元件符号的布置，只考虑便于看出它们所表示的元件功能关系，而不考虑实际位置的一种布局方法。大部分电气图为功能图。

布局时应遵循的原则：

• 布局顺序应是从左到右或从上到下。

• 在闭合电路中，前向通路上的信息流方向应该是从左到右或从上到下。反馈通路的方向则相反。

• 图的引入引出线最好画在图样边框附近。

② 位置布局法：简图中元件符号的布置对应于该元件实际位置的布局方法。此布局可以看出元件的相对位置和导线的走向。

（2）电气元件、触点的表示

1）触点。触点分两类：一类为靠电磁力或人工操作的触点（接触器、电继电器、开关、按钮等）；另一类为非电和非人工操作的触点（非电继电器、行程开关等的触点）。

触点的表示方法如下：

① 接触器、电继电器、开关、按钮等的触点符号，在同一电路中，在加电和受力后，各触点符号的动作方向应取向一致，当触点具有保持、闭锁和延时功能的情况下更应如此。

② 对非电和非人工操作的触点，必须在其触点符号附近表明运行方式，用图形、操作器件符号及注释、标记和表格表示。

2）元件工作状态的表示方法。元件、器件和设备的可动部分通常应表示在非激励或不工作的状态或位置。

① 继电器和接触器在非激励的状态。

② 断路器、负荷开关和隔离开关在断开位置。

③ 带零位的手动控制开关在零位位置，不带零位的手动控制开关在图中规定的位置。

④ 机械操作开关的工作状态与工作位置的对应关系，一般应表示在其触点符号的附近，或另附说明。

⑤ 事故、备用、报警等开关应表示在设备正常使用的位置，多重开闭器件的各组成部分必须表示在相互一致的位置上，而不管电路的工作状态。

3）元件技术数据的标注方法。电气元件的技术数据一般标在图形符号附近。当连接线水平布置时，尽可能标在图形符号的下方，垂直布置时，则标在项目代号的下方；还可以标在方框符号或简化外形符号内。

4）注释和标注的表示方法。

① 注释的两种方法：直接放在所要说明的对象附近和将注释放在图中的其他位置。

② 如设备面板上有信息标志时，则应在有关元件的图形符号旁加上同样的标志。

（3）元件接线端子的表示　在电气元件中，用以连接外部导线的导电元件，分为固定端子和可拆卸端子。元件接线端子的表示方法有两种，分别为：

1）以字母数字符号标志接线端子的原则和方法，如图 2-26 所示。

① 单个元件的两个端点用连续的两个数字表示；单个元件的中间各端子用自然递增顺序的数字表示。

② 与特定导线相连的电气接线端子的标志。

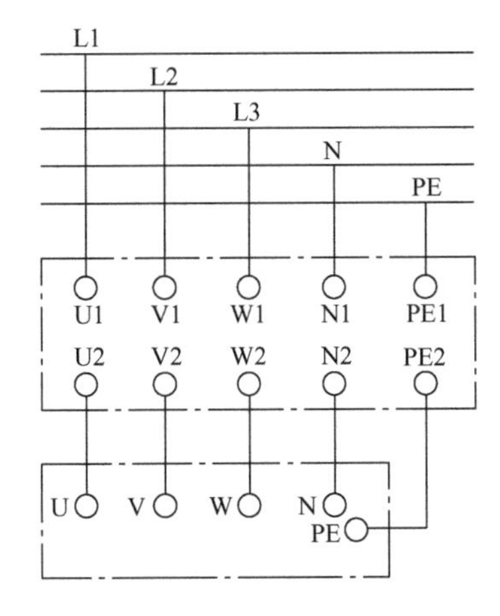

图 2-26　以字母数字符号标志接线端子

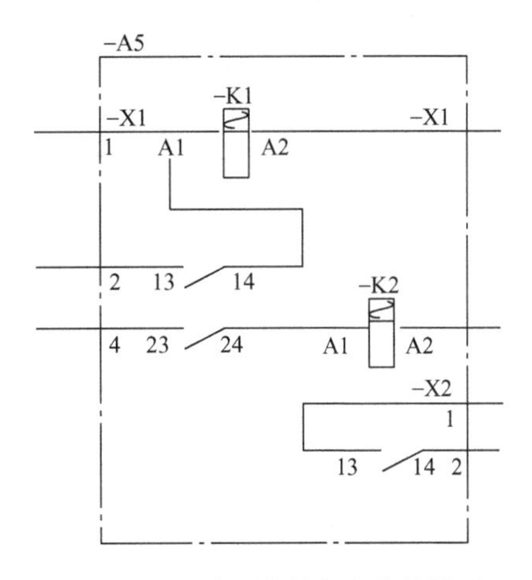

图 2-27　以端子代号标志接线端子

2）以端子代号标志接线端子的原则和方法。以端子代号标志接线端子的方法如图 2-27 所示，具体描述如下：

① 电阻器、继电器、模拟和数字硬件的端子代号应标在其图形符号的轮廓外面。零件的功能和注解标注在符号轮廓线内。

② 对用于现场连接、试验和故障查找的连接器件的每一连接点都应标注端子代号。

③ 在画有围框的功能单元或结构单元中，端子代号必须标注在围框内，以免被误解。

（4）连接线的表示　连接线在电气控制原理图中一般指的是导线，其一般表示方法如图 2-28 所示。

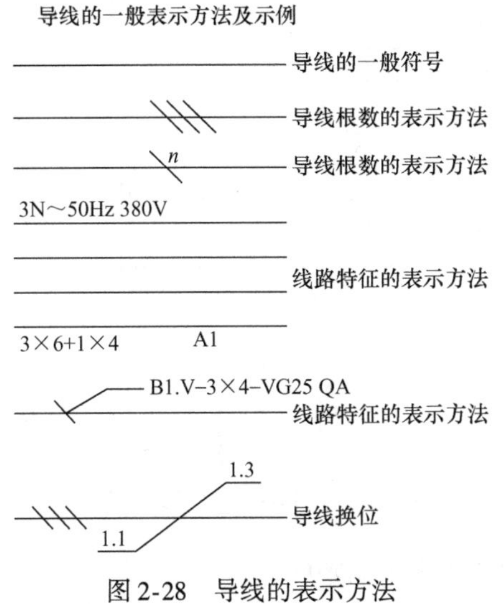

图 2-28　导线的表示方法

1）图线的粗细。电源主电路、一次电路、主信号通路等采用粗线，与之相关的其余部分用细线。

2）连接线标记。标记一般置于连接线上方，也可置于连接线的中断处，必要时，还可在连接线上标出信号特性的信息。

3）导线连接点的表示方法（见图2-29）。

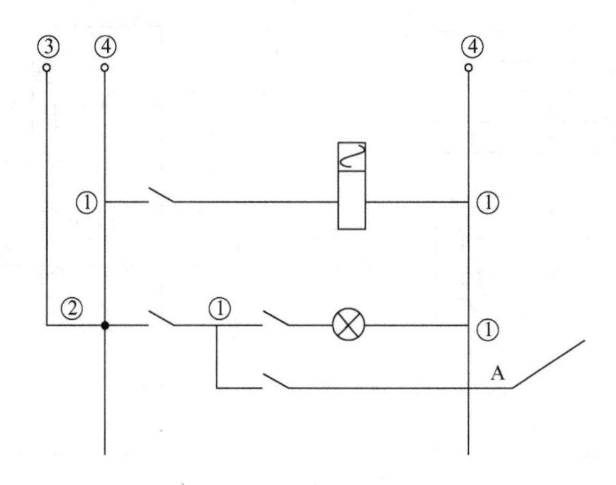

图2-29 导线连接点示例

① T形连接点可加实心圆点（·）。

② 对+形连接点可加实心圆点（·）。

③ 对交叉而是不连接的两条连接线，在交叉处不能加实心圆点，并应避免在交叉处改变方向，也应避免穿过其他连接线的连接点。

4）连接线的连续和中断的表示方法。

① 用单线表示的连接线的连续表示法（见图2-30）。

② 连接线的中断表示方法。

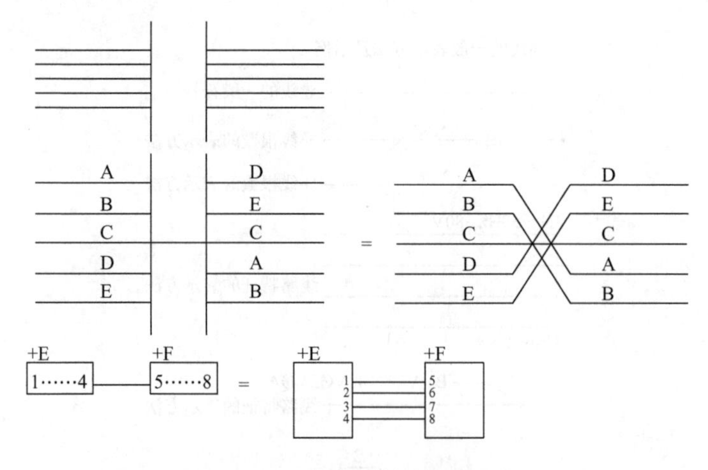

图2-30 连接线的单线表示示例

● 穿越图面的连接线较长或穿越稠密区域时，允许将连接线中断，在中断处加相应的标记，如图2-31所示。

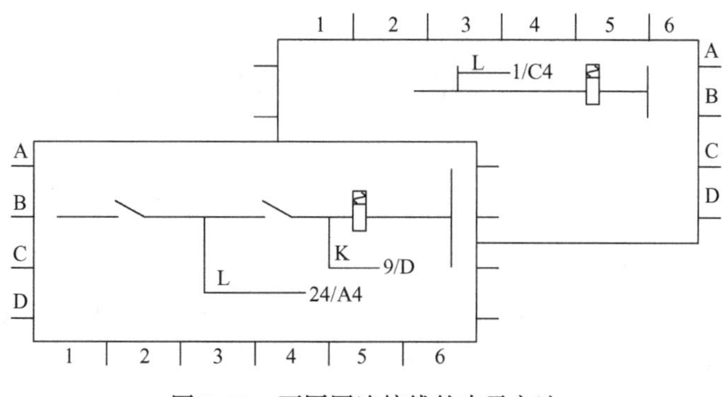

图 2-31　不同图连接线的表示方法

● 去向相同的线组可用中断线表示，并在中断处的两端分别加注适当的标记，如图 2-32a 所示。

● 一条图线需要连接到另外的图上去，则必须用中断线表示，如图 2-32b 所示。

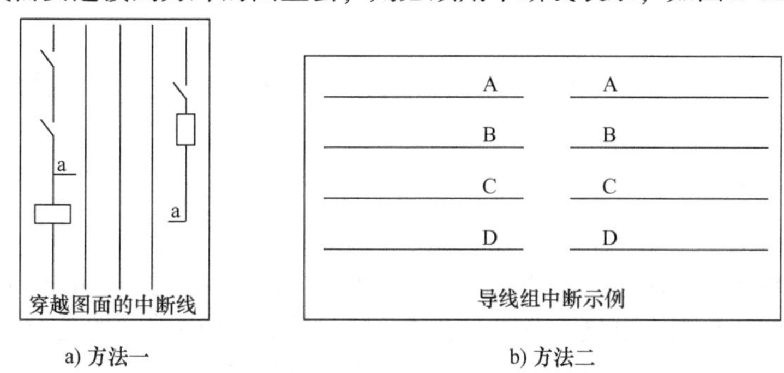

a) 方法一　　b) 方法二

图 2-32　连接线的中断表示方法

● 用符号标记表示连接线的中断，如图 2-33 所示。

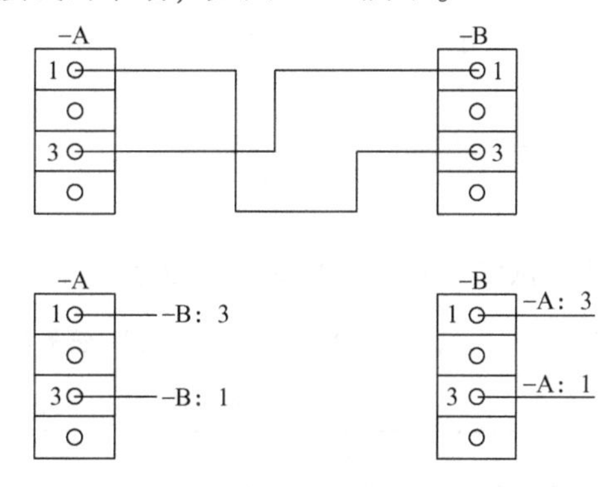

图 2-33　用符号标记连接线的中断

六、电气控制原理图的识别

熟悉电气控制原理图中各图形符号、文字符号以及电气元件或连接线的表示方法等会让电气工程师迅速识别手中的电气控制原理图。

电气原理图的识别一般分为如下几步：

1. 元件识别及功能确定

（1）查看其文字符号　在电气原理图中，一般情况下电气元件的文字符号包含了几个方面的信息：

1）电气元件所在的页码：如“11F9”中的“11”代表这个电气元件所在的页码为图样的第11页；

2）图样区域：如“11F9”中的“9”代表这个电气元件所在的页码为图样的第9区；

3）电气元件的类型：如“11F9”中的“F”代表其为某种类型的开关或熔断器。

注：带有线圈的电气元件中的页码指的是其线圈所在的页码，通常在线圈所在位置下方会标注上其主触点或辅助触点所在的页面。

（2）查看其图形符号　根据国家标准规定的电气图形符号，确定所看到的图形符号的具体含义。

一般情况下，每种类型的元件都对应一个特定的图形符号。

2. 电源走向

根据文字符号识别电源并沿着电源线以及连接线中断点所标注的信息翻到标注的页码和区域进行电源走向的确定。

3. 电气控制逻辑的认知

电气控制逻辑是电气识图中比较复杂的一个部分。

电气控制原理图中不能体现出整个系统的具体控制逻辑，尤其是PLC或其他控制系统的设计部分均无法观测到，电气工程师能从电气控制原理图中看到的是控制的基本逻辑框架，所以在这部分内容的识图中不仅要求要认识图上的符号，也要了解整个被控系统的控制功能及其组成部分。

对于风电机组而言，PLC控制系统输出的所有信号基本都是经过DC24V中间继电器传输到相应的被控对象上，对系统起到一个保护作用。

任务实施与评价

1. 任务实施

“风电机组电气控制原理图认知”任务实施表见表2-19。

表2-19　“风电机组电气控制原理图认知”任务实施表

任务名称	风电机组电气控制原理图的认知		
小组成员		日期	
成员分工说明			
任务实施环节问题记录			
任务描述	现有一批新制造的2MW风电机组的主控柜、机舱总成和轮毂总成，请根据风电机组的电气控制原理图，完成如下任务： （1）查找风电机组AC400V的电源走向、对应电缆规格并记录		

（续）

<table>
<tr><td>任务描述</td><td>
（2）查找风电机组 AC230V 的电源走向、对应电缆规格并记录
（3）查找风电机组 DC24V 的电源走向、对应电缆规格并记录
（4）查找风电机组 AC230V UPS 的电源走向、对应电缆规格并记录
（5）查看风电机组偏航控制系统的电气控制逻辑并记录
（6）设计一个简易的偏航控制原理图
（7）新机组较之前的机组在零部件选取方面有变化，所以需要重新统计
这些设备内的零部件参数用于后期备品备件的准备。请根据零部件安装位置分别进行统计，具体统计要求如下
1）统计表格须分为：主控柜、机舱控制柜、叶轮控制柜、机舱内（除机舱控制柜外，含气象站）零部件、叶轮内（除叶轮控制柜外）零部件五个表格
2）每个控制柜的统计表格的内容要包含：柜子的基本信息（制造商、出厂编号、出厂日期等）；柜内元件在电气接线图中的电气编号；元件的制造商、电气参数、数量、作用、安装位置等，并配上元件的实物图
3）机舱内或叶轮内零部件的统计表格的内容要包含：铸件的出厂序列号，内部零部件的制造商、电气参数、数量、功能、安装位置等，并配上部件的实物图
（8）本任务提交电子档
</td></tr>
<tr><td>任务实施</td><td>
（1）AC400V 的电源走向及电缆规格等记录表
（2）AC230V 的电源走向及电缆规格等记录表
（3）DC24V 的电源走向及电缆规格等记录表
（4）230V UPS 的电源走向及电缆规格等记录表
（5）风电机组偏航控制系统的电气控制逻辑分析及记录文档
（6）自主设计的简易偏航系统的电路图及控制逻辑说明文档
（7）风电机组零部件信息统计表，共五份，统计格式可参考下表所示格式
主控柜元件信息统计参考表
<table>
<tr><td colspan="7">××公司××机型主控柜元件信息统计</td></tr>
<tr><td colspan="7">主控柜基本信息</td></tr>
<tr><td colspan="2">主控柜制造商</td><td colspan="2">××公司</td><td colspan="2">主控柜出厂序列号</td><td></td></tr>
<tr><td colspan="2">适用类型</td><td colspan="2">常温风电场</td><td colspan="2">出厂日期</td><td></td></tr>
<tr><td colspan="7">主控柜元器件基本信息</td></tr>
<tr><td>序号</td><td>元件名称</td><td>电气编号</td><td>制造商及技术参数</td><td>数量</td><td>安装位置及作用</td><td>实物图</td></tr>
<tr><td>1</td><td>主断路器</td><td>11F1</td><td>施耐德，AC400V，×××</td><td>1</td><td></td><td></td></tr>
<tr><td>2</td><td>……</td><td>……</td><td>……</td><td>……</td><td></td><td></td></tr>
</table>
</td></tr>
<tr><td>任务总结</td><td>说明：要体现出每个子任务的完成人及完成情况</td></tr>
</table>

2. 任务评价

任务评价表见表 2-20。

表 2-20 任务评价表

<table>
<tr><th>任务</th><th>基本要求</th><th>配分</th><th>评分细则</th><th>评分记录</th></tr>
<tr><td>准备工作</td><td>记录表的制作、接线图的准备</td><td>10 分</td><td>一项未到位扣 2 分</td><td></td></tr>
<tr><td rowspan="6">风电机组电源走向的查找</td><td rowspan="2">AC400V 的电源分支图全部绘制出来</td><td rowspan="6">45 分</td><td>公差过大扣 3 分</td><td rowspan="6"></td></tr>
<tr><td>电缆长度不够扣 10 分</td></tr>
<tr><td>AC230V（不含 UPS）的电源分支全部绘制出来</td><td>不符合工艺要求，一处扣 3 分</td></tr>
<tr><td>DC24V 的电源分支全部绘制出来</td><td>不符合要求，一个号码管扣 2 分</td></tr>
<tr><td>DC5V 的电源分支全部绘制出来</td><td>不符合要求，一个端子扣 3 分</td></tr>
<tr><td>AC230V UPS 的电源分支全部绘制出来</td><td>不符合工艺要求，一处扣 5 分</td></tr>
<tr><td rowspan="2">简易偏航控制系统的设计</td><td>对原有偏航控制系统的电气控制逻辑进行分析</td><td rowspan="2">35 分</td><td>发现错误或遗漏，每处扣 3 分</td><td rowspan="2"></td></tr>
<tr><td>设计一个简易可行的偏航控制原理图</td><td>控制逻辑有问题，每处扣 3 分</td></tr>
<tr><td>零部件信息统计</td><td>电气零部件的信息至少要包含：零部件在电气图中的文字符号、制造商及技术参数、用途及安装位置</td><td></td><td></td><td></td></tr>
<tr><td>6S</td><td>工作区域符合 6S 规范要求</td><td>10 分</td><td></td><td></td></tr>
</table>

思考与练习

一、填空题

1. 螺栓是由________和________两部分组成的一类紧固件，在使用的过程中一般需要与________配合使用。

2. 螺柱连接时，它的一端必须旋入带有________的零件中，另一端穿过带有________的零件中，然后旋上________。

3. 弹簧垫圈的主要作用是________；平垫的主要作用是________。

4. 相序表共有________根表笔，主要作用是________；绝缘电阻测试仪的三根接线柱分别是________、________和________，其稳定运转时的转速应该为________r/min。

5. BOM 的中文名称为________，其是________文件。

6. 动力电缆的主要作用是________；动力电缆的线芯数一般较少，有________、________和________芯；风电机组用动力电缆一般用在________和________之间，用于将机组输出的电能送到电网中；目前市场上 2MW 的机组常用的动力电缆的横截面积为________。

7. 控制电缆的作用是________；通信电缆的作用是________；

8. 电缆 BOM 一般要包含电缆的________、________、________和________等；在电缆横截面积确定的情况下，风电机组动力电缆的数量还跟________有关。

9. 风电机组风速一般通过________进行测量，若传感器输出为电流信号，则电流值一般为________。

10. 电缆接头的制作工艺一般包含________、________、________、________和________等步骤。

11. 电气控制原理图一般由________、________和________组成；一张完整的电气图样一般由________、________、________、________和________等组成。

12. 风电机组常用的接线端子有________和________两种。

13. 导线标识的安装要符合适读要求，其适读方式为________。

14. 当回路中最大电流为 38A 时，此时回路所用电缆（铜芯，常温不穿管）横截面积应为________。

15. 电缆一般由________、________、________和________等部件构成。

二、简答题

1. 作为一名电气工程师，一般要制作哪几种电气 BOM？每种 BOM 包含的内容包括哪些？

2. 在电气装配完成后且风电机组未上电之前，要对所接电气线路进行检测确保电路连接的正确性，电气装配常见的电路连接问题有哪些？在对问题进行处理时该采用什么工具及什么方法进行检测？在使用此工具过程中的注意事项包括哪些？

3. 请简述电缆 BOM 的制作过程及主要参数的确定方法。

4. 电缆或导线的横截面积是如何确定的？在采用经验法进行确定时，确定的方法是什么？

5. 风电机组所用的接线端子可以采取什么方式进行选取？

6. 请简述管式预绝缘端子的压接方法。管式预绝缘端子压接完成后端头与弹簧端子该如何连接？

7. 请简述铜接线端子的压接方法及注意事项。

8. 一项工程的电气工程图装订成册，通常包含哪些内容？其中电气系统图和框图设计的主要目的是什么？

9. 请简述电气控制原理图的设计规范。

三、分析题

1. 电气接线图的分析

请对图 2-34 进行分析，将从图中分析到的信息描述出来。

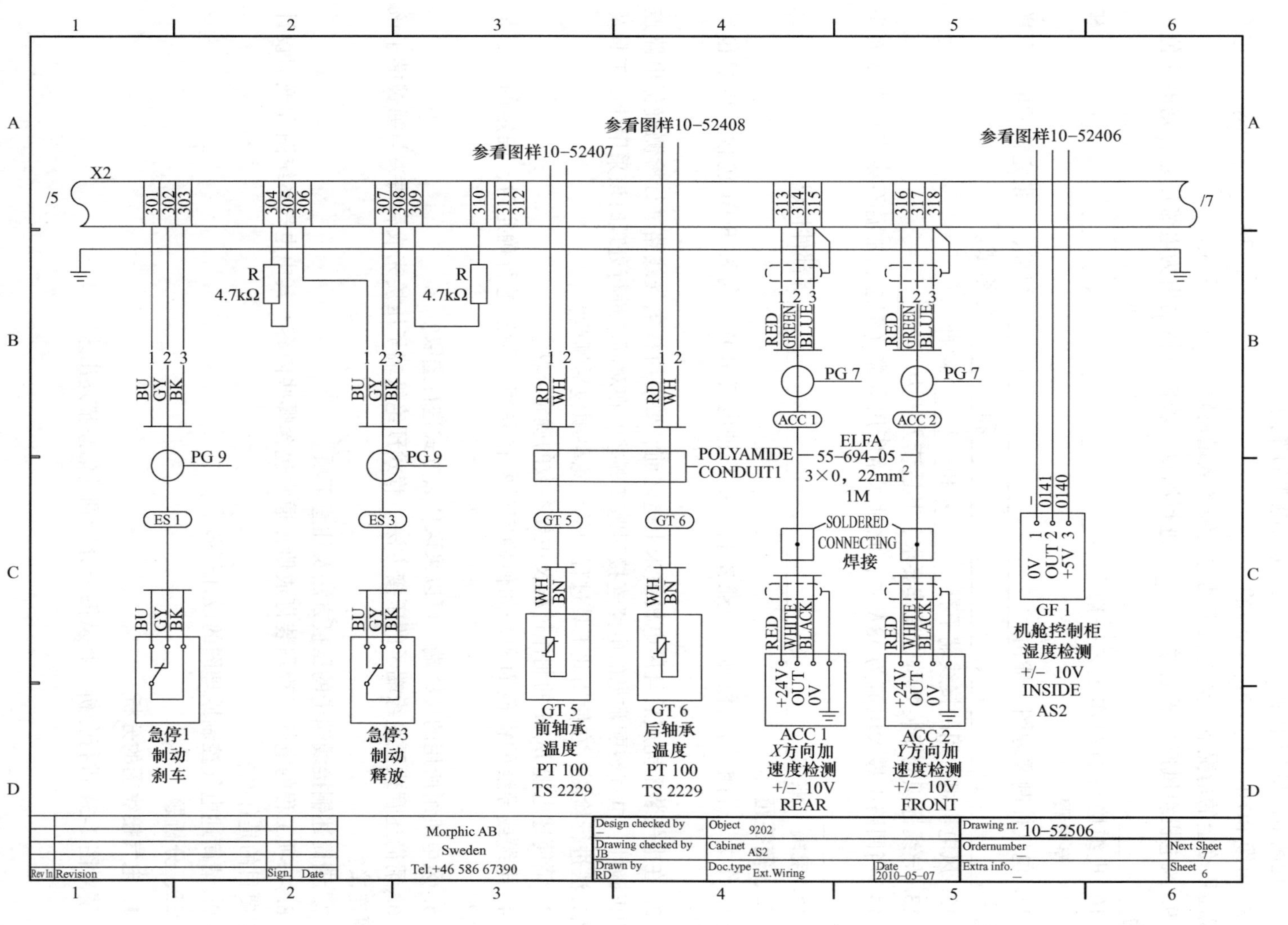

图2-34 电气接线图分析

2. 电缆接头制作工艺分析

请分析图 2-35 中电缆裁线和剥线过程中存在的问题。

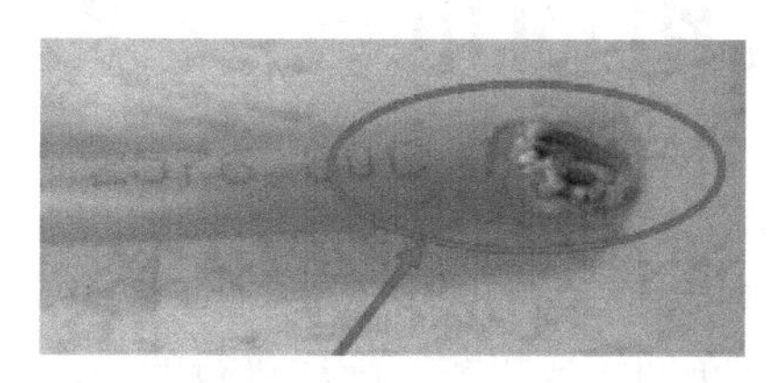

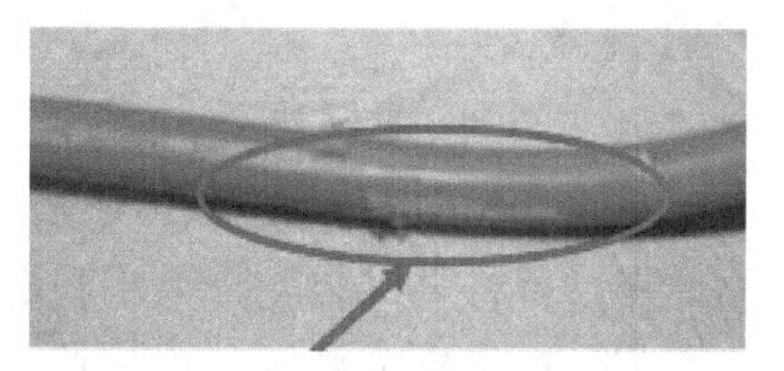

a) 电缆裁线

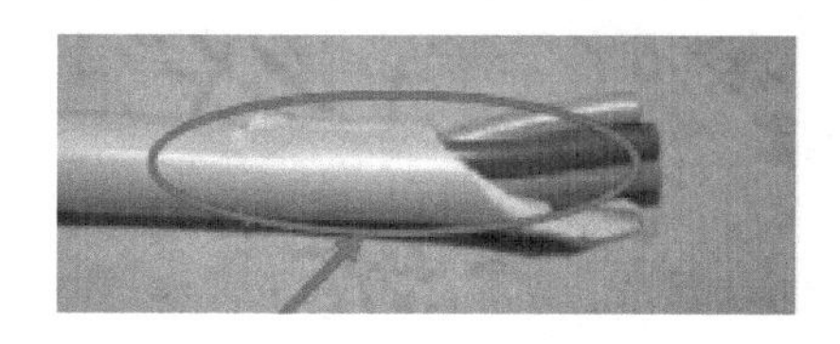

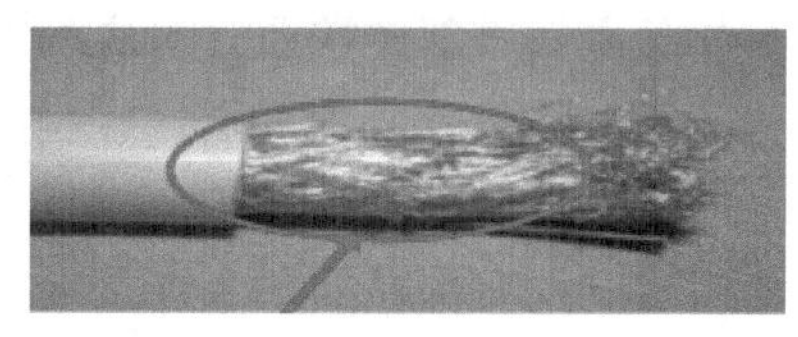

b) 电缆剥线

图 2-35　电缆接头制作工艺分析

项目三　风电机组的电气安装

在风电机组车间机械装配完成或者现场吊装完成后，即可开始电气系统的安装。根据装配任务实施的地点，可将电气装配分为车间电气安装和现场电气安装。

车间电气安装是在将机舱总成和轮毂总成在车间完成机械装配后进行的一道工序，主要是将机舱内（若为双馈机组，则发电机及其冷却系统、齿轮箱及其冷却系统等也在机舱内）或轮毂内所有相关电气零部件按照其对应的电气控制原理图采用电缆分别连接起来，形成一个相对来说比较完整的机舱或轮毂电气控制系统。

现场电气安装是在风电机组吊装完成且所有高强度螺栓组已经紧固完成后进行的一项工作，主要是将整机的所有部件的电气连接全部建立起来，使机组可以正常地送电、运行、发电、输送电能和并网。

简而言之，本部分所阐述的风电机组的电气安装就是将机组的所有电气部件之间的关系采用电缆连接起来，也就是一个接线的过程。下面将依次介绍风电机组的车间电气安装和现场电气安装。

任务一　风电机组电气安装通用电气工艺

学习目标

1. 了解风电机组用电缆标记套的基本要求。
2. 熟悉风电机组电气装配过程中的下线、扎线、布线等工艺要求。

任务导入

风电机组电气安装过程中，在电缆接头制作完成需要进行接线工作之前，还需要进行的主要工作包括：电缆标识的设置、下线、扎线、布线和接线。这些步骤实施的基本要求有哪些？怎样才能确保并检测其电气安装工艺符合要求？请在后续文中一一寻找答案。

知识准备

在电气装配开始之前，除了必须熟悉项目二中所阐述的所有内容之外，还必须熟悉风电机组一些通用的电气工艺要求，如电缆如何下线、扎线、布线，如何安装电缆标识等。

一、电缆标记套安装要求

风电机组内电缆的规格很多，同走向的电缆数量也很多，为了便于电缆的区分，必须在电缆上设置标记套，如图 3-1 所示。

电缆标记套的设计形式可以由工艺设计人员按照最易识别和理解的方式进行设计，但是其中必须包含电缆在电气接线图中对应的文字符号。一般电缆标记套的要求如下：

1）根据图样及走线方向，选用适合的电缆标记套给每根电缆做好标识。

2）电缆标记套标号识读方向：以维护面为准，自下而上、自左而右。

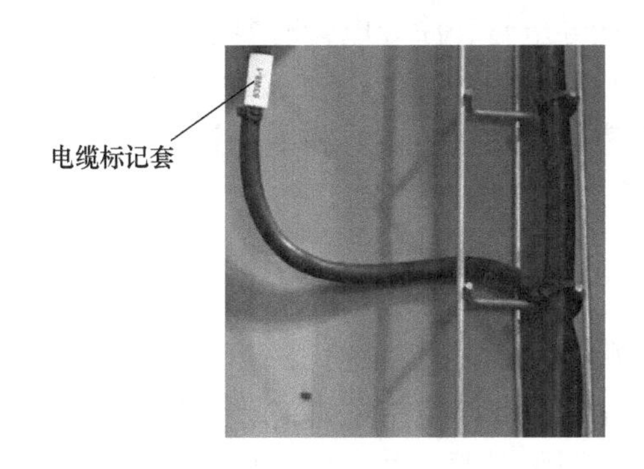

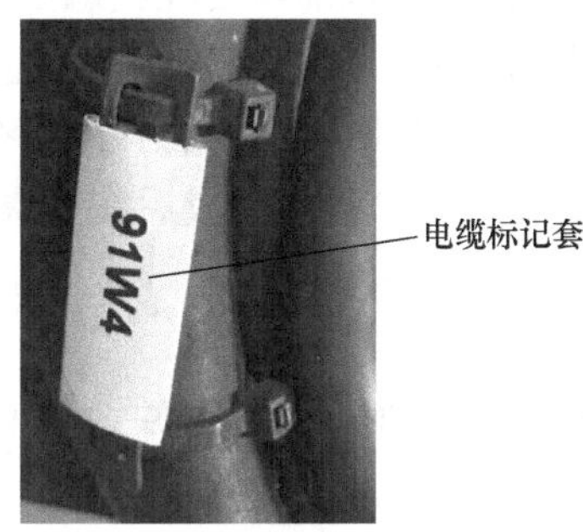

图 3-1　电缆标记套

二、电缆下线

电缆下线就是指要裁剪的电缆的长度。

1. 下线前的检查

（1）电缆的检查　下线前应对电缆进行检查，要求是：外观应平整、清洁；外护套不得有损伤、变质、气泡、凸瘤、凹坑、龟裂；多芯电缆需检查是否有线号或颜色，线缆颜色应符合国家标准（GB/T 5013.1—2008《额定电压 450/750V 及以下橡皮绝缘电缆　第 1 部分：一般要求》）；电缆内部芯线不应氧化变黑；电缆中的导线不应有断线及中间接头；电缆两端的芯线数应相等。

（2）电缆走向的确定　下线前应根据风电机组内部的结构形式以及元器件的安装位置完整地构思确定线束的走向，有几个分支、交汇点以及固定、包扎的方式，然后按电缆行走的途径大致量出电缆的长度，同时应考虑每一个连接点接成弧形圈所需的长度（接线工艺需要时）。

2. 下线公差要求

除用户指定要求外，下线的公差一般按照表 3-1 给出的公差表进行裁线。

表 3-1　电缆下线公差参考值

裁线长度/m	<0.5	>0.5~1.5	>1.5~3	>3~5
公差/mm	±5	±10	±20	±30
裁线长度/m	>5~10	>10~20	>20~30	>30
公差/mm	±40	±80	±100	±150

同一机型、同种电气工艺设计的机组，其电缆的下线长度经过几轮的电气装配之后基本就是固定的。新型机组的电缆下线根据其设计图可以确定其理论长度，但是确切长度还需要根据装配人员装配完几台之后再进行最终的确定，一般情况下与理论长度相差不大。

三、铜接线端头的防腐要求

电缆压接过程中，对于铜接线端头还有如下的防腐要求：

1）铜接线端头用压线钳压好后，在电缆芯与端头的结合部用防水绝缘胶带均匀紧密缠绕，防止电缆内部进入潮气腐蚀线芯，最后套上热缩管防护。

2）铜接线端头连接前需要在接触面上涂导电膏，涂导电膏时要注意并不是涂得越多越好，只需涂上薄薄的一层，将表面不平整的地方填平，达到增加接触面积的目的即可。

3）接地部分连接时，需要将接地部分表面的油漆、杂质和不平整的部位磨光处理，在连接表面涂抹导电膏，连接完成后在金属表面均匀喷一层防腐漆。

四、布线工艺

1）电缆/导线要排列整齐，并做到牢固、美观、便于维护。

2）线槽布线要求束扎导线要理直、束紧，不允许扭结弯曲，悬空走线需固定夹紧。

3）导线不应承受外力。线束转弯处应有圆弧过渡，其弯曲半径不应超过其最小弯曲半径（电缆的最小弯曲半径见表3-2），一般控制在其半径的1～4倍范围内，避免压力集中而降低使用寿命。严禁尖角弯折，避免损坏导线及绝缘层。需要转弯的地方要尽量美观，采用规格适当的捆扎带束紧。

表3-2 电缆最小弯曲半径（D为电缆外径）

电缆类型		多芯	单芯
控制电缆	非铠装型、屏蔽型软电缆	$6D$	
	铠装型、铜屏蔽型	$12D$	
塑料绝缘电缆	无铠装	$12D$	$15D$
	有铠装	$15D$	$20D$
橡皮绝缘电力电缆	无钢铠护套	$10D$	
	有钢铠护套	$20D$	

4）线束穿过金属孔或锐边时，应事先嵌装橡皮衬套或防护性衬垫。导线中间不允许有连接点。

5）导线分支应从主干线侧下方抽出，以保持导线束表面整齐美观，如图3-2所示。

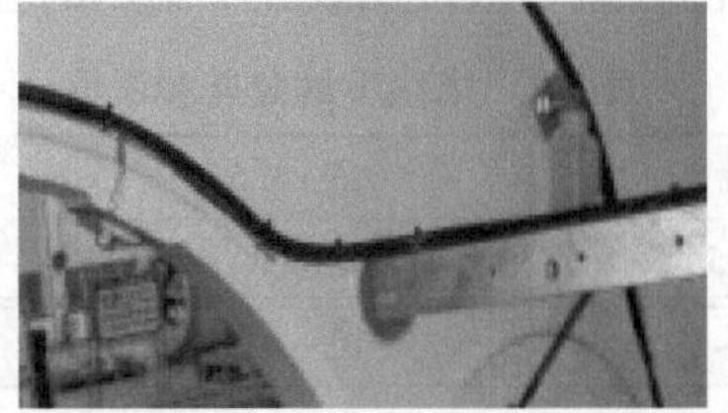

图3-2 电缆/导线的部分布线示意图

6）动力电缆跟其他电缆要分开敷设；弱电和强电要有有效的隔离。

7）根据工艺设计，将电缆放到指定的电缆桥架或电缆槽（见图3-3）内，不要随意摆放在外面，避免电缆悬挂、摆动。

8）电缆应远离旋转、移动部件。

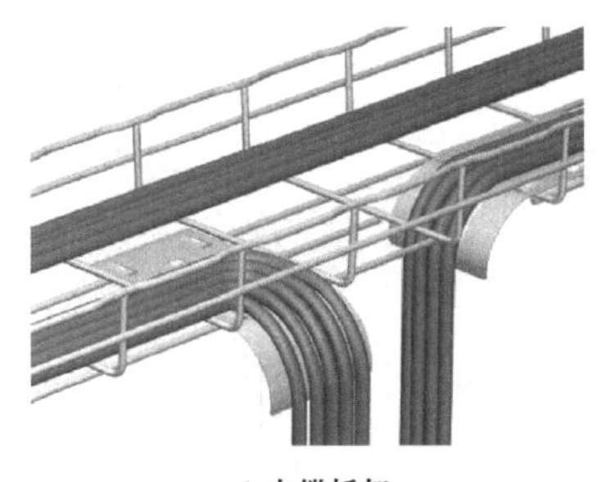

a) 电缆桥架

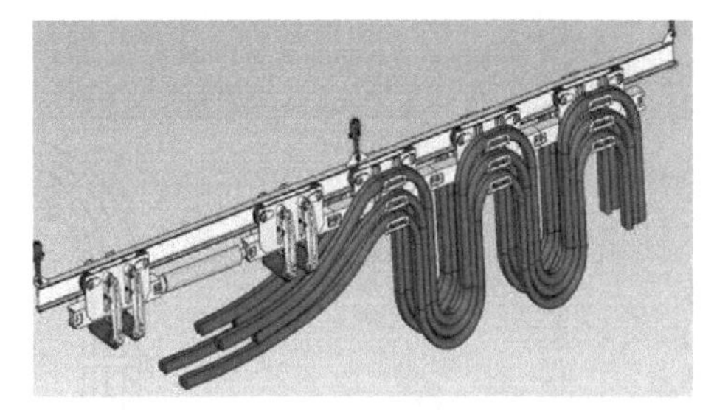

b) 电缆拖挂

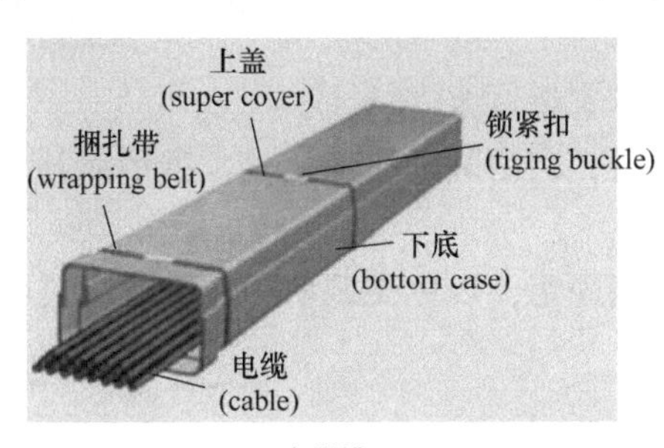

c) 电缆槽

图 3-3　电缆固定架

五、扎线工艺

电线电缆按长度、型号分类标记及绑扎，绑扎的过程即扎线工艺，绑扎的材料一般为扎带。

常用的扎带有不锈钢扎带、铁扎带、尼龙扎带或其他认可材料的扎带。风电机组电气安装过程中，一般均采用铁扎带和尼龙扎带对电缆进行绑扎。扎线过程中的基本工艺要求如下：

1）根据绑扎电缆的整体外径及重量选取合适长度和宽度的绑扎带，绑扎带断口长度不得超过 2mm，并且位置不得朝向维护面，切口如图 3-4 所示。

2）线束外表排线应尽可能成圆形，线束的分支和线束处每隔 150～200mm 须用扎带束紧。

3）相同走向电缆应并缆（见图 3-5），在与金属接触时要对电缆防护，一般用缠绕管（见图 3-6）防护电缆绝缘层，再用规定的扎带固定，电缆扎线带间距为 150mm，$70mm^2$ 以上的动力电缆要选择适合位置绑扎。扎带间距可根据路线适当调整，但须保证间距排布均匀。

4）线缆拐弯处不能绑扎带，如图 3-7 所示。

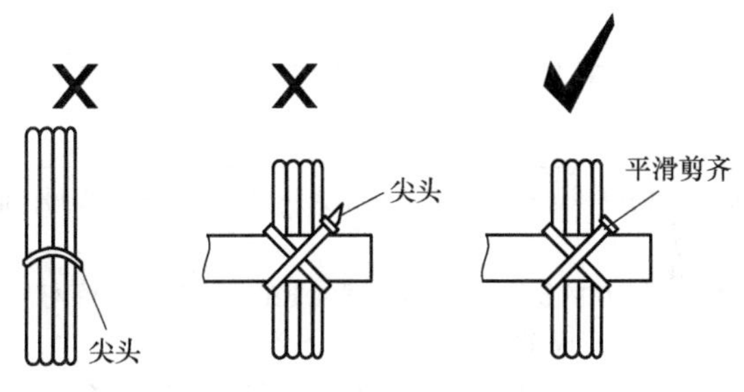

图 3-4　扎带切口示意图

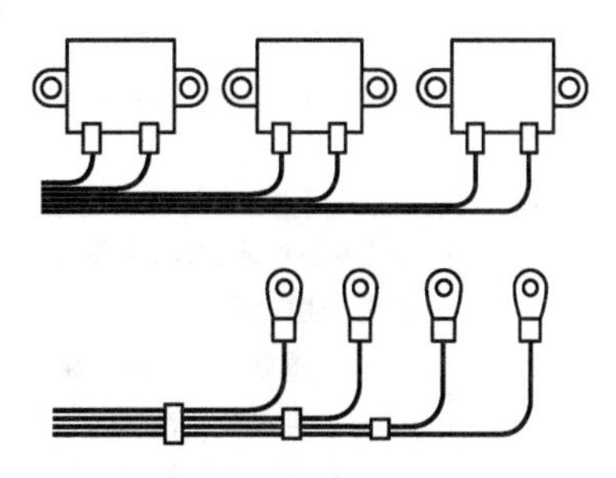

图 3-5　电缆并线和分线

图 3-6 缠绕管

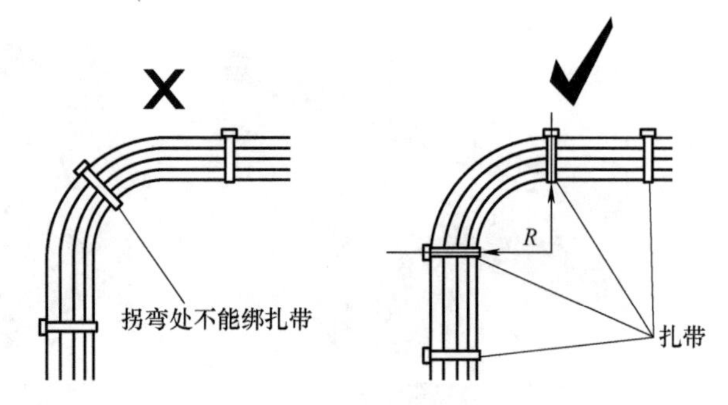

图 3-7 拐弯处扎带绑扎示意图

5）一个导线线束中一般不宜超过 50 根导线。

6）不同线束捆扎在一起时，应用两根扎带扎成 8 字形隔开。禁止直接将所有线束一次性捆扎在一起。

7）线束应有线夹或固定座固定，以免受振动和冲击造成损坏。

六、螺栓紧固力矩

电气装配常用的接地螺栓及其他紧固螺栓，不同规格在紧固和检查时所需要施加的力矩见表 3-3。

表 3-3 螺栓力矩表

螺栓规格	紧固力矩/（N·m）	检查力矩/（N·m）
M10×8.8mm	40	34
M12×8.8mm	70	60
M16×8.8mm	120	100
M20×8.8mm	160	130

任务实施与评价

1. 任务实施

“风电机组偏航系统电缆标识设计与标记套的选型”任务实施表见表 3-4。

表 3-4 “风电机组偏航系统电缆标识设计与标记套的选型”任务实施表

<table>
<tr><td>任务名称</td><td colspan="3">风电机组偏航系统电缆标识设计与标记套的选型</td></tr>
<tr><td>小组成员</td><td></td><td>日期</td><td></td></tr>
<tr><td>任务实施环节
问题记录</td><td colspan="3"></td></tr>
<tr><td>任务描述</td><td colspan="3">现需要对某 2MW 直驱型风电机组的偏航系统的电缆进行标识设计，作为一名电气工艺工程师，请完成下述内容：
1）请根据电气接线图确定此机型偏航系统所用电缆的数量、规格及每根电缆在电气接线图中的标号
2）根据 1）中的信息完成电缆标识的设计工作并形成文档
3）根据电缆规格、电缆运行环境选择两到三款的电缆标记套；根据电缆标识的最终设计结果确定最终的电缆标记套</td></tr>
</table>

（续）

<table>
<tr><td>任务实施</td><td>1. 根据下表所示内容进行偏航系统电缆信息的统计
偏航系统电缆信息统计表
<table>
<tr><td>序号</td><td>电缆用途</td><td>电缆标识</td><td>长度/m</td><td>线色说明</td></tr>
<tr><td>1</td><td></td><td></td><td></td><td></td></tr>
<tr><td>2</td><td></td><td></td><td></td><td></td></tr>
<tr><td>3</td><td></td><td></td><td></td><td></td></tr>
<tr><td>4</td><td></td><td></td><td></td><td></td></tr>
<tr><td>5</td><td></td><td></td><td></td><td></td></tr>
<tr><td>6</td><td></td><td></td><td></td><td></td></tr>
<tr><td>7</td><td></td><td></td><td></td><td></td></tr>
<tr><td>8</td><td></td><td></td><td></td><td></td></tr>
<tr><td>9</td><td></td><td></td><td></td><td></td></tr>
<tr><td>10</td><td></td><td></td><td></td><td></td></tr>
</table>
2. 电缆标识的设计
3. 电缆标记套的选型，并把最终型号（标记套色系、厂家、规格等信息）自拟表格记录下来</td></tr>
<tr><td>任务总结</td><td></td></tr>
</table>

2. 任务评价

任务评价表见表3-5。

表3-5　任务评价表

任务	基本要求	配分	评分细则	评分记录
电缆信息的确定	电缆的数量、规格以及每根电缆电气标号	25分	电缆信息错误或缺少，一处扣2分	
电缆标识的设计	电缆标识要通俗易懂且信息正确、完整，与电气接线图要契合	50分	标识设计不合理，一个扣5分	
电缆标记套的选型	电缆标记套必须要耐磨、耐油、耐腐蚀、耐高低温等，颜色尽可能明亮	25分	选型不符合要求，此项全扣	

任务二　风电机组车间电气安装

学习目标

1. 了解风电机组车间电气安装的安全规范。
2. 熟悉风电机组机舱总成和轮毂总成的车间电气装配。

任务导入

现有一台兆瓦级风电机组的机舱和轮毂需要进行车间电气安装，在进行电气安装前，请先学习下面的相关知识，确保电气安装的准确性。

知识准备

一、车间装配安全规范

1）坚持“安全第一、预防为主”的原则，将利于安全生产作为宗旨之一贯穿生产的全部过程。电气装配区域设置明显的围栏或警示牌，严禁无关人员进入。

2）电气装配人员应经过安全培训并合格方可进行装配，且现场至少需配置两名专业人员；工作过程中必须正确地使用工作设备和所有防护性设备，存在危险隐患时，不允许进行操作。如果出现安全事故，必须及时上报。

3）装配人员进入工作区域，必须穿工作服，戴工作帽，穿工作鞋。

4）严禁在工作区域或工作过程中嬉戏、打闹、吸烟、乱丢金属物品等不安全行为。

5）严禁不按照工艺规范要求的违规作业。

6）在执行高度超过2m的作业时，必须随身携带移动电话，以备在紧急情况下使用。

7）确保机舱总成、轮毂总成安装到位且放置在平坦的区域，一旦发现倾斜现象，要及时上报并紧急处理。

8）电气装配人员在电气接线过程中，要选择合适的位置摆放电气装配工具和施工，防止装配工具掉落到齿轮缝隙中或砸伤他人。

9）在进行电气接线的过程中，除非发现装配问题必须上电解决时，不要接通外部电源；要确保其回路线缆连接的正确性，防止设备短路；同时确保其他回路上的电缆已做好有效处理，以防止漏电、触电、短路等危险。

10）在电气装配完成后，要仔细检查是否有物料、耗材、工具等遗漏在机组内。

二、车间电气安装前的准备工作

1. 物料和工具准备

车间电气装配前，装配人员必须已经熟悉所需装配机组的电气系统，并能快速说出或者对着电气控制图找出对应部件的电气接口。

根据电缆BOM、传感器BOM、电气辅料BOM、车间裁线清单、电气装配工艺手册以及电气接线图准备物料，并核对物料的规格和数量。

根据电气装配工艺准备装配工具，并核对每个工具的规格和数量是否完全符合实际需求。

2. 资料准备

需要准备的资料包括电气接线图、车间电气相关BOM、车间裁线清单、电气装配工艺手册。

三、风电机组机舱总成车间电气安装

每家整机制造商在电气工艺的设计方面都存在一定的差异，一般是根据机型结构进行自主的最优设计。为了让车间电气装配工艺过程更形象化，本部分内容选择某一厂家的某种直驱型兆瓦机组为例说明风电机组机舱总成的车间电气装配工艺。

1. 电缆及配件的核对与清点

1）根据电气接线图、电气裁线清单以及电缆明细表进行下料。

2）按厂家提供的电缆标识对厂家自带电缆进行清点和整理。

3）根据工艺要求给电缆进行必要的防护（穿软管或缠绕带等）。

4）根据工艺要求给电缆安装电缆标识牌。

5）给发电机定子、转子的三相电缆粘贴相序标签。

6）确保所有电缆规格、长度、数量、电缆标识牌、相序等都符合要求。

2. 电缆敷设

1）根据电气装配工序及进度规划进行电缆的敷设，如图 3-8 所示，一般先进行动力电缆的敷设，再进行控制或辅助电缆的敷设。

图 3-8　电缆的敷设、捆扎与固定

2）在敷设之前，先不要进行裁线，等确保电缆敷设到位且工艺合格的情况下，再根据裁线公差要求进行电缆的裁线并记录裁线长度。

3）电缆要沿着工艺设计路线进行敷设，严禁随意操作。

4）电缆敷设要满足布线工艺要求。

5）裁线完成后，要根据项目二中的相关任务进行电缆头的制作，在电缆头制作之前要确保电缆完好无损且绝缘性满足要求；电缆头制作的最终结果要符合工艺要求。

6）根据工艺要求查看敷设电缆是否满足最终捆扎要求，还是需要进行临时性的捆扎；不管是如何捆扎，其扎线工艺及材料都要符合工艺要求。

7）对需要加固或防护处理的电缆段，要根据工艺要求采用特定的物料进行加固或防护，如图 3-9 所示。

8）一般情况下，在电缆敷设工作完成后再进行电气接线，具体实施根据厂家自行制定的规范进行。

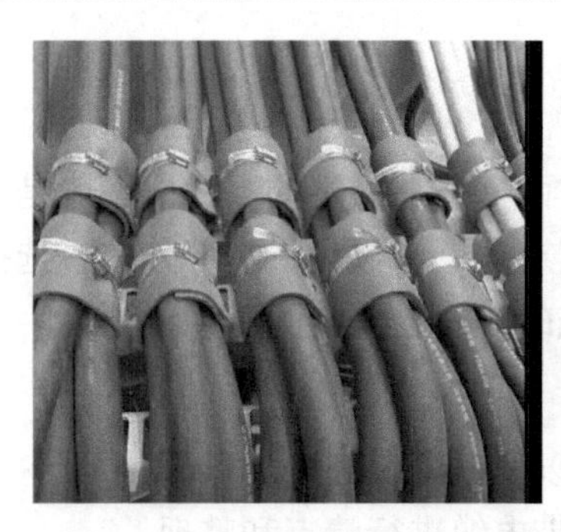

图 3-9 电缆的防护：橡胶垫、软管、硬管

3. 机舱总成车间电气安装说明

机舱总成车间电气安装的基本操作内容见表 3-6。

表 3-6 机舱总成车间电气安装表

装配内容	电缆说明	电气安装基本要求	备 注
发电机动力电缆电气接线	电缆横截面积较大，目前市面上的 2MW 主流机型采用的电缆横截面积一般为 $240mm^2$	● 三相电缆的颜色、装配的相序要正确，所加电缆标识要清晰易读 ● 选定电缆并安装电缆标记套，确保电缆标记套的标识正确且朝外，便于电缆识别和维护；电缆头的压接、电缆的扎线及固定、电缆的保护工艺要符合要求 ● 电缆敷设线路要符合工艺文件设计要求 ● 三相电缆紧固方式及紧固螺栓所需施加的力矩要符合要求 ● 电缆连接处的端子及裸露导电部分必须进行绝缘防护	双馈型机组或半直驱型机组其发电机组安装在机舱内部，若机组配置了开关柜且安装在机舱内，则需要将发电机到开关柜的动力电缆先连接到位
发电机冷却系统电气接线	此部分电缆一般有两种规格：分别是传输 AC380V 或 AC690V 的电源电缆、传输弱电的电缆	● 发电机冷却系统的电气接线一般连接到发电机的接线盒内 ● 选定电缆并安装电缆标记套，确保电缆标记套的标识正确且朝外，便于电缆识别和维护；电缆头的压接、电缆的扎线及固定、电缆的保护工艺要符合要求 ● 电源电缆主要是给散热器、冷却风扇、冷却泵提供工作电源；电源电缆在电气接线的过程中其电缆内线色的对应应该严格按照电气接线图中所标识的进行对应连接；电源电缆接线完成后要进行短路和断路测试 ● 弱电电缆内一般包含弱电供电线缆和温度/压力等信号的传输线缆；弱电供电电缆主要给传感器和发电机内部的其他 DC24V 用电设备供电，在进行电缆连接时一定要根据电气接线图中的线缆颜色标识进行对应连接；弱电电缆连接完成后也要进行短路和断路检测 ● 在对电源电缆和弱电电缆进行布线时，一定要注意强弱电的分离和保护，防止干扰 ● 一般弱电电缆和强电电缆的布线槽或支架是分开的，要严格按照工艺设计进行相应的布线、电缆标识、电缆防护和绑扎	发电机的冷却分为水冷-空冷结合和空气冷却两种。空气冷却只需要接电源线，水冷-空冷结合需要接电源和信号线

（续）

装配内容	电缆说明	电气安装基本要求	备　注
齿轮箱冷却系统电气接线	类似发电机冷却系统电缆	● 电缆接线基本要求类似发电机冷却系统 ● 电气接线均在接线盒内完成	双馈及半直驱型机组均有齿轮箱
偏航电动机电气接线	偏航电动机电源（AC380V或AC690V）电缆；偏航电动机内部制动电磁阀DC24V电源电缆	● 基本要求类似发电机冷却系统 ● 注意电磁阀电源线和电动机电源线的压接要求，接线过程中按电气控制原理图接线即可 ● 电动机电源和电磁阀电源的电缆线是分开的，所有电动机的接线是采用串联还是并联方式以工艺设计及电气接线图为准	电动机数量以实物为准
液压系统电气装配	液压系统的电缆一般包含： 液压泵电源（AC380V或AC690V）电缆、电磁阀电源（DC24V）及其控制信号电缆等	● 此部分需要控制的电磁阀和需要检测的压力开关数据较多，所以其弱电电缆的数量及内部线芯数在设计和选取方面存在差别 ● 电缆接线的基本要求类似发电机冷却系统 ● 在液压站侧，强电和弱电电缆均根据电气控制原理图连接至液压系统配套的接线盒内	电动变桨系统，其液压系统主要用于偏航制动、主轴制动等；液压变桨系统，其液压系统一般设计了两套，分别用于制动和变桨
传感器电气接线	每个传感器的DC24V电源和采集信号传输电缆一般集成为一根电缆，内部导线功能根据线色进行区分	● 控制电缆主要是传感器传递DC24V电源 ● 控制电缆电气装配的其他要求类似齿轮箱冷却系统电气装配中的控制电缆 ● 通信电缆主要是将传感器检测到的信号传递到电控柜内的PLC模块上 ● 通信电缆电气装配的其他要求类似齿轮箱冷却系统电气装配中的通信电缆 ● 电缆头压接、电缆的扎线及固定、电缆的保护工艺要符合要求 ● 需要接线前再进行机械安装的传感器，安装完成后一定要检查工艺是否符合要求 ● 温度传感器在进行安装或电气接线前一般要进行阻值的测量，测量结果要根据现场环境温度及传感器说明书确定其正确与否	振动传感器、扭缆限位开关、风速计、风向标、外界温度检测传感器、发电机转速检测设备等非安装在设备内部的传感器
润滑系统电气装配	此部分电缆包含：DC24V电源和信号用电缆，一般集成在一根电缆中	● 可参考上述传感器部分的电气接线说明 ● 润滑系统也设置有接线盒，电缆线全部通过接线盒进行连接 ● 在进行接线前一定要仔细观察润滑系统管路是否破损，是否存在漏油点等	润滑系统包含偏航轴承润滑、主轴承润滑
照明系统电气装配	AC220V供电电缆	电缆接线可参考发电机冷却系统强电部分的基本要求	一般至少有两套照明灯，其中一套还具备紧急照明功能

（续）

装配内容	电缆说明	电气安装基本要求	备 注
烟雾检测系统电气装配	设备供电及信号连接电缆集成在一起	电缆接线基本要求可参考传感器部分	
接地系统电气装配	接地电缆的规格根据其用电设备的电流的不同而不同	● 接地线应为黄绿相间的线 ● 接地线一般选择就近连接，具体以电气系统设计要求为准 ● 接地螺母、接地线规格、接触面积等必须满足最大电流要求 ● 接地螺栓组的紧固方式按照工艺文件要求进行	带电设备一般都要设置接地点
机舱控制柜电气接线	所有机舱内电气设备的电源、信号连接线都要连接到机舱控制柜内	● 除动力电缆和部分接地线外，所有机舱内的电气接线都需要有一端与电控柜相连 ● 电控柜底部的电缆进线孔都设有标识，在进线时一定要对准电缆标识再将电缆引至柜内 ● 在柜体底部，电缆与金属接触点一定要设置安全防护措施，防止电缆磨损 ● 电缆引至柜内且连接完毕后，必须将电缆进行必要的紧固并对电缆进行检查 ● 柜内接线工艺一定要合格，接线完成后，要仔细查看是否由导线裸露在外或搭接到旁边的端子上；柜内的电气接线一定要严格按照电气接线图进行接线，线色及端子号均要与图样一致才能进行接线 ● 柜体底部的布线一定要规整	

四、风电机组轮毂总成车间电气装配

轮毂总成车间电气装配的基本操作内容见表3-7。

表3-7 轮毂总成车间电气装配表

装配内容	电缆说明	电气安装基本要求	备 注
集电环（俗称滑环）电气接线	此部分包括机舱到轮毂的电源传输电缆、机舱与轮毂间的通信电缆	● 根据集电环说明书及电气控制原理图确定集电环通道的分布情况，强电通道、弱电通道、通信通道以及液压油通道必须完全有效隔离 ● 选定相关电缆并安装电缆标记套，确保电缆标记套的标识要正确且朝外，便于电缆识别和维护；电缆头的压接、电缆的布线、绑扎、保护及连接要符合工艺要求 ● 从机舱到集电环段的强电电缆、弱电电缆和通信电缆按照要求连接到对应的哈丁孔或接线端子上，电缆的布线、绑扎、保护、压接及连接要符合工艺要求；电缆连接完成后要进行短路和断路检查	电动变桨系统的集电环内部只有强弱电通道，一般安装在轮毂内；液压变桨系统除强弱电通道外还有液压油通道，一般安装在机舱内

（续）

装配内容	电缆说明	电气安装基本要求	备　注
		● 从集电环到轮毂段的电缆根据对应关系从集电环内引出后连接到轮毂控制柜上的哈丁接头的对应接线孔内，接线完成要检查线路连接的正确性 ● 机舱内液压站到集电环内的液压油通道一定要按照厂家提供的用户说明书进行连接、固定和密封，否则可能会漏液；从集电环引出的液压油管路与轮毂内的液压油主管路一定要按照说明书正确连接和密封，防止漏油	
电动变桨系统变桨电动机的电气接线	此部分一般包含变桨电动机的电源及冷却风扇的电源电缆、变桨电动机内安装的传感器电源及信号弱电电缆	● 查看变桨电动机接线盒内部的电路设计图，确定强电、弱电的对应关系 ● 选定电缆并安装电缆标记套，确保电缆标记套的标识要正确且朝外，便于电缆识别和维护；电缆头的压接、电缆的布线、绑扎、保护及连接要符合工艺要求 ● 强电及弱电电缆按照接线盒内的接线标识连接到位，接线完成后要对接线进行检查 ● 电动机接线盒到轮毂控制柜哈丁接头的电气连线一定要牢固可靠	
液压变桨系统轮毂内液压控制及辅助元件的电气接线	此部分用电一般为弱电，通过集电环从机舱将电源引到轮毂内指定的插头上	● 集电环内接线、电缆的相关工艺要求可参考上述陈述项 ● 集电环引出线到轮毂内的插头的接线按照工艺设计进行电气接线，一般也是通过哈丁接头进行转接 ● 从插头到相应变桨侧的电气连接根据厂家工艺设计进行接线，但是电缆的绑扎一定要牢固可靠且不会随着叶轮的旋转而松动	
电动变桨系统后备电源电气接线	此部分一般包含：后备电源到变桨电动机侧的电源电缆、轮毂控制柜哈丁接头到后备电源的充电电源线	● 后备电源一般有三套，分别给三个叶片紧急收桨时使用，其引出线一般通过继电器的常开触点再引到变桨电动机侧 ● 轮毂控制柜引出的充电电源线一般是连接到充电器，充电器再通过综合判断确定何时给后备电源充电 ● 电缆电气接线的基本工艺要求可参考上述描述	
变桨限位开关电气接线	开关的常开、常闭触点电缆	可参考机舱传感器部分的电气接线说明	变桨90°位置和极限位置检测
润滑系统电气接线	此部分电缆包含：DC24V电源和信号用电缆，一般集成在一根电缆中	可参考机舱部分的电气接线说明	变桨轴承的润滑

（续）

装配内容	电缆说明	电气安装基本要求	备　注
接地系统电气装配	带电设备一般都设置有接地点，接地电缆的规格根据其用电设备的电流的不同而不同	● 接地线应为黄绿相间的线 ● 接地线一般选择就近连接，具体以电气系统设计要求为准 ● 接地螺母、接地线规格、接触面积等必须满足最大电流要求 ● 接地螺栓组的紧固方式按照工艺文件要求进行	
轮毂控制柜电气接线	所有轮毂内电气设备的电源、信号连接线都要连接到轮毂控制柜内	● 轮毂内的所有电缆的一端直接或间接与轮毂控制柜相连 ● 轮毂控制柜侧面安装了很多的哈丁插头，外部连接线均通过哈丁插头与控制柜建立连接 ● 电缆引至柜内且连接完毕后，必须将电缆进行必要的紧固并对电气接线进行检查 ● 柜内接线工艺一定要合格，接线完成后要仔细查看是否有导线裸露在外或搭接到旁边的端子上；柜内的电气接线一定要严格按照电气接线图进行，线色及端子号均要与图样一致才能进行接线 ● 柜体底部的布线一定要规整	

任务实施与评价

1. 任务实施

车间电气装配任务实施表见表3-8。

表3-8 车间电气装配任务实施表

任务名称	小型风电机组机舱总成与轮毂总成的车间电气装配		
小组成员		日期	
成员分工说明			
任务实施环节问题记录			
任务描述	现有一台模拟直驱型、三叶片风电机组需要进行机舱总成和轮毂总成的车间电气装配。已知轮毂总成的电气系统组成部件有：三台变桨电动机（DC24V）、六个限位开关（DC24V供电，每个开关有一根信号线和两根供电电源线）、三个编码器（DC5V，每个编码器有两根电源线和两根信号线），每个叶片连接面共计12根线；机舱总成的电气系统组成部件有：两台偏航电动机（DC24V）、两个定位开关（DC24V供电，每个开关有一根信号线和两根供电电源线），机舱部分共计10根线 现提供一份电气接线图，请根据电气接线图完成如下内容： 1）绘制机舱引出线/轮毂引出线与控制柜内接线端子的对应关系表 2）将导线连接到电控柜内的对应位置上，电气接线要符合要求，并在导线两端设置合理的标识		

（续）

任务实施

1. 完成下面所示的机舱/轮毂的车间电气安装表

机舱/轮毂车间电气安装表

机舱总成车间电气安装表				
元件名称	元件引出线线标	快插端子接线端子排序	连接电缆内导线的线标	电控柜端子排及端子编号

机舱总成车间电气安装表				
元件名称	元件引出线线标	快插端子接线端子排序	连接电缆内导线的线标	电控柜端子排及端子编号
变桨1				
变桨1				
变桨1				
变桨1				
变桨2				
变桨2				
变桨2				
变桨2				
变桨3				
变桨3				

（续）

<table>
<tr><td rowspan="3">任务实施</td><td>
（续）

元件名称	元件引出线线标	快插端子接线端子排序	连接电缆内导线的线标	电控柜端子排及端子编号
变桨 3				
变桨 3				
</td></tr>
<tr><td>2. 根据要求绘制机舱/轮毂的车间电气安装示意图
（示例如下）
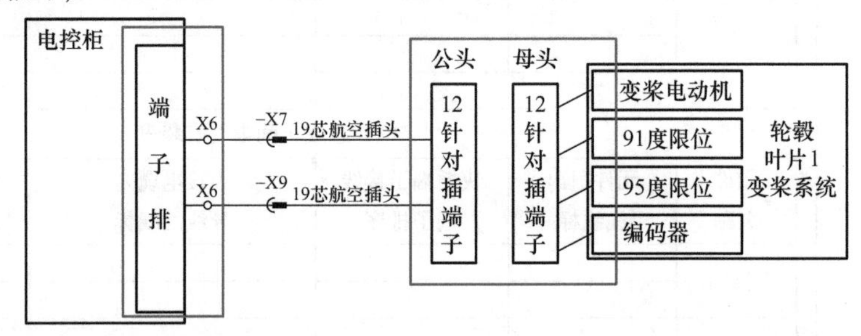
</td></tr>
<tr><td>3. 根据示意图完成车间电气安装</td></tr>
<tr><td>任务总结</td><td></td></tr>
</table>

2. 任务评价

任务评价表见表 3-9。

表 3-9 任务评价表

任务	基本要求	配分	评分细则	评分记录
电气接线对应表	根据图样完成电气接线的对应关系表	20 分	缺少或写错，一处扣 5 分	
机舱总成的电气装配	将机舱总成引出的 10 根导线全部连接到控制柜内，连接工艺符合要求，并在导线两端设置合理的标识	25 分	导线连接点错误，一处扣 3 分 导线连接工艺不符合要求，一处扣3 分 导线标识不合理，一处扣 3 分	
轮毂总成的电气装配	将轮毂总成引出的 10 根导线全部连接到控制柜内，连接工艺符合要求，并在导线两端设置合理的标识	55 分	导线连接点错误，一处扣 3 分 导线连接工艺不符合要求，一处扣3 分 导线标识不合理，一处扣 3 分	

任务三 风电机组现场电气安装

学习目标

1. 了解风电机组现场操作安全规范要求。
2. 熟悉风电机组现场电气安装工艺。

任务导入

某台兆瓦级风电机组的现场吊装工作已经完成，现需要进行现场电气安装。现场电气安装的主要工作有哪些？请先学习下面知识，再对风电机组现场电气安装进行归纳总结和实施。

知识准备

一、风电机组现场安装安全规范

1）坚持“安全第一、预防为主”原则，将利于安全生产作为宗旨之一贯穿生产的全部过程。

2）为了确保人员及设备安全，所有工作人员必须认真阅读和遵守风电机组安全手册的安全规范，任何错误或微小操作都可能导致设备的严重损坏或危及人身安全。

3）所有现场工作人员都必须经过培训并取得资格证书方可进行现场作业，在现场操作前必须要熟悉现场环境和安全指南，如果发现异常情况，要及时报告给现场负责人员，并及时处理或通知相关人员进行处理；工作人员严禁随意操作现场的吊装设备，但要在装配前对吊装设备进行必要的维护和检查。正在接受培训的人员对风力发电机组进行任何工作，必须由一位有经验的人员持续监督。

4）高空作业的工作必须由具有高空作业证的人员进行。

5）所有现场工作人员进入工作区域，必须穿戴个人安全防护用品，并确保个人安全防护用品在安全使用期限内且无破损，如图3-10所示。

6）人员进入风电机组工作前，必须在设备周围设置警告标志（见图3-11），避免在不知情的情况下误起动风电机组或进入工作区域造成设备或人员伤害。

7）原则上，必须至少有两人同时进入风电机组工作，在已知其他人员处于安全位置时才能对风机进行合理化的操作。

8）在对风电机组进行操作之前，每个工作人员必须理解个人安全防护用品的使用说明。攀登塔筒的工作人员必须使用合格的安全带、攀登用的安全辅助设备或者适合的安全设施。如果风电机组位于近水地点，应穿救生衣。

9）如果要完成的工作是对正在运行的风电机组的检查和维护，即必须带电工作，工作人员必须使用绝缘工具，而且要将裸露的导线进行绝缘处理；要注意用电安全，如需带电测试，应确保设备绝缘和工作人员的安全防护；工作完成后必须得到负责人的允许才可重新上电；谨防触电；建议人员在攀爬塔筒的过程中准备手电筒、安全眼镜和保护性耳塞。

图 3-10 现场个人安全防护

图 3-11 安全标志

10）操作者必须正确使用安全设备并在使用之前和之后都对安全设备进行检查。对安全设备的检查，必须由经授权的维修公司进行，并且必须记录在设备的维护记录中。不要使用任何有磨损或撕裂痕迹的设备或者超过制造商建议的使用寿命的设备。

11）利用安装在塔筒内部的梯子攀登塔筒时，两个人之间必须至少相距 5m。塔筒内安装有休息平台，可用于休息和等待。

12）防护设备必须具备期望的功能，符合现行法律和标准，且具有 CE 标识、符合性声明和使用说明。

13）当正在风电机组上工作时，操作人员周围必须有逃生设备，以使得他们可以快速撤离到安全环境下。在机舱紧急出口框架上方有逃生支架，可用于紧急下降设备的悬挂。

14）在需要撤离的紧急情况下，操作人员必须对设备及其使用说明非常熟悉。在任何时候，紧急下降设备的使用说明书都必须与设备放在一起，且必须可以在不打开设备的情况下查看说明书。

15）安全警示标志必须定期进行检查，不清楚或者妨碍阅读时应立即进行更换。

16）在进行电气装配的过程中，应遵守有效的健康卫生规范、劳动安全规程、事故防范规定、防火及环保规范。风电机组的工作人员必须熟悉这些规定。

17）在机组未上电的情况下，塔筒内无照明，要求工作人员在攀爬过程中必须佩戴安全帽灯或额头灯。

18）在攀爬过程中，随身携带的小工具或小零件应放在工具包中，放置可靠，防止意外坠落；不方便携带的重物应使用提升机输送。

19）攀爬塔筒过程中，及时清理爬梯上的油脂，防止滑倒；携带工具者最后爬。所有工作人员到达机舱后，要把机舱与塔筒连接处的平台的盖板盖好，防止人员踩空坠落或工具坠落。

20）风速高于12m/s时严禁进入叶轮内工作，风速高于15m/s时严禁在机舱内工作；雷电天气严禁进入风机；在雨雪冰冻天气，要远离叶轮旋转面。

二、风电机组现场电气装配前的准备工作

1）安装接线前，必须熟悉风电场以及风电机组的整个配电系统，了解机组各部件之间的连接。

2）根据工艺文件要求备齐所需的物料，并核对每个器件的规格、数量；现场使用的物料以项目配置清单为准，如有疑问应与相关工作人员联系。

3）在每道工序中要求备齐所需的工具，并核对每个工具的规格、数量，并在清单中罗列出来。

4）准备好风电机组电缆接线的对照表。

三、风电场现场电气装配工艺

直驱、双馈、半直驱型机组在结构上面存在很大的差异，所以不同类型的机组其现场电气装配工艺也有所区别。为了便于学习，本部分内容所阐述的现场电气装配工艺是以某一种机型为例的概述性的工艺过程，在实际操作过程中还要以对应机型提供的电气装配手册为主要依据。

1. 发电机开关柜内的电气接线

风电机组动力电缆的安装走向（从发电机到箱式变压器低压侧）如图3-12所示。

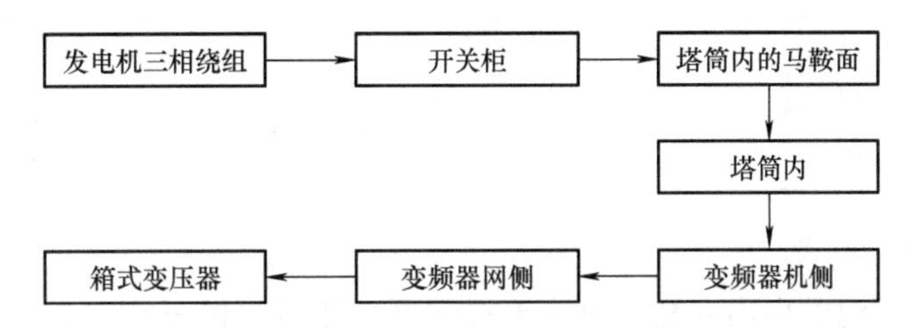

图3-12　风电机组动力电缆走向参考图

注：有些整机制造商已经将开关柜集成到变流器里了，所以电缆走向与图3-12略有不同。本部分内容是以机组配置了开关柜，且开关柜安装在风电机组机舱内的平台上为例进行工艺说明。

发电机三相绕组引出的电缆数量根据发电机绕组（单绕组和双绕组）不同而不同，一般为15根、18根或24根外加中性线。变流器网侧的引出线数量与发电机侧引出线的数量相同，采用的电缆防护形式不同。

说明：单绕组一般配置一个开关柜，双绕组配置两个开关柜，开关柜的编号要与绕组的编号保持一致，即绕组1引出线接到1号开关柜的母排上，绕组2引出线接到2号开关柜的母排上。

（1）材料清单　此部分电气装配所需要的材料（以电缆规格均为240mm^{2}为例）清单见表3-10。

表 3-10 发电机到开关柜的动力电缆装配材料清单（仅供参考）

序号	材料名称	规格	备注
1	铜接线端子	OT-240	数量根据电缆数量确定 在开关柜内使用
2	防水绝缘胶带	具有防水功能	开关柜内接线端子处使用
3	热缩套管	与电缆外径匹配，耐高电压并具有阻燃功能	开关柜内使用，颜色一般为黄、绿、红
4	扎带	根据电缆外径进行确定	电缆桥架上固定电缆使用

（2）工具清单 此部分电气接线涉及电缆的布线、裁线、压接、接线和标识，需要的工具见表 3-11。

表 3-11 发电机到开关柜的动力电缆装配的工具清单（仅供参考）

序号	材料名称	规格	备注
1	剪线钳	OT-240	电缆制作使用
2	压线钳		电缆制作使用
3	锉刀		电缆制作使用
4	美工刀		电缆制作使用
5	开口扳手	根据螺栓规格确定	紧固螺栓
6	力矩扳手	根据螺栓规定力矩确定	紧固螺栓组并验证力矩
7	斜口钳		电缆制作使用
8	绝缘电阻测试仪		发电机绕组绝缘电阻测量
9	记号笔	油性	螺栓防松标识使用

（3）工艺步骤及要求

说明：发电机绕组的引出线需要对应连接到开关柜母排的三相（U/V/W 或 L1/L2/L3）位置上。

1）在进行接线的过程中，机组的叶轮必须锁紧。

2）发电机放电。接线之前，要对发电机进行放电操作，确保发电机内部处于安全接线状态。

3）绕组绝缘性能的检测。接线之前，要确定发电机绕组的绝缘性能满足要求。采用兆欧表测量绕组间、各相绕组对地的绝缘电阻，所测绝缘电阻阻值及阻值差均在允许范围内，才能准备进行电气接线。绝缘性能检测完成后要对发电机组进行放电，放电结束后才可接线。

4）发电机至开关柜的电缆的布线。在发电机到开关柜之间设置了实用的电缆桥架，根据工艺要求将电缆布置在合适位置并进行绑扎。

5）开关柜内的电气接线。开关柜的进线端和出线端一般都安装了 PG 锁母（见图 3-13）用于电缆的紧固，在电气接线之前将锁母拆除并套在动力电缆上再进行电缆的压接。电缆的裁线、剥线以及压接一定要按照工艺要求进行，不得损伤电缆内的导体。在连接之前要在导电处涂抹导电膏，在压接时为了避免气堵现象，要从前往后对接线端子进行压接，对压接出现的尖锐处或棱角要用锉刀或其他设备进行打磨处理。

将发电机绕组引出的电缆和开关柜引到马鞍面的电缆从指定 PG 孔穿入开关柜内并连接到开关柜内的指定母线上，用扭力扳手采用指定的力矩及紧固方式将接线端子的螺栓紧固，紧固完成后要对力矩进行验证，并用记号笔做好防松标识，如图 3-14 所示。

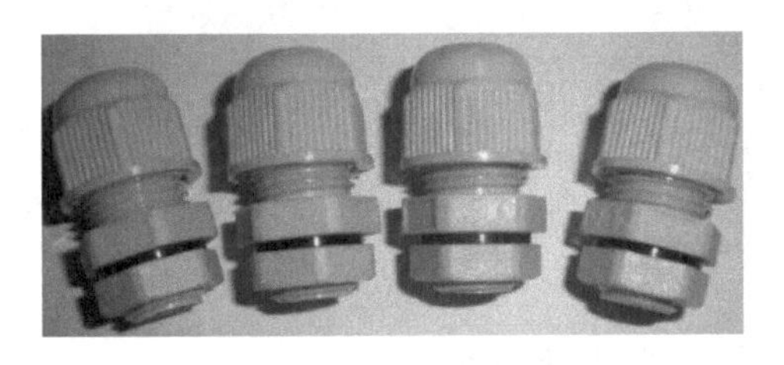

图 3-13　PG 锁母

图 3-14　紧固螺栓的防松标识

6）接线端子的防护。电缆接线端子要按照工艺文件要求进行适当的防护，采用规定的颜色及规格的热缩套管套到电缆上，注意热缩套管的颜色应与相序的对应。

7）电缆标记套。在每根动力电缆的合适位置安装电缆标记套，标记内容以工艺文件的要求为准且要与电气接线图上的电缆标识一致。

8）电气装配完成。全部安装完成之后，要将之前便于安装拆卸下来的所有螺栓或部件重新连接到位；检查动力电缆的接线是否牢靠；检查电缆的导电部分是否有外露现象；检查接线端子螺栓的紧固力矩是否符合要求，螺栓是否有防松标识；清理开关柜内的杂物和工具，关好柜门。

2. 温度传感器（Pt100）电气接线

（1）材料清单　温度传感器（Pt100）电气接线所需要的材料清单见表 3-12。

表 3-12　Pt100 电气接线材料清单（仅供参考）

序号	材料名称	规格	备注
1	管型预绝缘端子	与电缆、屏蔽电缆相匹配	数量根据 Pt100 的数量及引出线方式确定
2	缠绕管	与电缆相匹配	电缆防护
3	尼龙扎带	与电缆匹配	电缆桥架固定

（2）工具清单　Pt100 电气接线所需要的工具清单见表 3-13。

表 3-13　Pt100 电气接线所需要的工具清单（仅供参考）

序号	材料名称	规格	备注
1	螺钉旋具	与 Pt100 紧固件头部纹路一致	Pt100 接线使用
2	斜口钳		电缆制作使用
3	剥线钳		电缆制作使用
4	压线钳		电缆制作使用
5	数字万用表		Pt100 检测

(3) 工艺步骤及要求

1) Pt100的检测。

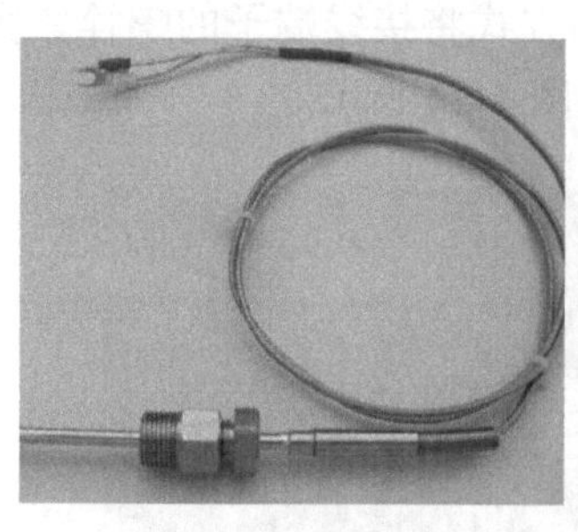
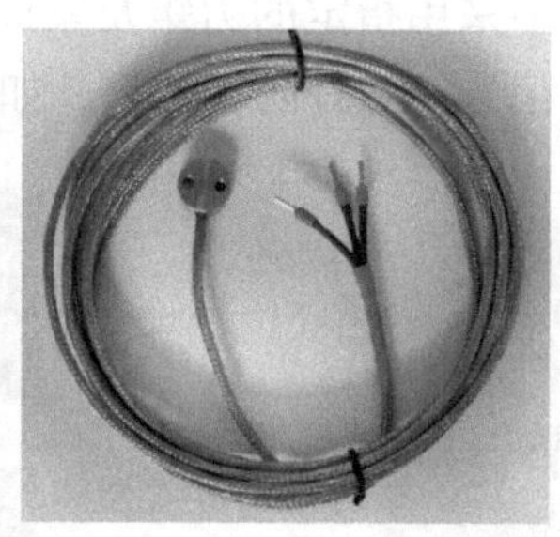
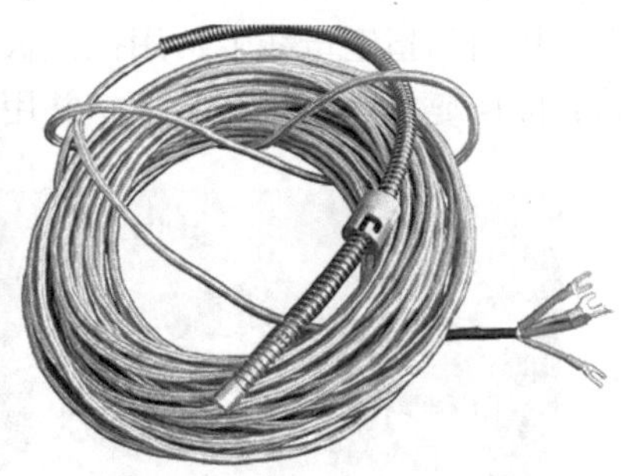

图3-15 Pt100（二线制、三线制、四线制）

在进行电气接线之前，需要对Pt100（见图3-15）进行检测，判断其性能的好坏。Pt100有二线制、三线制和四线制三种，在室温为25℃时其检测方法及现象分别如下：

① 二线制Pt100：其引出线共两根。检测方法是采用万用表电阻档检测其两根线之间的阻值，其阻值应在110Ω左右。

② 三线制Pt100：其引出线共三根，编号分别为1、2、3（2和3内部是连接起来的）。检测方式是采用万用表电阻档分别检测1号和2号线、1号和3号线、2号和3号线，其阻值应分别约为110Ω、110Ω和0Ω。

③ 四线制Pt100：其引出线共四根，编号分别为1、2、3、4（1和3、2和4在内部已经分别连接起来了）。检测方式是采用万用表电阻档分别检测1和2、1和4、3和2、3、4之间的电阻值，其阻值应都约为110Ω，再用万用表的电阻档检测1和3、2和4之间的阻值，其阻值应都约为0Ω。

如果上述检测过程中发现异常，必须更换新的Pt100。

2) Pt100的电气接线。

① 除发电机、主轴、外部环境温度检测用的Pt100外，其他温度传感器基本都是在车间电气装配就已经安装完成了。发电机绕组温度、主轴温度检测用的Pt100一端接在发电机绕组或主轴上，另外一端一般连接到发电机上或机舱内的一个接线盒（如图3-16所示接线盒上一般都会有接线端子的说明）内，再通过接线盒把线引至机舱控制柜的对应PG孔（见

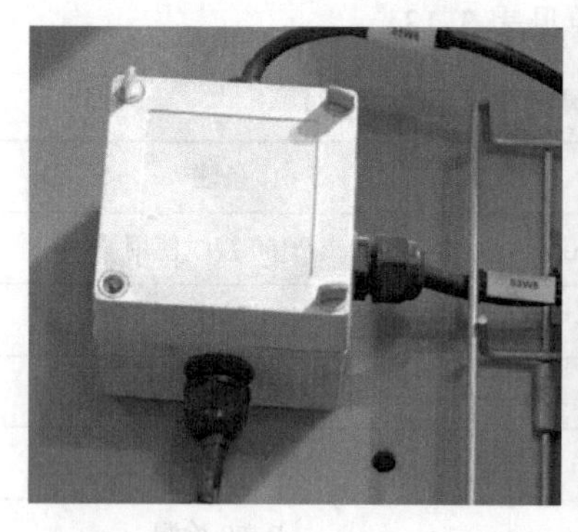
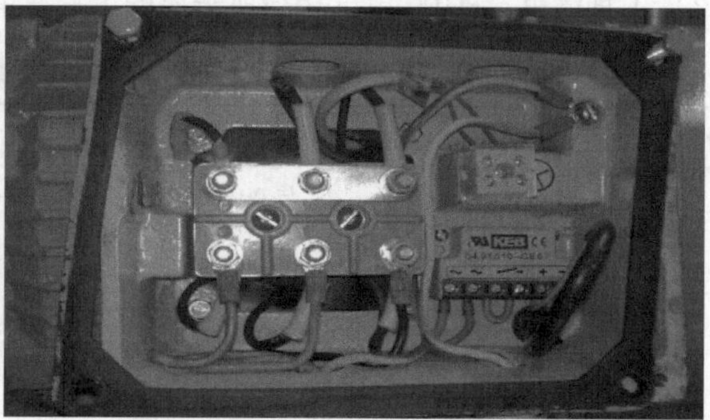

图3-16 风电机组内部接线盒

图 3-17）内。外部环境温度检测用 Pt100 一般是通过一根电缆直接连接到机舱控制柜内。

② 在布线的过程中选择合适的桥架或电缆固定点进行电缆的固定，根据工艺要求进行制线和接线。Pt100 引出线的数量不同，其电气连接也不同。不管有几根线，同一个 Pt100 的引出线线色相同的部分是内部已经短接，在电气接线过程中可以互换，但是必须全部连接到位。线色的区分、全部信号线的走向、接线盒的接线、控制柜内的接线都必须要根据电气接线图或电气接线文件进行确定。

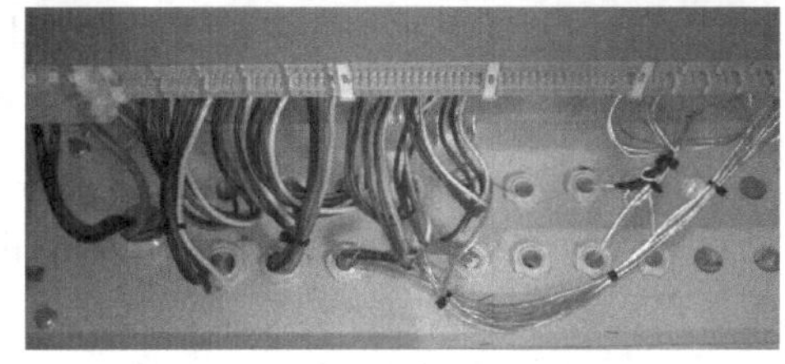

图 3-17　机舱控制柜底部的 PG 孔

③ 电缆在桥架排布时要用缠绕管防护，使用扎带固定在桥架上，沿桥架至机舱控制柜底部的 PG 孔穿入；PG 孔都设有标识，标识一般会包含对应电缆的标识，电缆标识与 PG 孔标识要一一对应；无 PG 孔时从指定位置穿入控制柜。

④ 电缆屏蔽层要可靠接地。

3）Pt100 电气装配完成。

① 采用万用表再次检查 Pt100 的阻值，若出现阻值异常，则检查电缆及 Pt100 是否正常。

② 电气装配全部完成后，整理个人工具，清理杂物。

3. 风速仪、风向标的电气装配工艺

（1）材料清单　风速仪、风向标电气接线的材料清单见表 3-14。

表 3-14　风速仪、风向标电气接线材料清单（仅供参考）

序号	材料名称	规格	备注
1	管形预绝缘端子	与电缆、屏蔽电缆相匹配	数量根据风速仪、风向标的类型及引出线进行确定
2	缠绕管	与电缆相匹配	电缆防护
3	尼龙扎带	与电缆匹配	电缆固定

（2）工具清单　风速仪、风向标电气接线的工具清单见表 3-15。

表 3-15　风速仪、风向标电气接线所需要的工具清单（仅供参考）

序号	材料名称	规格	备注
1	螺钉旋具	与 Pt100 紧固件头部纹路一致	Pt100 接线使用
2	斜口钳		电缆制作使用
3	剥线钳		电缆制作使用
4	压线钳		电缆制作使用
5	数字万用表		电缆检测
6	棘轮扳手一套	与风速仪、风向标的紧固螺栓匹配	紧固风速仪、风向标
7	开口扳手	与风速仪、风向标的紧固螺栓匹配	紧固风速仪、风向标

（3）工艺步骤及要求

1）安装支架的确定。风向标、风速仪的安装支架可能同高（见图3-18），也可能一高一低，所以必须要根据装配工艺文件确定风速仪、风向标的对应安装支架。

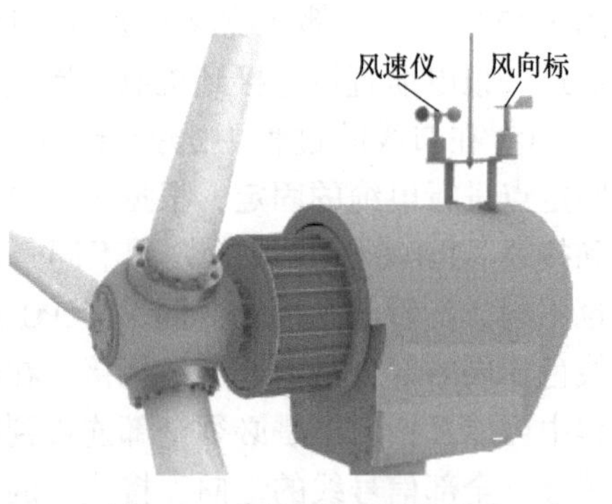

图3-18 风速仪、风向标

2）风速仪、风向标与安装支架的紧固。在安装前先将风速仪、风向标与支架组装拧紧，如果同时还要安装底座，则需要将底座与风速仪、风向标组装好并进行紧固。在安装风速仪时要将风速仪的N极朝向机舱尾部，即标识风向标的零度位置。

3）风速仪、风向标的电缆走线。将电缆从安装管内穿出引到机舱顶部指定的开孔位置，并进行绑扎和紧固，在穿孔处要用缠绕管进行防护。

风速仪、风向标的电缆沿工艺文件指定的位置布线和紧固，并最终送到机舱控制柜内。

4）风速仪、风向标到机舱控制柜的接线。带有加热功能的风速仪（风向标）一般至少有七根引出线，每根引出线的线色均不相同。七根引出线分别为：风速仪的电源线两根、加热器的电源线两根、风速计输出的信号线一根、风速仪的接地线一根、信号屏蔽线一根。这些线缆的对应连接位置可以根据电气接线图或电气接线手册进行确定。

5）电气接线完成。

① 接线完成后要检查接线是否牢靠，是否有电缆线芯损坏等。

② 气象站支架与机舱连接处、风速仪和风向标电缆穿孔处都要采用密封胶进行密封，防止雨水进入机舱。

③ 接线完成，整理个人工具，清理杂物。

注：如果外界环境温度检测传感器也安装在气象站支架上，则其电缆的走向、布线方式以及安装位置类似风速仪、风向标部分。

4. 航空障碍灯的电气装配工艺

（1）材料清单　航空障碍灯的电气接线需要的材料见表3-16。

表3-16　航空障碍灯电气接线材料清单（仅供参考）

序号	材料名称	规格	备注
1	管型预绝缘端子	与电缆相匹配	数量根据航空障碍的引出线进行确定
2	缠绕管	与电缆相匹配	电缆防护
3	尼龙扎带	与电缆匹配	电缆固定

（2）工具清单　航空障碍灯电气接线的工具清单见表3-17。

表3-17　航空障碍灯电气接线所需要的工具清单（仅供参考）

序号	材料名称	规格	备注
1	螺钉旋具	与Pt100紧固件头部纹路一致	Pt100接线使用
2	斜口钳		电缆制作使用

（续）

序号	材料名称	规格	备注
3	剥线钳		电缆制作使用
4	压线钳		电缆制作使用
5	数字万用表		电缆检测
6	棘轮扳手一套	与航空障碍灯的紧固螺栓匹配	紧固航空障碍灯
7	开口扳手	与风速仪、风向标的紧固螺栓匹配	紧固航空障碍灯

（3）工艺步骤及要求

1）风电机组航空障碍灯的光源强度一般采用高光强。

2）风电机组仅有一台航空障碍灯的情况下，其安装支架一般安装在气象站支架上；多台的情况下，至少有一台是安装在气象站上的；航空障碍灯的数量需要根据国家民航局的相关规定进行确定。航空障碍灯一般朝向机舱的尾部方向，其固定支架一般高于风速仪、风向标的支架。

3）航空障碍灯的线缆一般同风速仪、风向标的电缆一起排布和绑扎，在穿孔处采用缠绕管进行防护。

4）航空障碍灯的引出线一般有三根，分别为：电源线两根，接地线一根，具体对接点根据电气接线图进行确定。

5. 机舱控制柜电缆接线要求

1）进出机舱控制柜的电缆必须严格按照工艺文件要求进行布线和连接。

2）大部分整机制造商的机舱控制柜底端设有多个 PG 孔，这些 PG 孔是机舱控制柜与外部其他部件之间电气交互的电缆固定端口。

3）机舱内各零部件到机舱控制柜的电缆大部分都在机舱总成车间电气装配环节中已经完成，仅有一部分控制电缆（如气象站电缆、航空障碍灯电缆）需要现场来完成接线。在电缆排布时要按照工艺设计的桥架进行布线，在电缆与桥架接触部分要使用缠绕管防护，在机舱底部的进线要有一定的弧度且弧度尽量保持一致。电缆之间不能有交叉缠绕的现象。

4）所有外部电缆要从指定的 PG 孔进入机舱控制柜内，不用或备用的 PG 孔要做好密封，防止灰尘或水等进入机舱控制柜。

6. 塔筒内的电缆接线

（1）材料清单　塔筒内的电缆分为动力电缆（发电机输出电能传递用电缆）、控制电缆（塔基控制柜到机舱的电源线、塔筒照明的电源线、安全链电缆）和机舱控制柜到塔基控制柜的通信光纤。

这部分电气接线所需要的材料清单见表 3-18。

表 3-18　塔筒内电缆接线材料清单（仅供参考）

序号	材料名称	规格	备注
1	扎带	与电缆相匹配	电缆固定，数量根据电缆绑扎工艺确定
2	缠绕管	与电缆相匹配	电缆防护
3	电缆标记套	按照标准要求	电缆标识

（2）工具清单　塔筒内电缆的接线所需要的工具清单见表3-19。

表3-19　塔筒内电缆接线所需要的工具清单（仅供参考）

序号	材料名称	规格	备注
1	扳手	尺寸与电缆夹套匹配	拆装电缆夹套
2	卷尺		电缆布线、下线使用
3	记号笔		电缆标识使用
4	个人工具包		电缆接线等使用

（3）工艺步骤及要求

1）在吊装塔筒之前，需要将塔筒内的各种电缆夹板、电缆固定支架、爬梯等全部安装到位；在吊装顶段塔筒之前，需要将塔筒内的电缆放置在内部并进行必要的绑扎和防护，防止吊装时损坏电缆。在放置电缆之前，仔细查看电缆的规格及数量是否满足要求，电缆是否有磨损等现象。

2）在塔筒内进行电缆布线敷设的过程中，一定要注意人身安全。施工人员要穿戴全套个人安全防护用品，要确保塔筒内的光亮程度足以进行施工，否则就要引进临时照明设备确保可以正常施工。临时照明设备一般放置在塔筒内的休息平台处，其电源线一般绑扎到塔筒爬梯不宜踩到的位置，临时照明系统的电缆制作及接线工艺要符合要求。

3）在每根电缆的规定间距上都要设置电缆标识，同根电缆的标识要保持一致。从发电机同一相引出的电缆一般并排捆扎在一起并标写相序。根据工艺要求在相应间距处对电缆进行捆扎，捆扎材料及方法要满足工艺要求。

4）电缆的放线顺序一定要严格按照现场工艺要求进行，一般先排列动力电缆，然后再将控制电缆、安全链电缆、塔筒照明电缆、通信线进行排列。弱电和强电电缆之间一定要有有效的隔离措施，防止干扰造成信号异常。

5）电缆夹板内电缆的摆放位置一定要严格按照现场工艺要求进行，严禁随意更换位置。夹板处一定要对电缆进行防护，防止夹板与电缆产生摩擦损伤电缆。电缆夹板如图3-19所示。

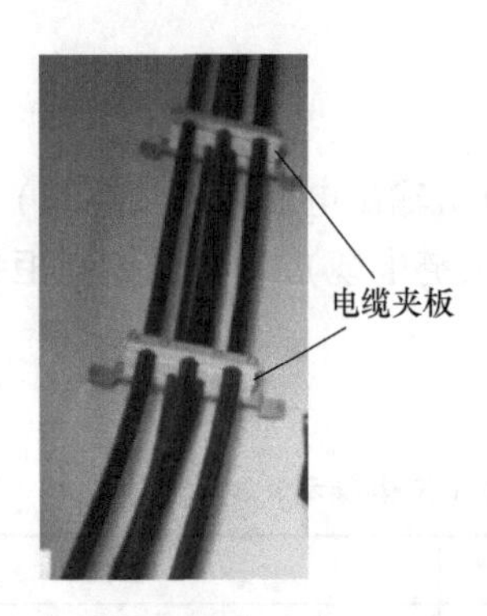

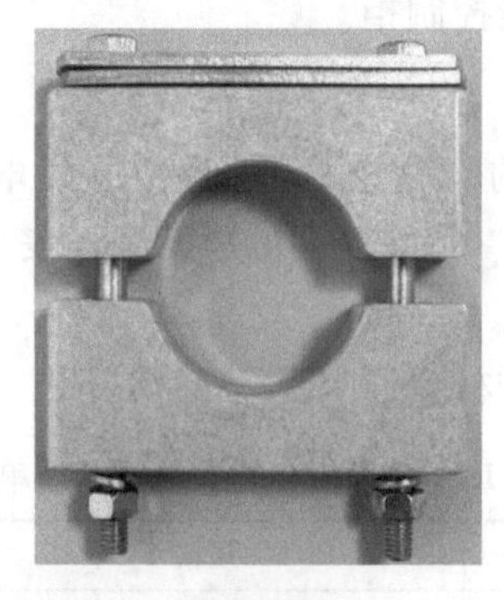
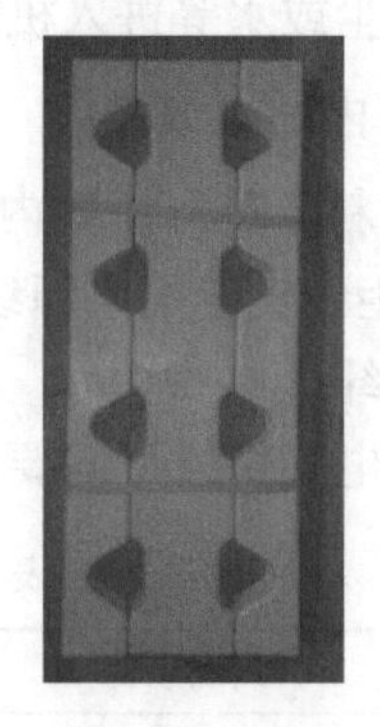

图3-19　电缆夹板

6）在敷设光纤时要避免出现打结、交叉、扭缆等现象，敷设工艺严格按照现场工艺要求进行。光纤极易损坏，在敷设中一定要注意光纤不能出现直角工艺。未使用或敷设的过程中的光纤两端都要做好防护措施，防止接头处被损坏或进入杂物、灰尘等影响通信。

7）一般先将电缆全部放置到电缆夹板内，再从塔筒顶端开始依次往下预紧电缆夹板，电缆的预紧次数和力矩应按照工艺文件要求执行。如果发现按照工艺要求预紧完成，电缆还存在松动现象，则需要在电缆的合适位置添加橡胶垫片，以保证电缆的紧固性。

7. 变流器内的电缆接线

（1）材料清单　变流器内部的电缆包含：网侧/机侧动力电缆、IGBT与电抗器支架间的电缆、IGBT柜二极管与电抗器支架间的电缆、电容器与电抗器支架之间的连接电缆，这些电缆连接所需要的材料清单见表3-20。

表3-20　变流器内电缆接线材料清单（仅供参考）

序号	材料名称	规格	备注
1	软母带	与电抗器支架接线端规格对应	电缆固定，数量根据电缆绑扎工艺确定
2	外六角螺栓	根据实际连接点进行确定	紧固电缆
3	瓦垫	与连接螺钉匹配	与螺栓配套使用

（2）工具清单　变流器内电缆连接所需要的工具清单见表3-21。

表3-21　变流器内电缆接线材料清单（仅供参考）

序号	材料名称	规格	备注
1	开口扳手	与螺栓匹配	紧固螺栓
2	力矩扳手	与螺栓匹配	
3	套筒	与螺栓匹配	
4	记号笔	按照标准要求	防松标记

（3）工艺步骤及要求

1）在塔筒吊装之前需将变流器柜组装完毕，每种电缆适用位置见厂家提供的随货附件外包装，查看电缆的规格是否全部符合要求；电缆连接所需要的外接螺栓一般都安装在了连接点处。变流器内部电气接线示意图如图3-20所示。

2）一般情况下，电缆和铜排的连接点全部都设有标识，在电缆和铜排的端部，相应电缆等应与铜排连接点标识对应。

3）变流器控制柜内与电抗器支架连接电缆根据厂家提供的连接对照表进行确定和连接到位。

4）变流器内电容柜与电抗器支架连接电缆根据厂家提供的连接对照表进行确定和连接到位。

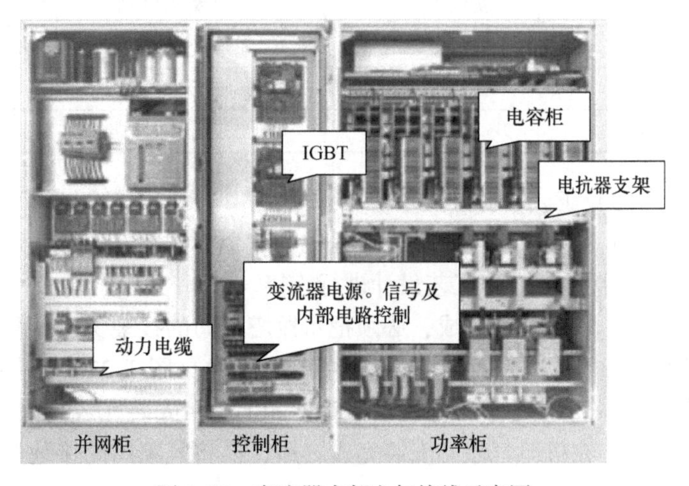

图3-20　变流器内部电气接线示意图

5）塔基控制柜到变流器之间的供电电缆、通信电缆根据变流器提供的电气接线图及塔基控制柜的电气控制接线图进行电气接线；通信电缆通常情况下一般不通过控制柜内的端子排进行转接，容易受到电磁干扰造成信号时断时续。

6）变流器水冷系统与变流器的连接点根据水冷厂家设计的管道进行布置，布置完成后做好密封，防止漏液。

8. 变流器水冷系统电缆接线

1）变流器水冷系统的水冷柜一般位于塔基控制柜上方，水冷柜内的强电电缆、弱电电缆根据工艺设计的布线通道进行布线、绑扎、防护和紧固，根据塔基控制柜电气接线图将强、弱电缆内不同线色的线连接到指定位置，接线完成后进行电气检查。

2）变流器冷却风扇与塔基控制柜之间的电源电缆根据工艺设计进行布线、绑扎、防护和紧固，根据塔基控制柜电气接线图将电缆内不同颜色的线缆连接到指定位置，接线完成后进行电气检查。

9. 接地电缆接线

（1）材料清单　机组接地部分所需要的材料清单见表3-22。

表3-22　接地电缆接线材料清单（仅供参考）

序号	材料名称	规格	备注
1	热缩套管	与接地电缆匹配	接口防护，数量与接地点有关
2	铜接线端子	与接地电缆匹配	接地，数量与接地点有关
3	导电膏	任意	
4	绝缘胶带	任意	
5	防腐漆	按照工艺要求	机组防护

（2）工具清单　接地电缆的接线所需要的工具清单见表3-23。

表3-23　接地电缆接线所需要的工具清单（仅供参考）

序号	材料名称	规格	备注
1	剪线钳	与接地线匹配	接线电缆制作使用
2	剥线钳	与接地线匹配	接线电缆制作使用
3	压线钳	与接线线匹配	接线电缆制作使用
4	扳手	与接线螺栓组匹配	接地电缆紧固

（3）工艺步骤及要求

1）风电机组车间装配过程中一般会将其内部的电气设备进行有效接地保护，如图3-21所示，接地线按照工艺设计进行连接。

2）塔筒吊装完成，必须把每段塔筒间的接地保护线可靠连接起来，一般是采用一根接地保护线将两段塔筒连接处的接地螺栓（见图3-22）串接。在顶段塔筒的上平台上一般也会设计一个接地板，在顶段塔筒内的上平台安装完成之后，将接地板安装到位。

3）在机舱气象站安装完成之后，要将气象站的接地点（见图3-23）连接好。

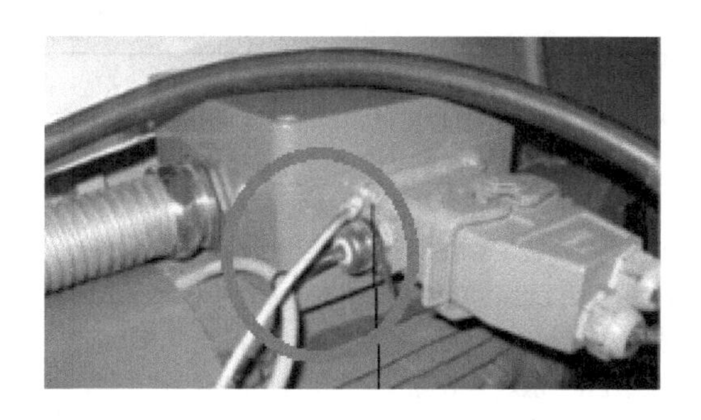

图 3-21　风电机组内电气设备防雷接地保护

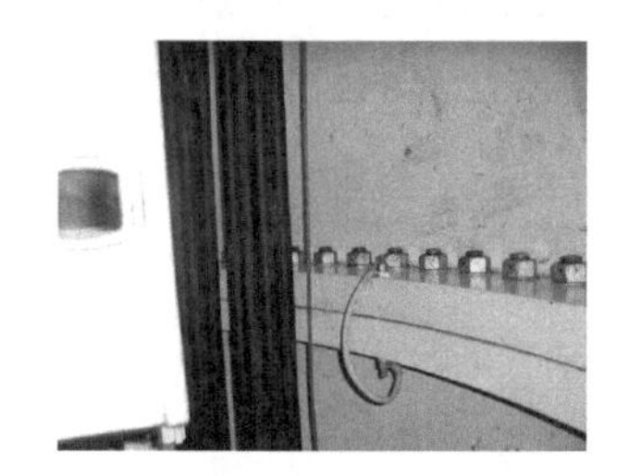

图 3-22　塔筒接地保护

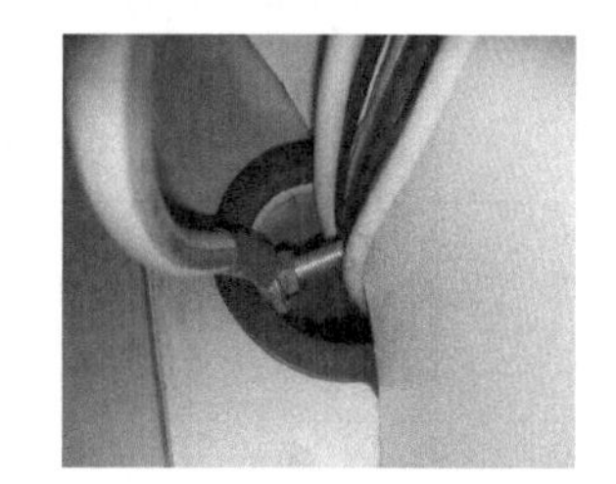

图 3-23　机舱气象站接地保护

4）叶片吊装完成后要进行叶片防雷系统的电气连接，如图 3-24 所示。

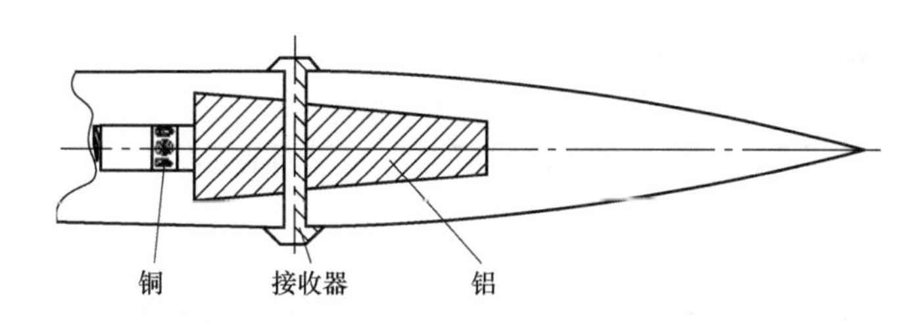

图 3-24　叶片防雷设计示意图

任务实施与评价

1. 任务实施

“风电机组现场电气安装”任务实施表见表 3-24。

表 3-24　“风电机组现场电气安装”任务实施表

任务名称	小型风电机组现场电气安装		
小组成员		日期	
成员分工说明			
任务实施环节问题记录			

（续）

任务描述	现有一台仿真直驱型风电机组，其现场整机机械组装工作已经完成，现需要对其进行现场电气装配。已知轮毂总成的电气系统组成部件有：三台变桨电动机（DC24V）、六个限位开关（DC24V供电，每个开关有一根信号线和两根供电电源线）、三个编码器（DC5V，每个编码器有两根电源线和两根信号线），每个叶片连接面共计12根线；轮毂总成已经完成了车间电气装配；机舱总成的电气系统组成部件有：两台偏航电动机（DC24V）、两个限位开关（DC24V供电，每个开关有一根信号线和两根供电电源线），机舱部分共计10根线；机舱总成已经完成了车间电气装配；集电环总成、旋转电机（4根线）、机组外部急停（4根线）的车间电气安装已经完成 现提供一份电气接线图，请根据电气接线图完成如下内容： （1）绘制电控柜至机舱、机舱至集电环、集电环至轮毂的电气接线对应关系表 （2）完成集电环与轮毂、集电环与机舱、机舱与电控柜之间的电气装配并进行检查
任务实施	可参考本项目任务二的“任务实施与评价”相应内容进行任务实施
任务总结	说明：要体现出每个子任务的完成人及完成情况

2. 任务评价

任务评价表见表3-25。

表3-25　任务评价表

任务	基本要求	配分	评分细则	评分记录
电气接线对应表	根据图样完成电气接线的对应关系表	20分	缺少或写错，一处扣5分	
轮毂与集电环之间的电气接线	将轮毂侧引出的36根导线全部连接到集电环内	18分	导线连接点错误，一处扣1分 导线连接工艺不符合要求，一处扣1分 导线标识不合理，一处扣1分	
集电环与机舱之间的电气接线	将集电环与机舱连接面的36根导线与机舱侧引入的线（共计54根）对应连接起来	18分	导线连接点错误，一处扣1分 导线连接工艺不符合要求，一处扣1分 导线标识不合理，一处扣1分	
旋转电机与机组急停的电气接线	旋转电机与机组急停共计8根线要连接至电控柜	10分	导线连接点错误，一处扣1分 导线连接工艺不符合要求，一处扣1分 导线标识不合理，一处扣1分	
机舱与电控柜之间的电气接线	机舱侧共计54根导线全部要与控制柜建立连接	34分	导线连接点错误，一处扣1分 导线连接工艺不符合要求，一处扣1分 导线标识不合理，一处扣1分	

知识拓展——风电机组防雷系统

风电机组对处于不同雷区的设备采取不同的防雷保护措施，下面结合设备所在雷区分别介绍不同类型的防雷保护措施。

一、叶片防雷

叶片是风电机组的最高点，因此其遭雷击的概率最大。一般情况下，叶片的导流通道一般按照图3-25所示进行设计。

叶片接闪器安装在叶片最易遭受雷击的部位，接闪器可以经受多次雷电的袭击，受损后可以更换。叶片接闪器要与叶片法兰根部可靠连接，在吊装前应对叶片接闪器与叶片根部引下线做电气导通性试验，确保其电气导通，避免因运输过程中造成叶片内部引下线断开而导致叶片遭雷击后无法导流。

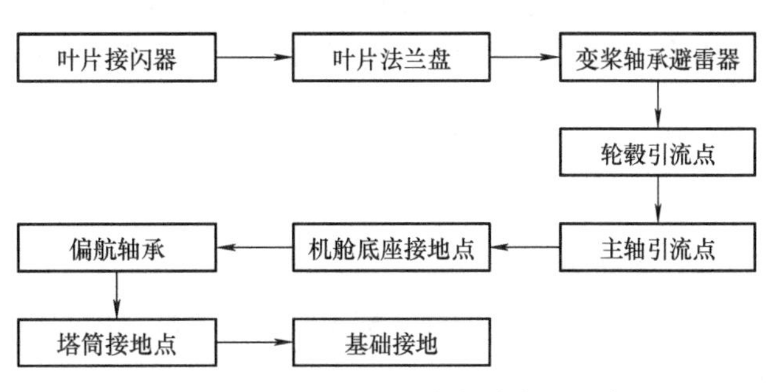

图3-25　风电机组叶片防雷导流通道

二、机舱顶部防雷

机舱顶部安装有风速仪和风向标等装置，为了减少雷击对设备造成损坏，应在机舱顶部的风速仪和风向标支架上设置合适的接闪器（见图3-26）。接闪器的高度一般要求要高于风速仪和风向标，具体间距根据设计要求确定，通过风速仪和风向标的金属支架与机舱内部的金属支架可靠连接，从而形成有效的电气通路。

图3-26　接闪器

接闪器

三、电气系统的防雷

此部分所阐述的电气系统一般是指风电机组内安装的各种类型的电控柜及其相应的弱电信号线路。电气系统的安装位置不同，其处于的雷区也不同，所以要根据其所在的雷区按照相应的防护要求进行合适的浪涌保护器（见图3-27）的安装。

一般情况下，在每个控制柜内都安装有各种类型的浪涌保护器，浪涌保护器的类型根据雷区进行确定。LPZ0A和LPZ0B区内的电气系统一般安装B级浪涌保护器；LPZ1和LPZ2区内的电气系统一般安装C级浪涌保护器；LPZ3区安装D级浪涌保护器。采用两级或两级以上浪涌保护器组成多级防雷系统时，应注意各级浪涌保护器之间的能量配合距离。一般此距离按照如下情况

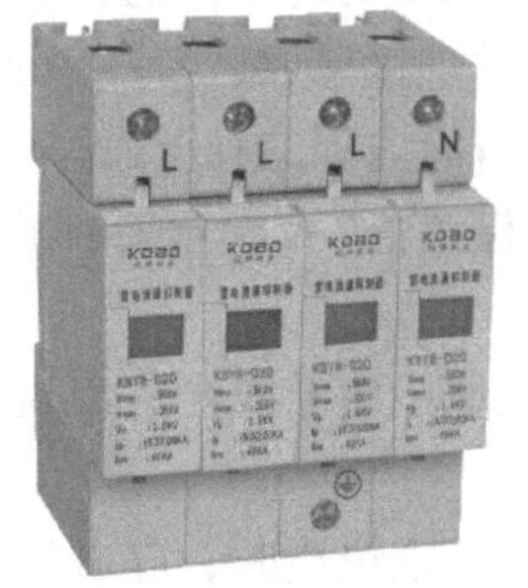

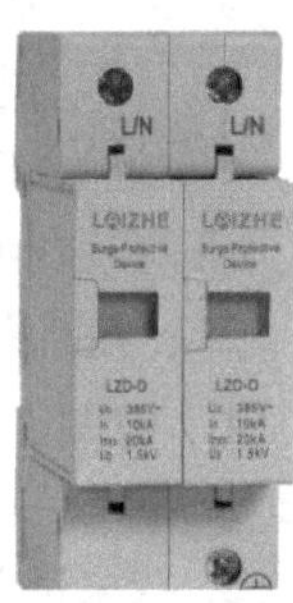

图3-27　浪涌保护器

进行设计：

1）B级开关型浪涌保护器与C级限压型浪涌保护器之间的间距不小于15m。

2）B级限压型浪涌保护器与C级限压型浪涌保护器之间的间距不小于5m。

3）在变桨控制柜等D级防护区域不推荐安装开关型浪涌保护器。

四、接地电阻

风电机组的接地电阻是与平均土壤电阻率ρ有关的，一般要求小于10Ω或小于4Ω。

1）当平均土壤电阻率$\rho \leqslant 3000\Omega \cdot m$时，单机工频接地电阻$R<4\Omega$。

2）当平均土壤电阻率$\rho > 3000\Omega \cdot m$时，因现场地质条件确实无法达到单机工频接地电阻$R<4\Omega$时，可按就近原则，采用多机联合接地的方式降低接地电阻，但联合接地工频接地电阻$R<4\Omega$，特殊条件多机联合接地工频电阻$R<10\Omega$。

思考与练习

一、填空题

1. 电缆标记套上的文字标识必须包含电气控制原理图中电缆的________标识。

2. 用户无特殊要求的情况下，30m以上的电缆的下线公差参考值为________。

3. 线束转弯处应有圆弧过渡，其弯曲半径不能超过其最小弯曲半径，一般控制在其半径的________倍范围内。

4. 根据工艺设计将电缆放到指定的________内，不要随意摆放在外面，避免电缆悬挂、摆动。

5. 常用的扎带有________、________和________等类型，风电机组一般采用________和________这两种类型。

6. 线束外表排线应尽可能成________形，线束的分支和线束处每隔________mm须用扎带束紧。

7. 相同走向电缆应并缆，在与金属接触时要对电缆防护，一般用________防护电缆绝缘层，再用规定的扎线带固定，电缆扎线带间距________mm，70mm²以上的动力电缆选择适合位置绑扎。

8. 在执行高度超过________m的作业时，必须随身携带移动电话，以备在紧急情况下使用。

9. 风电机组偏航电动机的工作电源电压一般为AC________V。

10. 风电机组电缆连接完成后，一般要进行________检测。

11. 通过安装在塔筒内部的梯子攀登塔筒时，两个人之间必须至少相距________m。

12. 控制柜底部设置PG孔的主要目的是________。

二、判断题

1. 风电机组用电缆中的导线允许出现中间接头，只要把接头进行严格对接工艺处理和防护即可。 （ ）

2. 线束穿过金属孔或锐边时，应事先嵌装橡皮衬套或防护性衬垫。 （ ）

3. 旋转部件的电气接线应该固定在旋转部件上。 （ ）

4. 绑扎带断口长度不得超过 3mm，并且位置不得朝向维护面。（　　）

5. 线缆拐弯处不能绑扎带。（　　）

6. 风电机组传感器到 PLC 模块之间的电气接线电缆属于通信电缆。（　　）

7. 风电机组传感器的信号线、DC24V 电源线等一般集中在一根电缆内，通过电缆内线缆颜色进行区分。（　　）

8. 风电机组内电气设备的所有电源电缆、信号传输电缆等一般均需要连接到就近的控制柜内。（　　）

9. 高于地面的工作必须经有高空作业证的人员进行。（　　）

10. 风电机组航空灯的光源强度一般采用高光强。（　　）

11. 塔筒吊装完成，必须把每段塔筒间的接地保护线连接起来，一般是在两段塔筒的连接处各设置一个接地螺栓。（　　）

12. 接线之前，要对发电机进行放电操作，确保发电机内部处于安全接线状态。（　　）

三、简答题

1. 请简述二线制、三线制和四线制 Pt100 好坏的检测方法。

2. 请简述风电机组机舱车间电气安装的主要内容。

3. 请简述风电机组轮毂车间电气安装的主要内容。

4. 请简述风电场现场安装的安全规范。

项目四　风电机组调试的通用准备工作

风电机组车间或现场电气装配完成之后，即可进入车间或现场的电气调试环节。在电气调试开始之前，必须要做好准备工作。风电机组电气调试前除了提供工具、设备以及材料这些比较有针对性的准备工作之外，无论是现场还是车间的电气调试，还必须要做好一些通用的准备工作。

风电机组电气调试通用的准备工作主要包含：安全的准备、调试手册的准备以及调试软件的准备等。下面将一一介绍并有针对性地进行操作练习。

任务一　风电机组调试前的安全准备

学习目标

了解风电机组调试的安全规程。

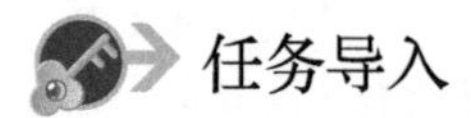

任务导入

风电机组在调试之前必须要把安全工作准备到位，在风电机组调试过程中需要做哪些安全准备工作呢？哪些行为是允许的，哪些又是禁止的呢？车间或现场配置的各种安全装置又该如何使用？在发生紧急情况下又该如何应对呢？在发现成员出现意外时，该如何进行急救呢？请从下面的知识准备环节中一一寻找答案。

知识准备

一、安全总则

1）安全生产最重要的是工作人员在工作时要保持冷静、清醒的头脑，时时刻刻都要有安全作业的意识。

2）每个工作人员都应该经过严格的安全培训，并考试合格。

3）每个人都要有必备的安全生产劳保用品；在现场调试环节中，需要进行攀爬工作时，一定要严格按照安全规范要求：穿戴个人防护用品，系好安全带，正确使用防坠锁和助爬装置。

4）不管是在现场还是在车间进行风电机组调试，必须都要设置明显的标识或者设置围栏，防止不相关人员进入调试区域或误操作对调试人员或设备造成伤害。

5）在风电机组调试的过程中，所有的操作步骤必须严格按照调试手册进行，尤其是现场调试，一定要做好现场配合工作，否则很容易造成人员或设备伤害。

6）在风电机组调试过程中，一定要远离可转动的装置，如变桨轴承、偏航轴承等。

7）在风电机组调试的过程中，坚决杜绝独立一人作业。

8）在车间和现场都应有指定的安全负责人，安全负责人应完成现场相关安全记录，并定期组织与开展安全教育培训、监督检查。

9）在现场工作时，风速过大时不能进入机舱或轮毂工作，一般情况下允许的工作风速如下：

机舱工作时，风速一般要求应不大于15m/s（具体操作限制风速以厂家提供的用户手册为准）；

轮毂工作时，风速一般要求应不大于10m/s（具体操作限制风速以厂家提供的用户手册为准）。

10）在雷雨天气时严禁进入风机内进行作业。

二、个人安全

对风电机组进行装配或调试的工作人员必须均为接受过安全培训合格的人员，否则不能上岗作业。个人上岗前需要参加的培训内容包含了登高培训、急救培训等。

1. 安全基础培训内容

1）如何正确使用安全劳保用品。
2）如何爬梯。
3）在机舱或高空如何工作。
4）急救常识。
5）相关安全作业规范。

2. 个人安全用品保管和使用

每个人必须配备有自己的安全劳保用品，具体包括：
1）安全带。
2）安全头盔。
3）安全绳。
4）防坠锁。
5）绝缘安全鞋。
6）工作服（至少2套以保证换洗，维护员工在现场的企业形象）。

3. 相关劳保用品的配备

1）乳胶手套用于操作液压元件和设备补油，防止油对皮肤和身体的毒害。
2）测电笔（电气工作时使用）。
3）毛线手套（爬梯和机械工作时使用）。

4. 现场基本安全保障

1）现场经理负责现场的生产和安全。
2）一个现场中必须至少有一人经过急救培训，并获得急救资质。
3）每台风机机舱和塔底应配备灭火器。
4）现场应配备急救箱、逃生包。
5）现场安全驾驶原则：车辆必须由专职驾驶人驾驶，风场车速应小于40km/h。
6）现场工具配备齐全，必须是在保养期和校核使用期限内。

7）劳保用品配备齐全，必须是在保养期和校核使用期限内。

三、风机作业的安全行为规范

1）未经批准，严禁进入风电机组调试区域；在现场风机内无调试人员时，要把塔筒门锁好防止外人进入。

2）进入调试区域必须至少有两位工作人员，每人必须携带一部对讲机，对讲机的频率一致，电量充足。

3）风电机组调试过程中会有很多的电气操作过程，在进行电气操作时要求有电工安全作业证的人员进行，并已经接受过相关培训。电工操作必须遵守：断电；验电；工作时确保无人再送电；应使用电工安全工具，如验电笔、绝缘螺钉旋具等以防电伤；断电后不要急于去触摸导电部分，防止余电造成人身危害。

4）在对风电机组进行调试的过程中，发现油污或者排出的油污必须及时清理，防止他人摔倒或导致火灾的发生。风电机组内的爬梯应保持清洁，如出现油污应及时清理；在现场进入风机内工作时，一定要注意坠落和高空坠物的危险。

5）在风机内进行有易燃隐患的工作时（例如焊接、煅烧和打磨），要确保将易燃材料隔离好。工作中和工作后，现场要有拿着灭火器的人监视，直到火灾危险消除。

6）在风电机组调试过程中，禁止浪费各种规格线缆，各规格线缆必须用于正确位置，禁止互换。电缆禁止在地面拖拉，避免造成绝缘皮损伤。

7）攀爬塔架前请先确认自身的安全带和安全绳是否系好，防坠锁是否有效挂扣在滑轨内。在攀爬塔架中工作时，请在解除防坠锁前确保自己的安全绳已经牢固挂靠在爬梯的有效挂靠点。

8）在打开机舱底盖和使用维护吊车之前，必须确认安全带和安全绳是否穿好，安全双钩是否可靠挂在发电机吊耳上。

9）只有吊车操作人员能看见载荷时或者在能看见载荷的人的指导下，才允许其操作吊车。决不要站在悬空的载荷下。

10）在现场对风电机组调试的过程中，需要进入机舱或叶轮内时，必须确保机舱或叶轮均已锁紧。

11）在对风电机组内的液压系统调试过程中，发现问题需要解决时，必须先进行泄压再进行维修。

12）在对风电机组调试的过程中，一定要防止个人物品、工具坠落或掉落到齿轮缝隙内或其他部件内部。

13）在现场调试时，在上风机工作之前，必须要将风机停机，即使工作人员不在转动部件上面或转动部件附近工作时也要停机。这项措施将保证工作人员不会受到不安全因素的影响，防止维护人员没有发现的安全隐患对人员造成伤害。

四、安全装置的使用及安全行为规范

1. 绳索及通信设备

检查风机时，除了个人防护用品（PPE）还要携带下列装备：

1）检查或维修时必须携带逃生包，检查维护时可放在应急出口。

逃生包使用说明：

● 逃生包是一种非常轻便的具有自动控制速度功能的高空下降和救援设备，独特的离心式制动器使下降速度保持恒定，可用于在高空作业时上升或下降，并且当高空作业发生危险，需要迅速逃离时，将逃生包的安全钩挂在安全带上，可以 0.9m/s 的速度平稳快速下降，逃离危险现场。

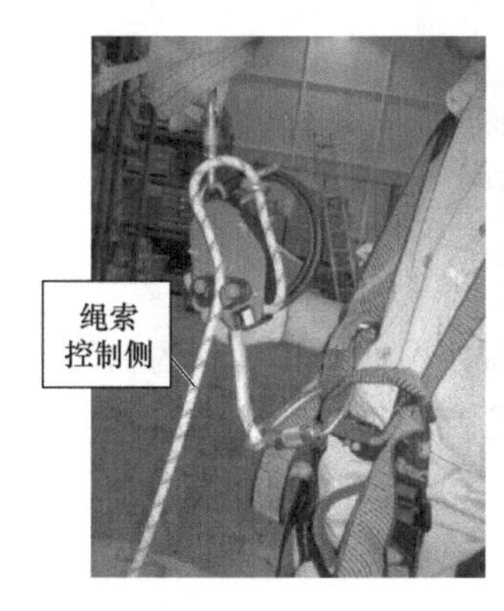

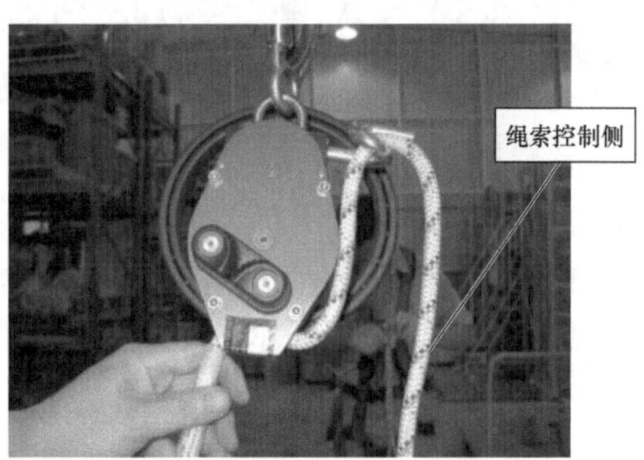

图 4-1　绳索控制侧

● 下降前，将逃生包的安全钩挂在安全带上，控制侧的绳索（见图 4-1）卡在棘轮中，以保证人员安全。

● 人员身体悬空，准备下降时，将控制侧的绳索用力从棘轮中拉出，即可匀速下降。

2）要确保对讲机或其他通信设备能够在风机内与另一个人保持通话联系。

2. 个人防护用品（PPE）

每个进入风机塔架的人必须携带下列个人防护用品（PPE）：

1）如果携带工具，要穿紧身衣和合适的工作服。服装要具有低可燃性，衣料含适量棉质。

2）在寒冷地区，要穿防寒服或抗恶劣天气的服装。

3）工作鞋要防砸、防滑、绝缘。

4）安全帽须有下颌带，应为热固塑料质地的攀登头盔。

5）在臀带处须有攀登保护环的安全背带。

6）系索，需配备 1m 长的减振索、带 50mm 开口的弹簧钩。

7）带下降制动的防坠锁。

8）安全装置每 6 ~ 8 年更换一次。

3. 防坠保护装置

防坠保护装置包括：

1）带绳卡的保护绳索，如图 4-2 所示。

2）安全双钩，如图 4-3 所示。

3）防坠锁，如图 4-4 所示。

4）在达到使用年限后，防坠保护装备都要进行更换（一般 6 ~ 8 年，期间出现损坏应及时更换）。

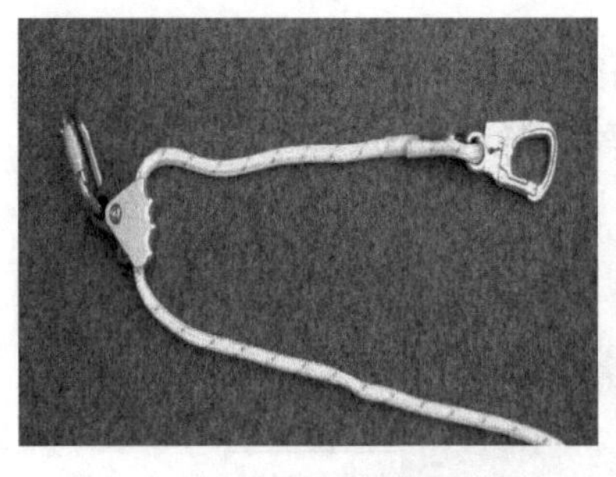

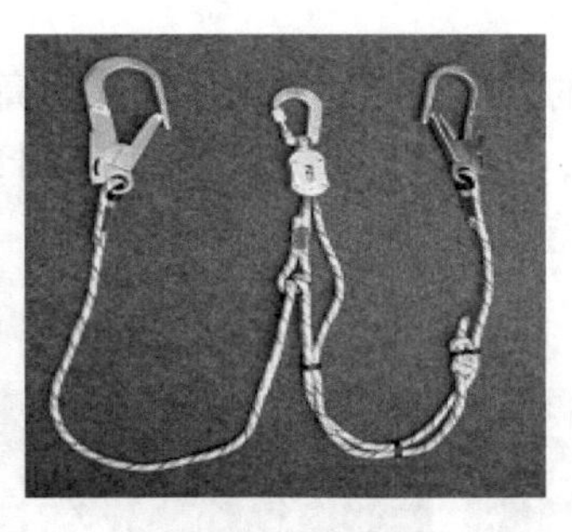

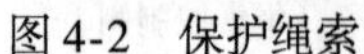
图 4-2 保护绳索　　图 4-3 安全双钩　　图 4-4 防坠锁

4. 防护装置的使用和存放

1）防护装置应挂在阴凉干燥的地方保存，不能与腐蚀性液体和尖利的物体放在一起。

2）如果出现损伤或过期了，不能再使用，要立即更换。

3）工作前的检查：

- 检查是否有损伤。
- 检查是否在使用期内。

5. 佩戴人身安全装置

1）穿好并系紧安全带。

2）调整并正确系紧防坠锁。

3）如有必要需携带安全双钩、可调单钩并正确使用。

6. 佩戴安全帽

1）进入风机区域时，应佩戴安全帽。

2）在风机上工作时或叶片上可能结冰时，在风机周围 100m 范围内都要佩戴安全帽。

3）热固塑料安全帽达到使用年限后需更换。

7. 护耳用具

1）靠近运行的风机、辅机时，或进行有噪声的工作时需佩戴耳罩。

2）噪声达到 85dB（A）时，大多数情况下人会产生耳鸣。

3）如果噪声超过 100dB（A），持续 2h 后，听力将受到伤害。

4）一个电动力矩扳手在塔架内能产生大约 128dB（A）的噪声。使用护耳用具能减少大于 35dB 的噪声（3dB 法则：声音每提高 3dB，对耳朵的伤害会加倍）。

8. 额头灯、安全帽灯

照明（塔架或机舱内）发生故障时，在恶劣的光照环境下，维修人员可以使用额头灯（见图 4-5）或安全帽灯（见图 4-6）进行维修工作。

9. 护目镜

1）在进行钻孔、打磨工作以及在特殊部件（液压站、冷却系统）上工作时，会存在危险隐患，必要时需要戴护目镜，如图 4-7 所示。

2）应使用抗冲击聚碳酸酯眼镜。

3）淡黄色眼镜比较好，但清晰的或淡褐、淡灰色眼镜也可以。

图 4-5　额头灯

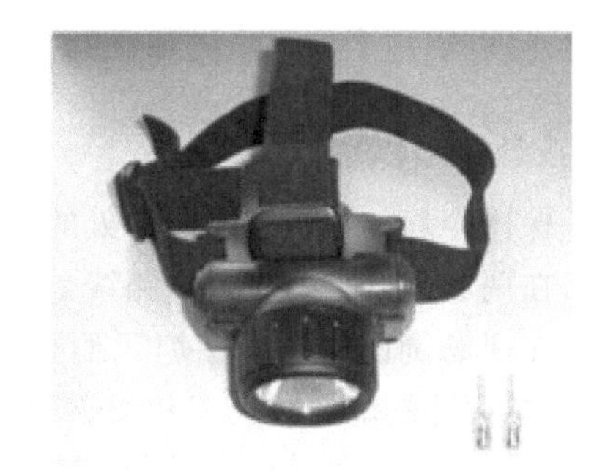

图 4-6　安全帽灯

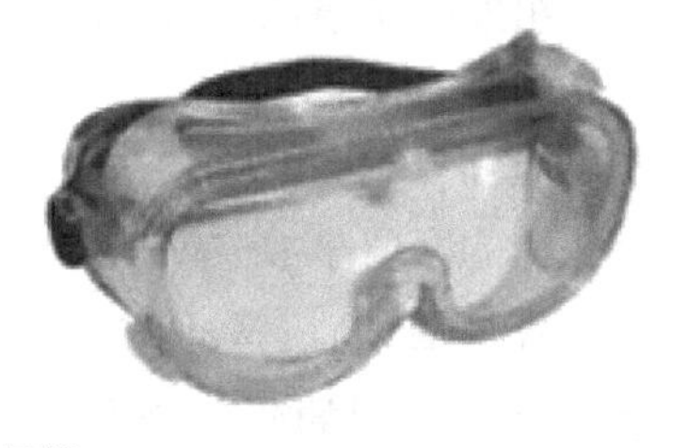

图 4-7　防沙护目镜

10. 工作服

1）整体防火（含棉 360～380g/m^2）。

2）防砸、防滑、绝缘的安全鞋。

3）热绝缘手套。

11. 坠落高度

作用在人体、人身防护装置、双减震器和附着点上的压力估计见表 4-1。

表 4-1　坠落压力估计（假设重量为 100kg）

坠落高度/m	坠落时作用在人体上的力/kg	双减震器减少后的力/kg	减震器延长或滑落长度/mm
0.5	813	377	230
1.0	1260	399	380
1.5	1530	373	700
2.0	1750	367	900
3.0	1807	393	1400
4.0	2203	417	1700

例如：坠落高度 2m，机舱围栏上最大拉力为 1.7t，作用在人身上的力为 400kg。此时，减震器拉开 900mm 或滑过 900mm。

12. 安全双钩

在工作时，需要将安全双钩都挂好，如果进行较大范围的移动，需要摘钩时，应保证始终有一个安全钩处于挂好的状态。

符合 DIN EN 361 要求的安全背带经测试能承受 2200kg 重力（4m 的坠落高度）。

五、紧急情况下的应急措施

1. 应急措施

1）保持冷静，并告知同伴所处的状况。

2）在现场调试时第一逃生路线是塔架内的梯子。

3）在现场调试时，照明熄灭而且应急灯未打开时，不要使用明火（火柴、打火机），否则会增加额外的烧伤、火灾和爆燃的危险。

4）保护好自己，然后帮助受伤或丧失判断力的同伴（在现场的）。

5）呼叫或通知现场负责人，需告知如下信息（紧急呼叫5W法则）：

几号风电机组发生了事故（Where）；

发生了什么（What）；

有几个人受困（Who）；

发生了什么样的紧急事故（Why）；

等待回答（保持通话）（Wait）。

2. 风机上发生火灾时的应急措施

（1）最重要的法则　由经过训练的现场安全负责人统一协调指挥。

（2）烟气绝对不能扩散

1）关闭发生火灾地点的门。

2）离开风机时，关闭所有的出入口，特别是到塔架的通道。

3）警告你的同事。

4）戴上呼吸面具。

用手提式灭火器尽快且尽可能彻底地熄灭火焰（尽量在3min内完成）。3min后，烟气会危及生命。

如果火焰熄灭，要确保尽快通风，将灭火剂的烟和漂浮的烟灰排出去。

（3）当你必须离开风机时　必须通过塔筒内的爬梯进行撤离，在向下撤离的过程中双手要抓紧梯子。

（4）应立即呼叫现场负责人　如公司的现场负责人没有回复，呼叫火警119，并提供如下信息：

1）事故当事人。

2）事故发生地点。

3）事故发生时间。

4）伤亡情况（伤亡程度）。

5）简述缘何伤亡（例如化学伤害请说出化学品名称和剂量，电气伤害请说出电压等级，机械伤害请说出何种硬器致伤）。

6）报警者。

7）如果不能从风机发出火警，一旦离开风机就必须立刻发出火警。

（5）根据安全员指挥，离开风机

1）快速但不要慌张，与现场其他人待在一起。

2）如果能通过塔架离开风机，使用梯子时，应尽量正确使用安全锁。

3）不要用电梯。

4）如果经由紧急出口离开风机，安全员必须帮助现场其他人员和同伴滑下去，然后自己再滑下来。

5）火灾产生的有毒气体，会从机舱上部蔓延至底部，所以要尽量降低高度，逃出机舱，防止有毒气体的毒害。

6）在户外安全的地方（塔架的上风侧）与其他人集合，检查是否人员齐全。

7）向抵达的救援人员指路。

（6）提高自我保护意识　做紧急事件的练习。

3. 雷电时的应急措施

1）打雷时要离开风机。

2）雷电突然距离靠近但是你还在风机内时，要马上寻找掩体：

① 在塔筒内的底部，也是安全的。

② 如果不能及时撤离，应双脚并拢直立站立，防止出现跨步电压，并且不要碰任何东西，直到雷电消失。

4. 叶片上结冰时的应急措施

冬季里，0℃以下冻雨、雪、雾能在很短的时间内，使叶片或风机塔架上形成相当厚的冰层（冰层厚度可达30cm）。叶片上结冰有致命的危险，而且空气动力特性严重恶化。叶片旋转时比静止时更容易结冰。典型情况下，前缘有可能被冰包裹起来。剥落的重达数公斤的冰块能被甩出几百米之外。

此外，冰的重量（可能不平衡）特别是对风机的轴承来说，是额外的负荷；同时，冰会沿塔架壁滑落，也会对人员造成伤害。

所以在遇到结冰天气时，一定要注意以下情况：

1）尽量远离结冰的风机。

2）如果必须进入结冰的风机，从下风处，在塔架的保护下小心地靠近风机。

3）如果塔高50m或60m，冰块会以120km/h的速度滑落。

4）风机周围至少100m内必须要戴安全帽。

六、急救

1. 急救总则

1）如果有伤员需要急救，现场应能及时调用车辆。

2）实施急救及处理小伤口时，使用现场配备的急救包（使用后要及时更换，检查有效期）。

3）第二种逃生方法可采用逃生包，从风机上滑下。

4）急救时要注意以下几点：

① 保护事故现场。

② 照顾好伤者。

③ 通知现场负责人。

④ 遵守安全细则。

2. 利用逃生包下滑时可能造成的损伤

（1）直立性休克　直立性休克的现象如下：

1）恶心、呕吐、意识模糊、恍惚（眩晕）。

2）手脚发麻。

3）耳鸣。

4）眼前闪烁。

5）出汗。

6）心跳加速。

7）头痛。

8）感觉冷。

9）紧张。

（2）救援措施

1）营救之后，让有意识的伤者保持直立下蹲姿势，再移走吊带。

2）一旦受伤的人有反应，应立即要求他活动肌肉（持续紧张，然后松开，特别是脚）。

3）严禁受害者直接躺在地上。

4）如果受害人处于无意识状态，应将其平躺，并松开领口的纽扣，抬起下颌，使其呼吸畅通，等待救援，严禁用背扛等方法搬运伤者，以免引起挫伤。

5）救援人员应用腿靠住受害者身体，这时才能松开吊带。

6）此外，还要留心以下几点：

① 定期监视生命参数。

② 保持呼吸道畅通。

③ 保证体温。

3. 安全汇报

当调试与维护人员进入或离开风机时，应及时向项目负责人汇报。

任务实施与评价

1. 任务实施

“风电机组调试安全操作”任务实施表见表4-2。

表4-2　“风电机组调试安全操作”任务实施表

子任务一名称	个人安全防护用品的穿戴		
小组成员		日期	
任务描述	现提供一套完整的风电机组运维工程师必须配备的个人安全防护用品，包括：工作服、安全帽、绝缘鞋、安全带、防坠绳索，请根据安全规范要求进行穿戴		
任务实施			
任务总结			

（续）

子任务二名称	风电机组安全操作演练		
小组成员		日期	
任务描述	风电场一台风电机组正在低风速运行过程中，现已到此台风电机组的偏航轴承的定期维护与检修时间。作为一名工程师，你跟你的主管已经到达风电机组的底层塔筒平台上，主管要求你对偏航轴承进行维护及维护前的相应操作，请问你在维护前该做哪些工作？并在模拟机上将整个工作流程演示出来		
任务实施	请将工作流程记录下来：		
任务总结			
子任务三名称	风电机组紧急情况下应急措施的演练		
小组成员		日期	
成员分工说明			
任务描述	在低风速状态下，A 和 B 两位工程师准备一起对机组进行维护检修，两位的分工为：A 在塔筒底部平台根据安全操作规程对机组进行安全操作，并且根据 B 的需求指令进行风电机组的其他操作；B 背着工具包到顶部对机组进行维护检修。在 A 已经按照要求对机组进行了停机、断电和叶轮锁紧工作后，B 在机舱内准备穿过发电机通往轮毂的过程中发现叶轮突然开始旋转，A 在塔筒内部对上面的情况还未完全知悉，此时如果你是 B 工程师，下面你该如何操作？并在模拟机上将整个操作流程演示出来		
任务实施	请将工作流程记录下来：		
任务总结			

2. 任务评价

任务评价表见表 4-3。

表 4-3　任务评价表

任务	基本要求	配分	评分细则	评分记录
个人安全防护用品	1. 安全带、安全帽、防坠装置等的穿戴要符合下图 2. 绝缘鞋的要求：绝缘鞋大小要合脚	25 分	一处不符合要求扣 5 分	

（续）

任务	基本要求	配分	评分细则	评分记录
风电机组安全操作演练	操作步骤及方法完全按照标准流程进行	30分	根据遗漏项可能造成的危害程度进行扣分，一处扣5～15分	
风电机组紧急情况下应急措施的演练	紧急情况的处理严格按照标准要求进行	45分	查看其步骤是否正确，漏做或错误操作，每处扣5分	
			描述是否清晰，不够清晰一处扣5分	
			措施是否恰当，一处不当扣8分	

任务二　风电机组调试手册的准备

学习目标

1. 了解调试手册的分类。
2. 了解车间调试手册的主要内容。
3. 了解现场调试手册的主要内容。
4. 能够制作一份完整的简易的调试手册。

任务导入

现有一新型机组，其电气系统已经设计完成，作为电气工程师需要编制一套完整的风电机组调试手册，包括车间调试手册和现场调试手册，请根据如下知识准备环节完成此任务。

知识准备

风电机组车间调试手册是风电机组车间调试的基本规程，在调试手册中会要求调试人员对被调试对象的基本信息进行统计，同时说明调试前的准备与检查工作，并对调试步骤、操作方法等进行简要的描述。

调试人员要根据调试手册的要求逐步进行排查、准备、调试、记录，同时对调试过程中遇到的问题进行排除。

一、调试手册的分类

风电机组调试手册分为车间调试手册和现场调试手册两种。

同一类型的风电机组的车间调试手册一般有三份，分别为：

- ××公司××机型主控柜调试手册；
- ××公司××机型机舱系统调试手册；
- ××公司××机型轮毂系统调试手册。

同一类型的风电机组的现场调试手册一般有一份。

在风电机组相应部分调试之前，必须把正确的调试手册准备到位。拿到调试手册后，先对调试手册的内容进行查阅，熟悉基本的调试流程，再对机组进行调试。

二、风电机组车间调试手册的制作

不同制造商不同类型的风电机组，其在功能方面均有部分差别，所以在调试手册制作之前必须要熟悉风电机组电气控制系统的结构组成及其主要功能（此部分内容可参考项目一中的控制系统讲解部分），也必须参加过且熟悉风电机组调试任务。

同时，不同制造商根据工作习惯不同对调试手册的内容编排格式要求也不同。因此，本部分仅以其中一种常见的模式为例说明调试手册的内容编排基本要求，作为调试手册制作的参考。

调试手册在制作的过程中要遵循如下原则：

- 调试手册中要体现出机组的类型及其与调试相关的直接信息点；
- 调试步骤描述要简洁、切合实际；
- 调试内容要涵盖到调试过程中所有需要调试的功能；
- 调试手册的每一页要合理布局。

下面以主控系统车间调试手册为例进行调试手册的编写说明。

（第一页：封皮）

文件编号：

（……………………………………………空格……………………………………………）

××风力发电机组

主控系统调试手册

（……………………………………………空格……………………………………………）

公司名称

年　　月

（第二页：正文开始）

××公司××机型风电机组主控系统调试手册

（第一部分：阐明此手册的适用范围及调试安全等）

（例如）此调试手册适用于××公司××机型的主控系统的调试，其他机型的调试请参考相应机型的调试手册。调试过程中请严格按照调试手册的安全及调试要求进行。未按照规范要求进行调试造成的设备损坏需要相关人员自行负责。

（第二部分：主控系统基本信息统计，不局限于以下内容）

主控柜型号：__________　　　　主控柜生产序列号：________

主控柜供应商：________　　　　调试日期：________

（第三部分：调试前的相关准备工作，可以采用表格或文字描述等方式）

（1）调试人员的基本要求；

（2）设备安全须知；

（3）工具、导线、通信连接线的准备；

（4）资料准备；

（5）软件准备；

(6) 电源准备;
(7) 通信配置;
(8) 主控柜外观及安装检查;
(9) 主控柜内元件状态、安全保护定值的检查与调整等;
(10) 车间调试过程中电气线路的临时调整、临时传感器的安装、短接线的连接。
(第四部分:主控系统的调试步骤及内容)

测试步骤	测试内容	结果记录
项目 01	电源 AC400V	
A 主控柜送电接线	将 AC400V 电源的 L1 \ L2 \ L3 \ N \ PE 分别接到主控柜内的主断路器的 L1 \ L2 \ L3 \ N \ PE 上 将 AC400V 电源的另外一头插到车间内供调试用的专用电源装置上 注:确保专用电源装置的断路器处于断开状态再进行连接	□ □
B 配电系统检测	闭合调试专用电源上的断路器 用万用表检测线电压以及相电压: L1 - L2 L2 - L3 L3 - L1 L2 - N	□ AC ______V AC ______V AC ______V AC ______V
C 主控柜送电检测	测试主控柜端的供电电源的相序是否为正相序;若不是正相序,请进行改正 测试主控柜端的供电电源的线电压以及相电压: L1 - L2 L2 - L3 L3 - L1 L2 - N 注:只有此部分测试合格后,才能进行后续测试	□ AC ______V AC ______V AC ______V AC ______V
……	……	……
项目 02	控制柜辅助装置	
A 控制柜照明	闭合×× (注:××代表的是控制柜照明系统的供电开关在风电机组主控柜电气接线图上的电气标号,如 13F2;以下无特殊说明,××均代表此含义)	□
	查看照明灯是否点亮	□
	查看照明灯是否可以实现以下功能:柜门打开而点亮,柜门关闭而熄灭 检测照明灯上的 AC230V 电源插座是否可以使用	□ □

（续）

测试步骤	测试内容	结果记录
B 控制柜冷却	闭合××	□
	调整控制柜内蓝色调温器××上的温度设定值低于室温 查看冷却风扇××是否起动	□ □
	将蓝色调温器上的温度设定值重新调整为25℃	□
	关断××	
C 控制柜加热		
……	……	……
项目 N	……	……
……	……	……

（第五部分：测试结束）

步骤	操作说明	记录
1	将现场调试版本的主控应用程序下载到 CPU 内	□
2	断开主控柜内的所有开关	
3	拆除柜内的所有短接线	□
4	断开全部测试电缆，拆除主控柜供电电源端的电缆，并将保护装置安装到位	□
5	确保柜内所有元件、设备等的工艺符合要求	□
6	柜内所有的废物应清除，所有的配接线都牢靠地接在接线端子上，关上控制柜门并附上柜门钥匙	□
……	……	……

除了上述内容之外，还需要在调试手册的合适位置添加编写、校核、审批等栏目，并且建议在每一页的页脚位置添加测试人签名栏，确保每个部件的调试可以落实到相关责任人。

至此，一份调试手册基本构架已经完成，培训合格的专业人员即可根据调试手册对机组的主控系统进行调试。

三、风电机组现场调试手册的制作

风电机组现场调试手册要包含封皮（见图4-8）、目录、前言（见图4-9）和正文（见图4-10），在制作之前电气工程师必须要熟悉风电场现场的安全规范、调试条件以及调试步骤等。

××公司风力发电机组
现场调试手册

版本

编写

校对

审核

校准

××公司
日期

图4-8　风电机组现场调试手册封皮

任务实施与评价

1. 任务实施

“风电机组主控柜车间调试手册制作”任务实施表见表4-4。

前 言

本文件用于指导××公司××机型风力发电机组现场整机联调。

本文件的附录说明。
本文件由××公司提出并归口。
本文件起草单位：××公司××部门
本文件主要起草人：×××
本文件代替文件的历次版本发布情况为：替代旧版本或者第一个版本说明
本文件批准人：×××

图 4-9 风电机组现场调试手册的前言部分

××公司××类型风力发电机组现场调试手册

(可添加备注信息)

1. 范围

本手册规定了××公司××类型风力发电机组整机调试要求。

本手册适用于××公司××类型现场整机调试。

2. 调试条件

调试必须具备的条件分项列举出来，如：接地、吊装工艺符合要求、电气装配完成且符合工艺要求、箱变低压侧电源电压满足要求等。

3. 调试步骤

可以以表格(可参考车间调试手册的表格)的形式列出来，也可以以文字叙述的方式分步骤进行描述。

4. 附录部分(可选)

根据制作需求看看是否需要添加附录。

图 4-10 风电机组现场调试手册正文部分

表 4-4 “风电机组主控柜车间调试手册制作”任务实施表

<table>
<tr><td>子任务一名称</td><td colspan="3">风电机组主控柜车间调试手册的制作</td></tr>
<tr><td>小组成员</td><td></td><td>日期</td><td></td></tr>
<tr><td>任务描述</td><td colspan="3">某风机制造商新开发了一种2MW直驱机型，作为风电机组主控柜的设计与调试人员，需要编制一份主控柜的车间调试手册，用于电气调试人员对此种机型的主控柜进行批量调试使用
调试手册要包含：
（1）封皮：调试手册名称、编号、版本号、编写、校对、审核、批准等
（2）主控柜基本信息记录：制造商、出厂序列号、控制柜编号等
（3）主控柜调试前的准备工作：工具、资料、安全、检查、保护参数校正、接线等
（4）主控柜调试步骤、方法及结果记录表
以合理的顺序设计调试步骤，每一步骤的测试方法及内容以简要的文字直观地描述，并预留用于记录每一步调试现象或结果的空间
此任务要求编写者必须熟悉风电机组主控柜的结构组成及功能，了解风电机组控制系统的功能，并对电气元件的选型具有一定的认知</td></tr>
</table>

（续）

任务实施	说明： 1. 调试手册的制作可以参考本任务“知识准备”部分所阐述的相关内容，也可以参考项目一中任务二查询到的相关资料 2. 本调试手册须提交电子档
任务总结	

2. 任务评价

任务评价表见表4-5。

表4-5　任务评价表

任务	基本要求	配分	评分细则	评分记录
封皮设计	封皮至少要包含调试手册的名称、编号、版本号、编写、校对、审核、批准	15分	缺少一处关键信息扣2分	
主控柜基本信息设计	主控柜的基本信息至少要包含制造商、出厂序列号、控制柜编号等内容	10分	缺少一处关键信息扣2分	
主控柜调试前的准备工作的描述	调试前的准备工作至少要包含工具、资料、安全、检查、保护参数校正、接线的准备	15分	发现违规操作，视情节严重程度扣5～15分不等	
主控柜调试步骤、方法及结果记录表的设计	此表必须要写明主控柜的调试步骤、调试内容、操作方法及注意事项，并对每一项调试内容设计记录项	60分	步骤不合理，一处扣5分 调试内容或方法不明确，一处扣5分 未设计记录，一处扣5分	

任务三　风电机组调试软件的准备

学习目标

1. 了解风电机组调试软件的功能。
2. 掌握风电机组调试软件与主控单元的通信模式。
3. 了解风电机组调试软件的基本操作内容及注意事项。

任务导入

已知一台机组的机械装配以及电气装配全部完成，在运往风电场之前需要对塔基控制柜、机舱控制系统以及叶轮控制系统进行车间调试。若要进行偏航控制或变桨控制功能的调试，需要利用什么来操作偏航或变桨的起动/停止呢？通过什么来观察偏航角度以及变桨角度呢？如何确定机组的功能是否符合控制要求呢？怎么查看在调试过程中触发的事件呢？这一系列的问题都可以通过一个软件来实现，那就是风电机组调试软件。下面阐述的是风电机组调试软件的功能、通信配置及连接方式等。

知识准备

不同制造商的风电机组调试软件是不同的，所以在实际应用方面存在很大的差别。为了让学习者对调试软件有一个基本的认知，本任务所阐述的内容为调试软件的通用内容，比如调试软件的功能、调试软件与主控单元的通信方式以及调试软件的操作等。

一、风电机组调试软件的功能

有的整机制造商将调试软件分为现场版本和车间版本，也有的是现场和车间都采用一个调试软件，但是在使用前需要将调试软件配置成现场或车间调试模式。无论采用何种方式开发调试软件，其功能都是类似的。

风电机组调试软件（见图4-11）的功能如下：

（1）风电机组状态监视　通过调试软件查看风电机组目前所处的状态，这个一般是现场需要使用的一种功能。车间调试是分成子系统进行调试，未组成整机模式进行调试，所以不需要查看整机的状态。

通过此功能，可以了解机组目前状态切换之间的主要条件，也即风电机组未切换到下一

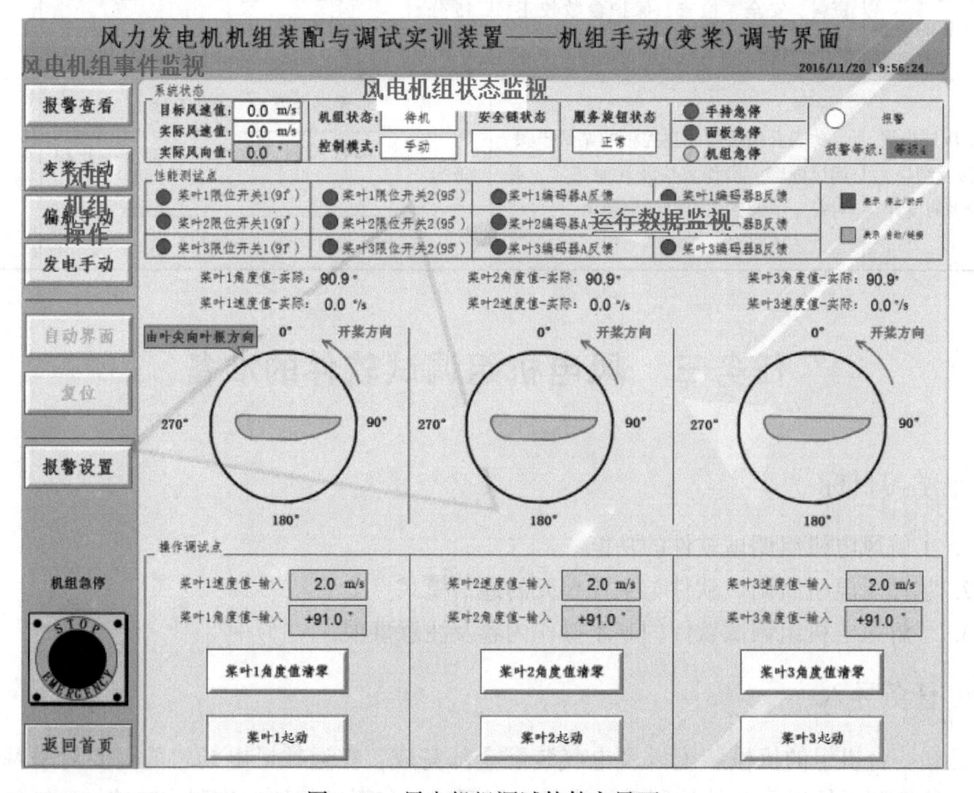

图4-11　风电机组调试软件主界面

个状态的原因是什么。

（2）风电机组控制功能　通过调试软件可以起动、停止和复位风电机组，或者将机组的操作模式切换为本地操作模式，这也是现场需要使用的一种功能。通过此功能，调试人员可以在本地或风电场的中央监控室内通过此软件起/停风电机组或对机组的事件进行复位。

（3）风电机组运行数据监测　通过调试软件可以查看风电机组运行过程中机组输出的功率、变桨角度、偏航角度及方向等，有助于工程师对风电机组的状态进行综合判别，这也是现场需要使用的一种功能。

（4）风电机组气象站数据观测　通过调试软件可以查看风速、风向以及外界温度，了解自然环境的状态，综合判别机组的状态是否正常。

（5）风电机组事件监视　通过调试软件可以查看风电机组目前触发的事件，包括故障、警告和信息类事件。

（6）风电机组统计参数　风电机组的统计参数一般包含日/月/年的发电量及可利用率，这个功能一般是在风电机组运行起来之后对机组性能评估的参考数据。

（7）风电机组机舱控制系统调试　风电机组机舱控制系统的调试主要是针对偏航、液压制动以及润滑等其他偏航辅助控制功能。

一般在机舱控制柜柜门上装有手动偏航控制操作旋钮，通过这些旋钮可以实现偏航手动控制功能的调试。所有子系统的自动控制功能的调试全部要通过调试软件来实现。

（8）风电机组叶轮控制系统调试　风电机组叶轮控制系统的调试主要是针对正常变桨、紧急变桨、后备电源以及润滑等其他变桨辅助控制功能。不管是手动变桨还是自动变桨功能的调试，最好的方式均是通过调试软件进行调试。

（9）风电机组发电机系统的调试　发电机的温度监视、冷却控制功能的调试全部通过调试软件来进行。

（10）风电机组变流器系统的调试　风电机组变流器的分闸、合闸、温度监控以及冷却控制等功能全部需要通过调试软件进行调试。

二、风电机组调试软件的通信

风电机组调试软件上述功能有效的前提条件就是调试软件必须与机组建立通信，确保调试软件可以从风电机组主控单元内读取到数据，也可以将控制指令送到风电机组的主控单元内。

目前市场上大部分整机制造商的调试软件与风电机组主控单元的通信协议采用的是TCP/IP协议，也即开发调试软件时通信接口按照TCP/IP协议进行编程或组态。使用者使用调试软件的操作步骤如下：

1）将调试软件复制到或安装在台式PC或笔记本式计算机内的合适位置。

2）配置台式PC或笔记本式计算机的IP、子网掩码，使其与风电机组主控单元在同一网段内。

3）台式PC或笔记本式计算机通过一根网线连接到主控单元的网口上。

4）通过执行台式PC或笔记本式计算机上的“开始”→“运行”→“cmd”指令→“ping＋主控单元CPU地址”，若界面上显示图4-12所示类型的返回消息，则表示调试软件与主控单元的通信已经正确连接；若界面上显示图4-13所示类型的返回消息，则表示调试软件与主控单元的通信未能正确连接，此时需要检查：网线及其连接是否可靠；台式PC或笔记本式计算机的 IP 等的配置是否正确；主控单元的 IP 等是否配置正确；主控单元的网口是否被破坏。

```
正在 Ping 192.168.0.100 具有 32 字节的数据:
来自 192.168.0.100 的回复: 字节=32 时间=4ms TTL=64
来自 192.168.0.100 的回复: 字节=32 时间=4ms TTL=64
来自 192.168.0.100 的回复: 字节=32 时间=3ms TTL=64
```

图 4-12 ping 通状态参考

```
正在 Ping 192.168.10.1 具有 32 字节的数据:
请求超时。
```

图 4-13 未 ping 通状态参考

三、风电机组调试软件使用时的注意事项

1）在对风电机组调试或日常的维护检修过程中，在风电机组内部要将“本地/远程”的操作旋钮拨至本地状态，调试软件方可使用。

2）在调试过程中，风电机组调试软件的操作要完全按照调试手册的要求进行，严禁随意操作，尤其是未经允许的情况下：不能起动、停止风电机组；不能对风电机组进行偏航、变桨等操作；严禁对变流器进行合闸、分闸等手动操作。

3）在风电机组检修与维护过程中，未经协商一致不能随意起动、停止风电机组，也不能对风电机组进行偏航、变桨等操作。

4）通过调试软件观察到故障类事件触发时，初次复位故障无法消除的情况下，严禁再频繁地对故障进行复位操作，此时必须要对故障进行排查、制定解决方案并进行处理，确定处理完成再对故障进行复位。故障频繁触发时，一定要及时上报并记录，集合力量找出问题的根源并最终解决问题。

5）通过调试软件观测到异常点但是机组并未触发报警机制时，此时必须要停机进行检查。

6）在调试过程中，发现调试软件突然无法正常操作时，关闭调试软件并重新启动，严禁通过采用起动或停止风电机组的方式去验证调试软件是否可用。

7）调试软件的操作权限若未经允许，登录信息不得外传。

8）调试软件的版本与机组类型要匹配，确保调试软件上显示的机组型号等相关内容与所调机组匹配。

任务实施与评价

1. 任务实施

“风电机组调试软件应用与开发”任务实施表见表 4-6。

表 4-6 “风电机组调试软件应用与开发”任务实施表

<table>
<tr><td>子任务一名称</td><td colspan="3">调试软件的使用</td></tr>
<tr><td>小组成员</td><td></td><td>日期</td><td></td></tr>
<tr><td>任务描述</td><td colspan="3">一台 2MW 的风电机组，其调试软件已经正常运行在风电机组塔基控制柜柜门的触摸屏内，请根据调试软件显示的内容统计如下信息：
（1）风电机组正在触发的故障类型和警告类事件
（2）风电机组所处环境的风速、风向、外界温度
（3）机组目前的变桨角度、偏航角度及方向、扭缆角度、液压系统压力值
（4）发电机定子温度、气隙温度以及主轴承温度</td></tr>
</table>

（续）

<table>
<tr><td>任务实施</td><td>
风电机组操作及参数记录表
<table>
<tr><td colspan="4">风电机组事件记录</td></tr>
<tr><td>序号</td><td>事件号</td><td>事件描述</td><td>事件触发时间</td></tr>
<tr><td>1</td><td></td><td></td><td></td></tr>
<tr><td>2</td><td></td><td></td><td></td></tr>
<tr><td>3</td><td></td><td></td><td></td></tr>
<tr><td>4</td><td></td><td></td><td></td></tr>
<tr><td>5</td><td></td><td></td><td></td></tr>
<tr><td>6</td><td></td><td></td><td></td></tr>
<tr><td>7</td><td></td><td></td><td></td></tr>
<tr><td>8</td><td></td><td></td><td></td></tr>
<tr><td>9</td><td></td><td></td><td></td></tr>
<tr><td>10</td><td></td><td></td><td></td></tr>
</table>
<table>
<tr><td colspan="4">风电机组监视参数记录</td></tr>
<tr><td>参数名称</td><td>数值或状态</td><td>参数名称</td><td>数值或状态</td></tr>
<tr><td>风速</td><td></td><td>环境温度</td><td></td></tr>
<tr><td>风向</td><td></td><td>变桨角度1</td><td></td></tr>
<tr><td>偏航角度</td><td></td><td>发电机定子温度1</td><td></td></tr>
<tr><td>扭缆角度</td><td></td><td>气隙温度</td><td></td></tr>
<tr><td>液压制动压力</td><td></td><td>主轴温度</td><td></td></tr>
</table>
</td></tr>
<tr><td>任务总结</td><td></td></tr>
<tr><td>子任务二名称</td><td>调试软件的开发</td></tr>
<tr><td>小组成员</td><td>　　　　　　　日期　　　　　</td></tr>
<tr><td>任务描述</td><td>
选择一个合适的组态软件，开发一个简易的风电机组调试软件，具体要求如下：
1）通过此软件可以实现以下功能：查看风电机组运行状态；起动或停止风电机组；查看风电机组的变桨角度和扭缆角度；查看液压系统的压力
2）开发完成之后，将调试软件与PLC主控单元（推荐西门子300系列）建立通信
3）对调试软件的功能进行测试，确保可以达到预期效果
4）对调试软件进行美化，使其美观性和可操控性符合审美要求
</td></tr>
<tr><td>任务实施</td><td>
1. 选择合适的组态开发软件：____________
2. 调试软件开发思路：________________________________
____
____
____
3. 调试软件开发、调试、修改、再调试、演示
</td></tr>
<tr><td>任务总结</td><td></td></tr>
</table>

2. 任务评价

任务评价表见表4-7。

表4-7 任务评价表

任务	基本要求	配分	评分细则	评分记录
调试软件的使用	按照要求记录相关数据	20分	漏记一处扣2分	
调试软件的开发	开发出来的调试软件功能要满足上述要求	50分	界面上少一个功能，扣5分	
			无法与主控建立通信，扣10分	
			无法从主控获取数据或无法将数据发送给主控，一处扣5分	
软件操作规范	按照知识准备环节中的要求操作调试软件	15分	发现违规操作，视情节严重程度扣5~15分不等	
6S及安全规范	符合6S规范要求	15分	一处不合格，扣2分	
	个人防护用品的穿戴符合要求		穿戴不合格，一处扣2分	

思考与练习

一、判断题

1. 风电机组电气调试人员在上岗前必须接受过专业培训，培训合格后即可单独进行风电机组的调试工作。 （ ）

2. 在现场进行调试时，因为地域空旷无非工作人员随意出入，所以在现场可以降低安全规范要求，在指挥人员未说明要设置标识或围栏时，即无须进行标识或围栏的设置。 （ ）

3. 风电机组内任何可转动的设备，不管其转速高或者低，在其转动过程中都严禁用手触碰或者倚靠转动设备。 （ ）

4. 因为机组顶部、内部以及叶片等都进行了可靠的避雷系统设计，在机组防雷系统全部安装完成且合格的情况下，在雷雨天气也可以进行登高作业。 （ ）

5. 进入调试区域的至少两位工作人员，必须每人携带一部对讲机，对讲机的频率要一致、电量要充足。 （ ）

6. 在对风电机组内的液压系统调试过程中，发现问题需要解决时，必须先进行泄压再进行维修。 （ ）

7. 在对风电机组操作过程中，如果发现机组即将遭受雷击，不管你现在身处什么位置，都必须立即离开风电机组到外界的空旷地带。 （ ）

8. 一般情况下，通过调试软件可以对风电机组进行起动和停止等操作。（　　）

9. 当两个人同时在风电机组内工作时，只要对方不在危险区域工作，为了不打扰对方的工作，即可以不用通过对讲机告知下一步风电机组的操作内容。（　　）

10. 调试手册是一个参考文本，在风电机组调试过程中，为了确保调试的进度，可以根据自己的思维逻辑对风电机组进行调试。（　　）

二、填空题

1. 个人防护用防坠装置一般包含________、________和________。

2. 当外界噪声达到________dB（A）时，大多数情况下人会产生耳鸣；如果噪声超过100dB（A），持续________小时后，人的听力将受到伤害；一个电动力矩扳手在塔架内能产生大约________dB（A）的噪声。使用护耳用具能减少大于________dB的噪声（3dB法则：声音每提高3dB，对耳朵的伤害会加倍）。

3. 紧急呼叫的5W法则指的是________、________、________、________和________。

4. 风电机组发生火灾时的应急措施中最重要的法则是________。

5. 一般情况下，风电机组车间调试手册可以分为________、________和________。

6. 风电机组调试软件的主要功能包括________、________、________和________等。

三、简答题

1. 请简述风电机组发生火灾时的应急措施。

2. 请简述当在风电机组内部工作突然遭受雷雨天气时的应急措施。

3. 请简述风电机组调试手册应包含的基本信息与内容。

4. 现有一台风电机组需要调试，已知调试软件与风电机组主控制器采用TCP/IP协议进行通信，调试软件已经正确安装到调试用笔记本式计算机上，请简述如何接线与设置才能保证调试软件可以从风电机组的主控制器获取风电机组的运行数据。

5. 请简述风电机组调试软件使用时的注意事项。

项目五　风电机组车间调试

风电机组调试的任务是检验各子系统控制功能及整体运行功能是否满足控制要求，从而保证机组安全、长期、稳定、高效率地运行。

风电机组的调试必须遵守各系统的安全要求，特别是关于高压电器的安全要求及整机的安全要求，必须遵守风电机组调试、风电场运行手册中关于安全的所有要求，否则会有人身安全危险及风机的安全危险。

调试必须由通过培训合格的专业人员进行。专业人员是指基于其接受的技术培训、知识和经验以及对有关规定的了解，能够完成交给他的工作并能意识到可能发生的危险的人员。

风电机组的调试分为车间调试和现场调试，此项目主要阐述风电机组的车间调试，在项目六中将对风电机组的现场调试进行说明。

风电机组车间调试是风电机组车间总装完成之后必须进行的一个重要环节。在车间调试过程中，会尽可能地模拟风电场现场的情况，检验机组设计及车间总装过程中是否存在问题并进行解决，同时检验机组的各组成部件是否可以按照设计要求协调一致地工作。

风电机组的发电机及变流器的车间调试一般由生产商直接在自己公司进行测试。风电机组主控系统、机舱系统和叶轮系统的调试由整机厂完成，这部分调试也是本项目着重讲解的内容。

风电机组每一部分的调试规程都要按照调试手册进行，调试手册的主要内容是根据风电机组电气接线图、风电机组控制功能等进行确定的，所以在编写调试手册之前必须要熟悉风电机组这两部分。

任务一　风电机组车间调试前的准备

学习目标

1. 了解车间调试前的准备内容。
2. 了解车间调试的安全要求。
3. 了解车间调试需要准备的工具及材料。

任务导入

除了项目四中介绍的风电机组调试前的通用准备工作之外，针对风电机组车间调试还有什么准备工作需要做的吗？为了让车间调试可以顺利进行，在调试之前必须要把准备工作具体化，譬如：如何送电，准备什么工具，需要什么资料，需要准备什么应用程序等。下面即将更加具体地阐述针对风电机组车间调试还需要做的准备事宜。

知识准备

本部分内容阐述的调试前的准备工作是整个车间调试前通用的准备内容。在对每一部分进行单独调试时，对其需要特别说明的部分再进行个别阐述。

一、风电机组车间调试的电源准备

风电机组车间调试所需要的电源在供配电系统中属于低压电，故其设计要满足IEC关于低压供配电系统设计的相关要求。

通常工程用电或车间用电系统一般称之为三相三线（AC380V）和三相四线（AC380/220V）等，这样的称呼在IEC标准里都有对应的学术名词。根据低压配电系统的接地方式不同，IEC标准里将低压配电系统分为：TT系统、TN系统和IT系统；TN系统又分为TC－C、TN－S、TN－C－S。这些低压配电系统中字母的含义见表5-1。

表5-1　低压配电系统分类字母的含义

字母序号	字母名称	说　明
第一字母（配电网）	T	一点接地：配电网直接接地
	I	所有带电部分与地绝缘（不接地），或一点经阻抗接地
第二字母（电气设备）	T	外漏的可导电部分对地直接电气连接（设备外壳），与电力系统的任何接地点无关
	N	外漏的可导电部分与电力系统的接地点直接电气连接
第三字母	S	中性线和保护线是分开的
	C	中性线和保护线是合一的（PEN线）

1. 低压配电的基本方式

（1）IT系统　IT系统即日常所说的三线三相电源系统，其电源侧不接地或经高阻抗接地，电气外漏可导电部分可直接接地或通过保护线接到电源的接地体上，也是一种接地保护，如图5-1所示。

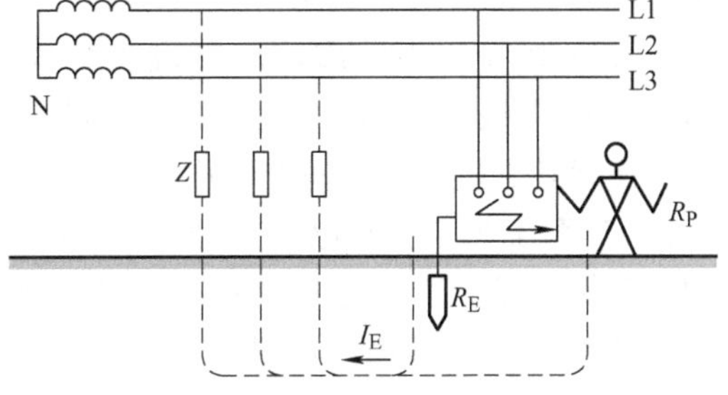

图5-1　IT系统接地示意图

保护接地的做法是将电气设备在故障情况下可能呈现危险电压的金属部位经接地线、接地体同大地紧密地连接起来。在380V不接地低压系统中，一般要求保护接地电阻$R_E \leqslant 4\Omega$。

IT方式供电系统在供电距离不是很长时，供电的可靠性高、安全性好。一般用于不允许停电的场所，或者是要求严格地连续供电的地方，例如连续生产装置、大医院的手术室、地下矿井等处。地下矿井内供电条件比较差，电缆易受潮。运用IT方式供电系统，即使电源中性点不接地，一旦设备漏电，单相对地漏电流仍较小，不会破坏电源电压的平衡，所以比电源中性点接地的系统还安全。

（2）TT系统　TT供电系统即日常所说的三线四线电源系统，其电气设备的金属外壳直接接地进行保护，这种保护系统称为保护接地系统，如图 5-2 所示。

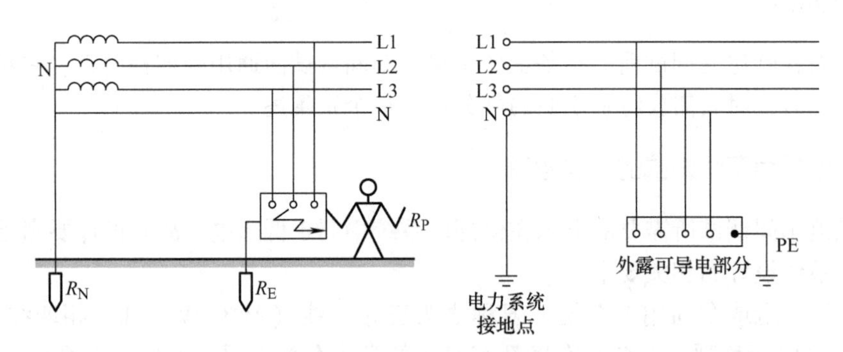

图 5-2 TT 系统接地示意图

TT 系统配电线路内由同一接地故障保护电路的外漏可导电部分，应用 PE 线连接，并应接至公用的接地极上。当有多级保护时，各级宜有各自独立的接地极。TT 低压配电系统的特点如下：

1）当电气设备的金属外壳带电（相线碰壳或设备绝缘损坏而漏电）时，由于有接地保护，可以大大减少触电的危险性。但是，低压断路器不一定能跳闸，造成漏电设备的外壳对地电压高于安全电压，属于危险电压。

2）当漏电电流比较小时，即使有熔断器也不一定能熔断，所以还需要剩余电流断路器作保护，因此 TT 系统不宜在 380/220V 供电系统中应用。

3）TT 系统接地装置耗用钢材多，而且难以回收、费工时、费料。

TT 系统中，中性点的接地电阻 R_N 叫作工作接地，中性点引出的导线叫作中性线（也叫作工作零线）。TT 系统的接地电阻 R_E 也能大幅度降低漏电设备上的故障电压，但一般不能降低到安全范围以内。因此，采用 TT 系统必须装设漏电保护装置或过电流保护装置，并优先采用前者。TT 系统主要用于低压用户，即用于未装备配电变压器，从外面引进低压电源的小型用户。

（3）TN 系统　TN 系统又称作保护接零，也即日常所说的三相五线电源系统，接地设计如图 5-3 所示。TN 系统中，当故障使电气设备金属外壳带电时，形成相线和零线短路，回路电阻小，电流大，能使熔丝迅速熔断或保护装置动作切断电源。

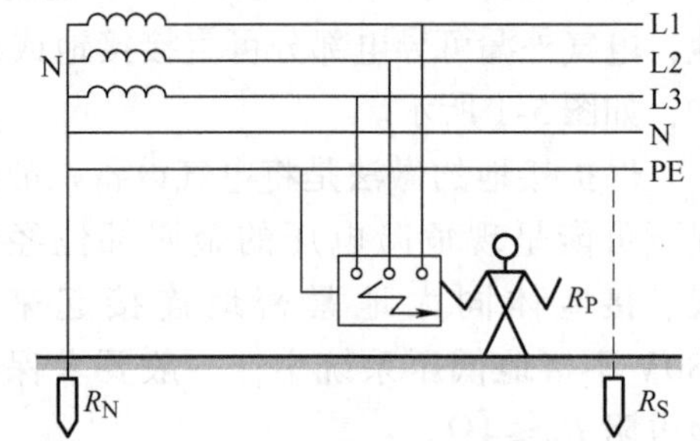

图 5-3 TN 系统保护接零示意图

在 TN 系统中，所有电气设备的外露可导电部分均接到保护线上，并与电源的接地点相连，这个接地点通常是配电系统的中性点。TN 系统的特点如下：

- 当故障使电气设备金属外壳带电时，形成相线和零线短路，回路电阻小，电流大，能使熔丝迅速熔断或使保护装置动作切断电源。
- 保护接零用于用户装有配电变压器的，且其低压中性点直接接地的 220/380V 三相四线配电网。
- TN 系统节省材料、工时，在我国和其他许多国家得到广泛应用，可见比 TT 系统优点多。在 TN 方式供电系统中，根据其保护零线是否与工作零线分开而划分为 TN－S、TN－C 和 TN－C－S 系统三种。

1）TN－S 系统。TN－S 系统是三相五线制的系统，是工作零线 N 和专用保护线 PE 严格分开的供电系统，如图 5-4 所示。

TN－S 系统正常运行时，专用保护线上没有电流，只是工作零线上有不平衡电流。PE 线对地没有电压，所以电气设备金属外壳接零保护是接在专用的保护线 PE 上，安全可靠。

TN－S 系统适用于工业与民用建筑等低压供电系统。

2）TN－C 系统。TN－C 系统相较于 TN－S 系统的区别在于其 N 线和 PE 线合一了，如图 5-5 所示。TN－C 系统是用工作零线兼作接零保护线，可以称作保护中性线。

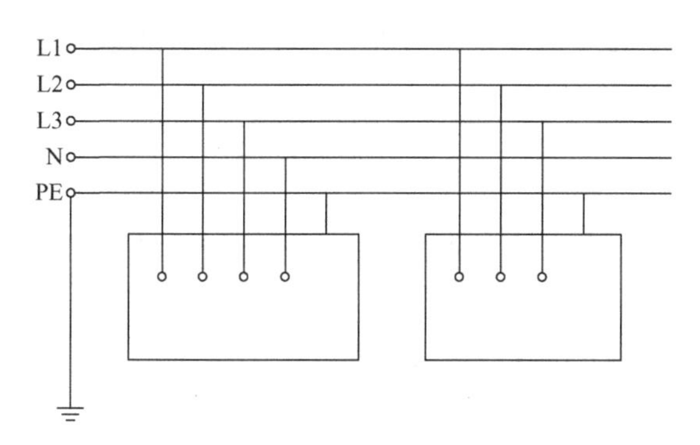

图 5-4　TN－S 系统的接地示意图

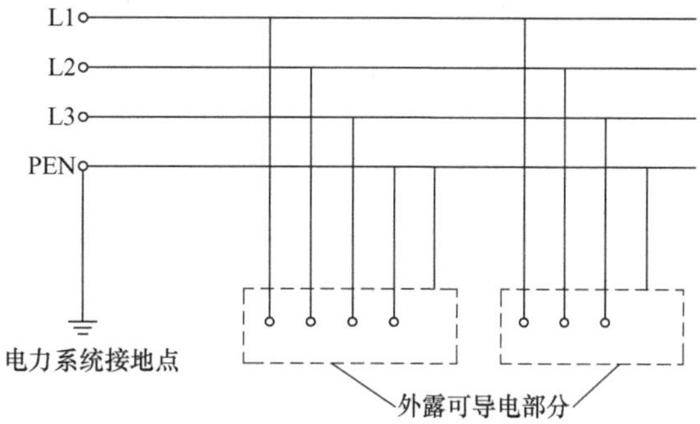

图 5-5　TN－C 系统接地示意图

如果工作零线断线，则保护接零的漏电设备外壳带电（对地 220V）；如果电源的相线碰地，则设备的外壳电位升高，使中性线上的危险电位蔓延。TN－C 系统干线上使用剩余电流断路器时，剩余电流断路器后面的所有重复接地必须拆除，否则剩余电流断路器合不上；而且，工作零线在任何情况下都不得断开。所以，实用中工作零线只能让剩余电流断路器的上侧有重复接地。

TN－C 方式供电系统只适用于三相负载基本平衡（无 220V 负载）情况。

3）TN－C－S 系统。TN－C－S 系统中干线部分的前一段 PE 线与 N 线共用为 PEN 线，后一段 PE 线与 N 线分开，如图 5-6 所示。

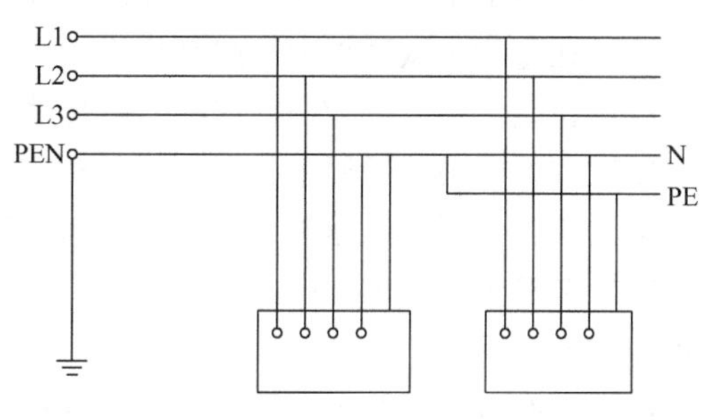

图 5-6　TN－C－S 系统接地示意图

工程施工临时供电中，如果前部分是 TN－C 方式供电，而施工规范规定施工现场必须采用 TN－S 方式供电系统，则可以在系统后部分现场总配电箱分出 PE 线。

TN－C－S 系统可以降低电气设备外壳对地的电压，然而又不能完全消除这个电压，这个电压的大小取决于 N 线的负载不平衡电流的大小及 N 线在总开关箱前线路的长度。负载不平衡电流越大，N 线又很长时，设备外壳对地电压偏移就越大。所以要求负载不平衡电流不能太大，而且在 PE 线上应作重复接地。

PE 线在任何情况下都不能进入剩余电流断路器，因为线路末端的剩余电流断路器动作会使前级剩余电流断路器跳闸造成大范围停电，规范规定：有接零保护的零线不得串接任何开关和熔断器。

TN－C－S供电系统是在TN－C系统上临时变通的做法。当三相电力变压器工作接地情况良好、三相负载比较平衡时，TN－C－S系统在施工用电实践中效果还是可行的。但是，在三相负载不平衡、施工工地有专用的电力变压器时，必须采用TN－S方式供电系统。

2. 风电机组配电系统

结合风电机组的结构特点及安全要求，风电机组必须采用TN－S型的配电系统，所以在车间必须安装有此种类型的低压配电系统。

风电机组车间调试场地必须具备至少两组稳定可靠的标准的AC380V TN－S电源，并在电源旁边贴上高压危险标识。

低压配电电缆（AC 380/220V）的规格根据调试手册要求进行准备，在低负载的车间调试环节，电缆的横截面积可以适当减小。

二、车间调试前的安全准备

1）使用围栏将测试区域围起来，禁止任何无关人员进入测试区域，并设置明显的字标写明高压危险、非请勿进等安全警示标志。

2）将安全防护用品准备齐全，包括：劳保鞋、工作服、绝缘手套、安全帽。

3）调试人员必须经过专业培训，并且培训合格方可上岗。

4）调试人员必须熟悉高压电器的安全要求。

5）调试人员必须熟悉风电机组的安全要求。

6）调试人员必须熟悉风电机组各组成部分的功能，并知道在危险时刻该采取的措施。

7）风电机组调试的整个过程必须严格按照调试规程进行。

8）个人的安全防护措施不能松懈，在遇到紧急危险时不知如何处理或者无法处理的情况下应紧急撤离危险地点。

9）所有调试内容必须至少两个人配合完成。

10）在整个调试过程中，严禁在调试场所嬉笑、打闹、吸烟、吃东西等。

11）在整个调试过程中，严禁用手去直接触摸任何带电装置。

12）在整个调试过程中，严禁带电接线。

13）在整个调试过程中，严禁用手触碰任何转动部分。

14）在整个调试过程中，产生的任何废弃物均要及时进行清理。

15）在整个调试过程中，需要制作导线时请勿直接在机组内制作，防止导线铜丝造成设备短路等。

16）所有电气测量工具的使用、电气接线都严格按照标准进行。

17）未按照安全要求进行操作造成的危险及设备损坏，都自行负责。

18）在对风电机组的主控柜、机舱系统或叶轮系统进行送电之前，都需要先将主控柜、机舱控制柜、叶轮柜内的所有断路器/开关全部断开，并确保柜内的所有临时的短接线都已经全部拆除。

19）整个车间调试过程，风电机组的“Service”开关必须一直处于“ON”状态；“本地/远程”开关打到“本地”状态。

三、调试工具、资料及软件的准备

1. 调试工具、设备及材料的准备

车间调试所需要的调试工具、设备及材料等见表 5-2。

表 5-2　车间调试所需要的工具、设备及材料

工具名称	数量及作用	工具名称	数量及作用
万用表	1 块，电压、电流、电阻的测量	相序表	1 块，三相电源相序检测
钳形表	1 块，电流检测	试电笔	1 支，电源检测
剥线钳	1 个，临时电缆的制作	剪线钳	1 个，临时电缆的制作
压线钳	1 个，临时电缆的制作	一字螺钉旋具	1 套，电缆的紧固等
号码管	若干，电缆制作使用	十字螺钉旋具	1 套，电缆的紧固等
绝缘胶带	安全防护	围栏	调试区域的保护
调试工作台	1 个，兼备工具车功能	计算机	1 台，带有串口，操作系统为 Windows XP 或 Windows 7
控制电缆	0.75mm^2、1mm^2、1.5mm^2、2.5mm^{2}各 1m	电缆盘	临时电源的引入
动力电缆	三相五线，规格及长度根据调试手册要求；给主控柜输电	开口扳手	1 套，螺栓紧固
Pt100	2 个，临时温度的检测	网线	5m，通信连接
个人安全防护用品		安全帽、工作服、绝缘手套、绝缘鞋	
安全警示标志		风电机组调试标志、高压危险标志、非请勿入标志	

2. 车间调试的技术资料及软件的准备

车间调试需要的资料及软件见表 5-3。

表 5-3　车间调试所需的技术资料及软件列表

资料名称	作用	软件名称	作用
控制系统车间调试手册	2 份，车间调试参考及记录	风电机组应用程序	风电机组控制
控制柜电气接线图	2 份，电气接线识别	PLC 管理软件	PLC 通信及硬件检测
风电机组用户手册	1 份，参考资料	车间调试软件	车间调试使用
车间电气装配手册	1 份，参考资料	触摸屏应用软件	本地监控
零部件使用手册	1 套，参考资料		

任务实施与评价

1. 任务实施

“风电机组车间调试前的准备工作”任务实施表见表 5-4。

表 5-4 “风电机组车间调试前的准备工作”任务实施表

<table>
<tr><td>任务名称</td><td colspan="3">风电机组车间调试前的准备工作</td></tr>
<tr><td>小组成员</td><td></td><td>日期</td><td></td></tr>
<tr><td>成员分工说明</td><td colspan="3"></td></tr>
<tr><td>任务实施环节问题记录</td><td colspan="3"></td></tr>
<tr><td>任务描述</td><td colspan="3">某台风电机组已经完成了车间装配环节，下面即将进入车间调试，作为一名调试工程师必须要做好车间调试前的准备工作，在调试前相关调试负责人会对调试工程师的工作内容进行检查，根据上述描述认真遵守调试的安全规范要求，严格按照调试资料准备对应物品</td></tr>
<tr><td>任务实施</td><td colspan="3">1. 安全及个人防护用品
2. 调试工具
3. 调试资料及软件</td></tr>
<tr><td>任务总结</td><td colspan="3"></td></tr>
</table>

2. 任务评价

任务评价表见表 5-5。

表 5-5 任务评价表

<table>
<tr><th>任务</th><th>基本要求</th><th>配分</th><th>评分细则</th><th>评分记录</th></tr>
<tr><td rowspan="3">调试用临时动力电缆</td><td>电缆无损坏</td><td rowspan="3">25 分</td><td>发现损坏，扣 25 分</td><td rowspan="3"></td></tr>
<tr><td>电缆长度符合要求</td><td>截取的长度不够，扣 25 分</td></tr>
<tr><td>电缆型号符合要求</td><td>型号不对，扣 25 分</td></tr>
<tr><td rowspan="4">安全及个人防护用品</td><td rowspan="4">用品齐全且合格</td><td rowspan="4">25 分</td><td>一处损坏扣 3 分</td><td rowspan="4"></td></tr>
<tr><td>一个不合格扣 10 分</td></tr>
<tr><td>缺少一个扣 5 分</td></tr>
<tr><td>着装不规范，一处扣 5 分</td></tr>
</table>

（续）

任务	基本要求	配分	评分细则	评分记录
调试工具	认识调试工具	20 分	不认识工具，一个工具扣 5 分	
	知道调试工具的使用方法		不知道或者不熟悉工具的使用方法，一个工具扣 5 分	
	工具齐全且合格		工具未准备到位，缺少一个扣 3 分	
调试资料及软件	资料齐全，数量够	20 分	资料缺少一份扣 2 分	
	应用程序版本符合要求		应用程序版本不对，一个扣 8 分	
	调试软件符合要求		不会配置，一个扣 5 分	
6S	工作区域符合 6S 规范要求	10 分		

任务二　风电机组主控柜车间调试

学习目标

1. 了解主控柜调试前的检车工作。
2. 掌握主控柜车间调试的电源连接及检测方法。
3. 掌握主控柜车间调试前的通信连接及检查方法。
4. 熟悉风电机组主控柜车间调试的基本内容。

任务导入

车间内现有一套已经装配完成的主控柜，在运往现场之前需要对此控制柜进行调试，确保其性能符合设计要求。风电机组主控柜车间调试的内容有哪些呢？操作步骤又是如何？每个步骤对应的正确现象应该是什么呢？请根据下面的讲述来了解一下风电机组主控柜车间调试的相关知识。

知识准备

一、设备检查

1）查看控制柜的出厂资料是否齐全，并根据调试手册要求记录控制柜的相关信息。

2）调试所需要的工具、短接线、资料、软件等全部准备到位，调试工程师着装符合要求。

3）主控柜内所有断路器均处于断开状态。

4）主控柜内所有短接线都已经拆除。

5）检查主控柜内是否存在装配工艺问题，一旦发现，记录并进行处理。

6）检查所有保护元件的保护设定值、温控开关的设定值是否满足调试手册的要求，如果不符合要求，请按照调试手册进行设定。

7）根据调试手册要求对柜内一些端子进行短接。

二、主控柜电源连接与检测

1. 调试专用电源的检测

对于TN－S系统提供的AC380V电源，检测的内容主要包括：三相的相序检测、线电压检测以及相电压检测。

（1）相序检测　采用相序表检测调试专用AC380V电源的相序，如果检测到的相序不符合调试需求，要及时进行纠正，相序检测常见问题及处理措施见表5-6。

注意：相序表使用过程中一定要注意：

- 相序表要严格按照使用说明书进行，使用时三根表笔放到对应的相线上；
- 在测量的过程中三根表笔的导电部分严禁触碰，否则会造成相间短路。相间短路会瞬间爆出耀眼强烈的电弧光及电击响声，随即保护器同时动作跳闸切断电源。如果没有装设剩余电流断路器，会造成人员轻则电击伤，重则当场死亡。同时相间短路会烧坏导线或设备，严重时会引起火灾。

表5-6　相序检测常见问题及处理措施

现象	处理措施	现象	处理措施
正相序	正常，不需要处理	反相序	任意调换两相的连接线
断相	检查所断相的电气接线； 检查电气元件是否损坏		

（2）电压检测　闭合调试专用电源对应的配电断路器，在相序正常的情况下使用万用表检测线电压、相电压，其数值应如下：

线电压：三相AC380V应为380V左右；三相AC690V应为690V左右；

相电压：三相AC380V应为220V左右；三相AC690V应为380V左右。

电源电压检测完成之后将其对应的配电断路器断开。

2. 主控柜供电电缆连接

采用调试手册指定的电缆规格（一般为三相五线）将AC380V电源引入到主控柜的总供电断路器的进线端。

注意：

- 在电缆连接之前，要检查电缆是否有断点；
- 在电缆连接之前，一定要把两端的断路器断开，严禁带电接线；
- 连接完成之后一定要检查电气工艺是否符合要求，主要检查项包括：是否有铜丝裸露在外面；接线端子的压接工艺是否符合要求；相间是否存在短路的现象；电缆连接是否牢靠等。

3. 主控柜供电电源检测

1）采用相序表检测主控柜端引入电源的相序是否为正相序；一旦检测到相序异常，请按照表5-6所示的处理措施进行处理。

2）在相序正常的情况下，采用万用表检测主控柜总断路器进线端的线电压、相电压的数值是否如下所示：

线电压：三相 AC380V 应为 380V 左右；三相 AC690V 应为 690V 左右；

相电压：三相 AC380V 应为 220V 左右；三相 AC690V 应为 380V 左右。

三、通信连接与调试

在对风电机组调试的过程中，要通过调试软件对风电机组的运行状态及参数等进行监控。调试软件所需要的运行数据全部来自主控 CPU，所以本部分内容所指的通信就是调试软件与主控 CPU 之间的数据交互。

调试软件可以运行在装有 Windows XP、Windows 7 等操作系统的计算机或触摸屏上，也可以运行在与主控 CPU 单元操作系统相同的相关硬件设备上。

调试软件与主控 CPU 要建立通信，需要两个步骤：第一步，通信连接；第二步，通信配置。

1. 通信的连接

调试软件与主控 CPU 之间一般采用 TCP/IP 协议进行通信。在调试过程中，一般采用触摸屏或笔记本式计算机作为调试软件的载体，其连线方式如图 5-7 所示。

图 5-7b 中的以太网交换机安装在主控柜内，用于主控、人机交互（调试软件）、监控系统之间的数据交互。

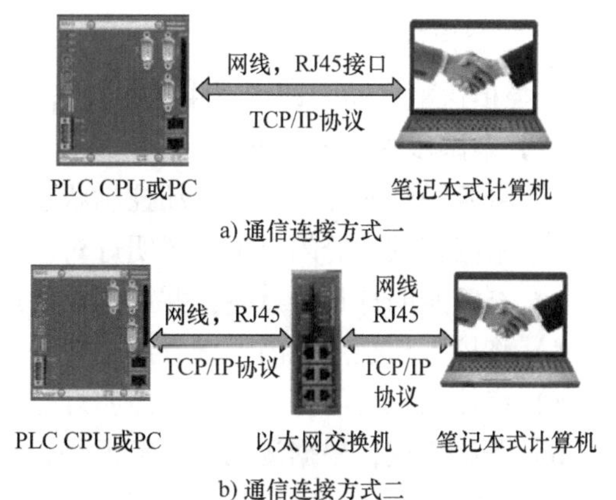

图 5-7　调试计算机与主控 CPU 之间的通信连接

2. 通信配置

在调试的过程中，一般采用笔记本式计算机装载调试软件并对机组进行调试。调试软件在使用之前也要进行基本的配置，确保与所调试机组匹配并能正确连接到主控单元。

注：调试软件的配置涉及调试软件的具体操作，不同厂家操作方式不同，本书针对调试软件的配置不进行单独说明，仅说明硬件（笔记本式计算机和主控单元）之间的相互配置。

为了便于更加快速地掌握通信配置方式，下面以两个示例说明笔记本式计算机与主控单元之间的配置。

（1）示例一　已知主控单元的 IP 地址设置为：

IP：192.168.1.＊（＊的取值范围为 0～255）

子网掩码：255.255.255.0

则笔记本式计算机可以配置为：

IP：192.168.1.＊（＊不能与所有机组的主控 CPU 地址相同）

子网掩码：255.255.255.0

（2）示例二　已知主控单元的 IP 地址设置为：

IP：10.128.1.＊（＊的取值范围为 0～255）

子网掩码：255.255.0.0

则笔记本式计算机可以配置为：

IP：10.128.＊.＊（IP地址不能与所有机组的主控CPU地址相同）

子网掩码：255.255.0.0

从上述两个示例可以看出，只要保证笔记本式计算机与主控CPU在一个网段内，且IP不同子网掩码相同即可。

3. 通信调试

1）根据主控柜内PLC CPU单元的IP设置来配置笔记本式计算机的IP。

2）打开PLC管理软件，确保可以ping通CPU单元。

3）将主控应用程序装载到CPU单元的存储卡内，并重启CPU。

四、主控柜车间调试

1. 主控柜供电电源检测

1）闭合给主控柜送电的配电箱侧的断路器。

2）采用万用表检测主控柜主断路器进线端三相电源的相序、线电压、相电压。

3）闭合主断路器，对主断路器的保护功能进行测试，确保其符合设计要求。

2. 主控柜内照明调试

主控柜送电成功，即可对主控柜具备的功能进行调试。主控柜柜内安装带有插座的照明系统，其调试步骤一般如下：

1）将照明灯的开关拨至自动控制状态。

2）根据调试手册闭合柜内照明灯对应的供电断路器。

3）查看照明灯是否点亮，并用万用表或试电笔检测插座是否有电。

4）将控制柜柜门关闭，查看照明灯是否熄灭。

5）将控制柜柜门打开，查看照明灯是否点亮。

6）调试完成，根据测试需要考虑是否要立即断开照明灯的断路器。

3. 主控柜UPS测试

1）闭合UPS的供电电源断路器，检查UPS输入端电压是否为AC220V，查看UPS的运行状态是否正常。

2）检测UPS输出到各个接线端子的AC220V是否正常。

3）查看AC220V/DC24V逆变器上的电源指示灯是否正常点亮。

4）断开UPS的供电电源断路器，检测2）、3）中对应的接线端子以及逆变器是否均正常，检查PLC UPS检测通道是否正常触发或熄灭。

5）闭合UPS的供电电源断路器，查看UPS的运行状态是否正常，检查PLC数字量相应的UPS检测通道是否正常触发或熄灭。

注：风电机组的控制系统供电一般都取自UPS，以确保在机组紧急断电的情况下，控制系统也可以实时监测风电机组的运行状态。

4. 主控柜内DC24V电源测试

主控柜的PLC模块、触摸屏、以太网交换机、所有操作按钮、辅助中间继电器等全部采用 DC24V 供电。

主控柜内的 DC24V 电源详细分配情况可以参考所调试机型的电气接线图进行确定。所有 DC24V 电源均需要测试其电压值是否在可用范围之内。

DC24V 电源均引自 AC220V - DC24V 的整流器，整流器的输入端电源一般来自主控柜内的 UPS 模块。整流器的容量和数量根据负载情况进行确定，一般控制柜内会配备一到两台。

每一路 DC24V 与整流器之间基本都会安装熔断器，用于对控制模块进行过电流保护。

在 UPS 调试完成的基础上继续对 DC24V 进行调试，其调试操作步骤如下：

1）起动 UPS。

2）检查主控柜内 DC24V 整流器的输出指示灯是否正常点亮。

3）检查控制柜内 DC5V 整流器的输出指示灯是否正常点亮。

4）查看 PLC 模块电源指示灯是否正常点亮。

5）查看以太网交换机上的电源指示灯是否正常点亮。

6）查看触摸屏上的电源指示灯是否正常点亮。

7）查看 PLC 的数字量模块中 DC24V 电源的避雷装置的检测通道是否可以正常显示。

注： PLC 可以正常工作后，即可通过 PLC 管理软件将风电机组的主控应用程序下载到主控柜的 CPU 内。

5. 主控柜内其他三相 AC380V 或 AC690V 电源的测试

主控柜内所有三相 AC380V 电源或 AC690V 电源均需要进行相序、线电压、相电压的测量，测量的正确数值及现象参考上面已经讲过的内容。

主控柜内 AC380V 或 AC690V 电源通过柜内的接线端子送到机舱、电源插座、提升机、电梯、变压器冷却风扇、变流器冷却泵、变流器冷却风扇、变流器加热装置。除此以外，还在柜内的端子排上安装了备用的 AC380V 电源端子，具体分布可以查看对应机组的主控柜电气接线图。

每一路三相 AC380V 或 AC690V 电源基本都对应一个断路器或开关，在调试的过程中应严格按照调试手册要求并参考主控系统电气接线图闭合/断开对应断路器或开关。

6. 主控柜内 AC220V 电源的测试

主控柜内所有 AC220V 电源均需要测试其电压值是否在可用范围之内。

主控柜内 AC220V 电源的分配情况可以参考所调试机型的电气接线图进行确定。

每一路 AC220V 电源基本都对应一个断路器或开关，在调试的过程中应严格按照调试手册要求并参考主控系统电气接线图闭合/断开对应断路器或开关。

7. 主控柜内加热功能的调试

1）根据调试手册闭合柜内相应供电开关。

2）将柜内的加热温控开关的温度设定值调到高于室温。

3）检查柜内的加热器是否起动。

4）测试完成，关断相应开关。

8. 主控柜内冷却功能的调试

1）根据调试手册闭合柜内相应供电开关。

2）将柜内的冷却温控开关的温度设定值调到低于室温。

3）检查柜内的冷却风扇是否起动。

4）调试完成，关断相应开关。

9. 紧急回路调试

风电机组的紧急回路为一个闭环系统。

主控与机舱之间采用电缆将紧急回路串联，机舱与叶轮之间再进行串联，最终形成一个闭环系统。

在仅对主控柜进行调试的过程中，紧急回路处于断开状态，此时需要通过短接线将主控柜内的紧急回路闭合起来。

紧急回路闭合的连接可以参考电气接线图进行短接，也可以根据调试手册说明直接进行短接。在短接的过程中要注意把相应电源均断开，并确保其接线工艺。

紧急回路短接完成，可以对紧急回路进行调试，调试内容包括：

1）紧急回路断开时，机组供电切断（控制柜内的所有 AC380V、AC690V、非 UPS 提供的 AC220V 全部断开，UPS 供电的 AC220V 和 DC24V 正常工作），主断路器断开。

2）紧急回路闭合后，按下主控柜柜门上的紧急复位按钮，电源即可恢复正常。

10. 塔筒照明灯供电测试

1）根据调试手册闭合塔筒照明灯的供电开关。

2）采用万用表检测控制柜柜内与塔筒照明系统相连的相应接线端子是否有 AC220V。

3）调试完成，关断塔筒照明灯的供电开关。

11. 带有过载保护功能的设备的调试

对于风扇、冷却泵等，在其电气控制回路上均安装有过载保护元件（俗称“空开”）。通过在过载保护元件上设定保护定值来控制电路的通断，从而可以有效地保护电动机。

所有具备过载保护功能的设备都带有相应的过载事件触发机制。一旦出现过载，在调试软件的事件监视界面上会触发相应的过载事件，一般为普通故障类。

此部分的调试内容主要集中在：一旦出现过载故障，开关是否会断开，控制回路的接触器触点是否会断开，相应的过载事件是否会触发，具体调试过程可以总结如下：

1）打开调试软件，确保其与主控单元可以正常通信。

2）闭合相应保护元件的过载保护开关，检查调试软件界面上的过载事件是否消除。

3）起动相应的电动机或泵，检查对应的辅助继电器线圈、接触器线圈是否吸合。

4）检查主控柜内与相应电动机或泵连接的接线端子是否有电，相序及电压值是否符合要求。

5）找到调试软件的相应设备功能的调试界面，单击界面上相应电动机或泵的停止运行按钮，查看辅助继电器、接触器的线圈是否松开。

6）断开相应保护元件的过载保护开关，查看调试软件事件监视界面上的过载事件是否可以触发。

12. 操作按钮的功能调试

在确保 DC24V 电源回路正常工作的情况下，操作主控柜柜门上的操作按钮或旋钮，查看 PLC 数字量模块对应的监视通道的状态是否正常。

13. 温度测量调试

1）根据电气接线图，将 Pt100 接到主控柜内的温度接线端子上（不能带电接）。

2）上电，通过调试软件查看相应温度参数是否可以正常显示。

3）用手触摸 Pt100，查看监视界面上的温度值是否有变化。

4）断电，拆除 Pt100。

14. 其他监视信号调试

风电机组的主控柜与塔基其他设备（如变流器、冷却风扇等）之间的控制信号均通过端子排进行转接，在对主控柜进行车间调试的过程中，要确保主控与这些设备之间可以正常地进行控制信号的交互。

调试内容主要为：短接相应端子，查看控制柜 PLC 相应的数字量模块的 I/O 通道是否可以正常地触发或断开。

15. 调试完成

主控柜调试完成后，除了需要把调试手册按照实际调试过程及现象进行记录并存档外，还需要完成如下事情：

1）断开主控柜柜内的所有开关。

2）拆除所有临时的短接线。

3）断开所有的调试用电缆。

4）确保柜内的所有设备、连接线都固定完好。

5）将所有需要放置在柜内的资料按照要求放好。

6）清除柜内的垃圾，关上柜门并锁紧，将柜门钥匙放到指定位置。

任务实施与评价

1. 任务实施

“风电机组主控柜车间调试”任务实施表见表 5-7。

表 5-7 “风电机组主控柜车间调试”任务实施表

任务名称	风电机组主控柜车间调试
小组成员	日　期
成员分工说明	
任务实施环节问题记录	
任务描述	某台风电机组已经完成了车间装配环节，下面即将进入车间调试，作为一名调试工程师需要根据项目四任务二部分自制的主控柜车间调试手册： （1）完成风电机组主控柜的车间调试。调试时必须严格按照调试手册要求进行，并及时记录调试现象及结果 （2）以小组为单位对调试步骤及内容进行总结 注：教师从每个小组中选取一人口述主控柜车间调试的主要步骤、内容及对应的正确现象，并能够根据风电机组结构、工作原理及电气控制原理图分析现象产生的原因。
任务实施	1. 以小组为单位进行主控柜的车间调试 2. 调试完成后将记录完整的调试手册提交给教师 3. 口述主控柜车间调试的主要步骤、内容及对应的正确现象
任务总结	

2. 任务评价

任务评价表见表 5-8。

表 5-8 任务评价表

任务	基本要求	配分	评分细则	评分记录
设备检查	电气接线工艺检查	10 分	遗漏问题点，一处扣 2 分	
	所有开关必须断开		一个开关未断开，一处扣 1 分	
	所有短接线都要拆除		短接线未拆除，一根扣 2 分	
	温控开关的温度设定值要设置		温度未设置，一个扣 1 分	
	主断路器、过载保护开关的保护定值要设置		保护定值未设置，一个扣 2 分	
电源和通信连接	电源接线工艺符合要求且连接正确	10 分	工艺不合格，一处扣 2 分	
			电源每相接线所用的线色不符合标准要求，一处扣 1 分	
	通信连接和配置均正确		通信接线未完成，扣 3 分	
			通信配置不正确，扣 3 分	
风电机组主控柜车间调试手册的制作	内容设计合理、全面，可识读性和可参考性高，无错误点	20 分	内容设计不合理，扣 10 分	
			内容设计不全面，扣 10 分	
			内容存在明显的错误点，视情况扣 10～15 分	
风电机组主控柜车间调试	调试方法要正确	50 分	方法错误，一次扣 5 分	
	操作步骤及方法要规范		不按调试手册随意调试，发现一次扣 10 分	
	调试结果要记录		记录表一处未记录扣 1 分	
个人防护及 6S	个人防护用品穿戴符合要求	10 分	一处不规范扣 1 分	
	工作区域符合 6S 规范要求		一处不规范扣 1 分	

任务三 机舱系统车间调试

学习目标

1. 了解机舱调试前的检车工作。
2. 掌握机舱系统车间调试的电源连接及检测方法。
3. 掌握机舱系统车间调试前的通信连接及检查方法。
4. 熟悉风电机组机舱系统车间调试的基本内容。

任务导入

车间内现有一套已经装配完成的机舱总成，在运往现场之前需要对其电气控制系统进行调试，确保其性能符合设计要求。风电机组机舱系统车间调试的内容有哪些呢？操作步骤又是如何？每个步骤对应的正确现象应该是什么呢？请根据下面的讲述来了解一下风电机组机舱系统车间调试的相关知识。

知识准备

一、机舱总成及调试辅助设备的检查

1）查看机舱装配、机舱控制柜/振动传感器的出厂资料等是否齐全，并根据调试手册要求记录相关信息。

2）调试所需要的工具、短接线、资料、软件等全部准备到位，调试工程师着装符合要求，并准备一台已经调试合格的主控柜。

3）主控柜内、机舱控制柜内所有开关均处于断开状态。

4）主控柜内、机舱控制柜内所有短接线都已经拆除。

5）检查主控柜内、机舱控制柜内是否存在装配工艺问题，一旦发现，记录并进行处理。

6）检查所有保护元件的保护设定值、时间继电器的时间设定值、温控开关的设定值是否满足调试手册的要求，如果不符合要求，请按照调试手册进行设定。

7）根据调试手册要求对柜内一些端子进行短接。

8）确认机舱系统已经按照要求装配完整合格，系统在地面牢固固定，系统干燥清洁，各电气系统已经按照接线要求完成接线。

9）确保偏航轴承内无异物，且与扭缆传感器、偏航电动机啮合良好。

10）确认各润滑系统、液压系统的油罐内充满油。

11）调试负责人要确保测试区域内无其他不相关人员，并确定参与调试的工程师已经熟悉调试的基本安全要求。

12）风速仪和风向标的安装：确保机舱未带电，将风速仪和风向标安装到气象站支架对应支架上；根据电气接线图，采用风速计和风向标自带的电缆将其连接到机舱控制柜内的特定端子上。

二、机舱控制柜电源连接与检测

1）断开主控柜内的所有开关；断开机舱控制柜内的所有开关；断开外部配电柜或电缆盘的所有供电开关。

2）根据电气接线工艺要求和电气接线图，采用特定规格的电缆将主控柜与机舱之间的供电回路连接完成。

3）给主控柜送电，检测两端电源的相序、线电压和相电压，一旦发现异常要立即进行处理。

4）给机舱控制柜送电，检测两端电源的相序、线电压和相电压，一旦发现异常要立即进行处理。

三、光纤通信连接与调试

1）确保主控柜内、机舱控制柜内均安装了正确的光纤接收模块，模块的相应参数也按照使用说明进行了正确的配置。

2）确保主控柜、机舱内的 DC24V 以及主控柜至机舱的电源供应回路已经断开。

3）按照正确的操作模式将光纤两端分别连接到主控柜内以及机舱控制柜内的光纤接收模块上。

4）在主控柜带电的情况下，给机舱控制柜送电。

5）给机舱控制柜内的 PLC 模块送电。

6）采用 PLC 管理软件装载机舱内的 PLC 模块，查看是否可以正确装载，一旦发现异常，必须及时处理。

四、机舱控制系统车间调试

1. 机舱供电电源检测

1）闭合主控柜内相应的断路器、开关，检测主控柜内分配给机舱的电源的接线端子是否正常带电。

2）检测机舱控制柜主断路器进线端电源的相序、线电压、相电压是否正常。

注：不同的风机制造商，甚至不同的机型，主控柜送到机舱的电源规格也可能存在不同。主控柜到机舱的电源规格包含以下几种：AC690V UPS AC380V UPS AC220V UPS。

2. 照明系统测试

1）根据电气接线图，闭合机舱控制柜内照明线路对应的供电开关，查看照明灯是否点亮。

2）关上柜门，查看照明灯是否熄灭。

3）打开柜门，查看照明灯是否点亮。

4）采用万用表检测照明灯上的插座是否正常带电。

注：因为机舱内光线较暗，所以可以让照明灯一直处于点亮的状态，直到测试结束。

3. 机舱控制柜柜内加热/冷却功能调试

此部分的功能调试可参考任务二中主控柜内加热/冷却系统的调试步骤和现象。

4. DC24V 电源调试

1）根据电气接线图，闭合机舱控制柜内给 AC220V/DC24V 逆变器送电的断路器，查看逆变器的输入、输出状态指示是否正常。

2）采用万用表检测逆变器的输出电压。

3）查看 PLC 模块的电源状态指示灯是否正常显示。

4）查看 PLC 光纤接收模块的运行指示状态是否正常。

5）按照图 5-7 所示的通信连接配置方式配置调试用的笔记本式计算机，启动 PLC 管理软件，并将主控柜以及机舱控制柜内的 PLC 模块全部装载。如果可以正确装载，则说明笔记本式计算机到主控 CPU、主控到机舱系统之间的通信均正常；若发现无法装载，则要对各相互通信环节进行检测。

5. 急停系统调试

1）在 DC24V 供电正常的情况下，按下机舱控制柜柜门上的急停按钮，主控以及机舱的主断路器应跳闸，整台机组断电；在无 AC220V UPS 的情况下，DC24V 电源也全部断开。

2）复位机舱控制柜门上的急停按钮，复位紧急回路，电源恢复正常。

3）按下主控柜柜门上的急停按钮，效果同1）。

4）主控急停复位后效果同2）。

5）按下机舱内可移动操作终端或本地轮毂屏上的急停按钮，效果同1）；此急停复位后，效果也同2）。

6. 偏航液压制动系统功能调试

1）按照液压装配手册查看液压系统的安装是否符合要求，查看液压管路是否有漏油点。

2）确保风电机组主控柜及机舱控制柜内的PLC模块均开始正常工作。

3）打开调试软件，确保调试软件可以正常地检测到机舱内部设备的运行状态。

4）在调试软件上选择手动操作偏航制动界面，可以在此界面上操作液压泵的起停，从而进行打压和泄压调试。

5）闭合液压泵的供电开关，起动液压泵，确保液压泵可以按照其泵体上标注的旋转方向旋转。

6）排气：根据液压系统操作手册排空液压管路中的空气。通过调试软件或压力表查看机组的压力值是否达到高压，如果压力值可以达到高压，则把排气孔堵住。

7）高压测试。

① 通过调试软件手动关闭偏航制动，进行泄压，确保压力值达到零。

② 手动开启液压泵，再次打压，查看压力是否可以达到最大值，且用秒表记录从零压到高压所用的时间。

③ 达到高压状态后，从调试软件以及压力表上读取压力值，查看两组压力值之间的误差是否在允许的误差范围之内。

8）零压测试。对机组进行手动泄压，用秒表记录压力下降到零压所用的时间，并查看调试软件的压力值与压力表的压力值之间的误差是否在允许的范围内。

9）蓄压测试。断开液压泵的供电，查看偏航制动压力值是否可以在低压状态下持续一段时间，并记录压力值从低压到零压所用的时间。

综上所述，液压系统的车间调试可以总结为三部分：排气、高压测试、低压测试。在调试之前一定要熟悉所调机组的液压控制原理图，在发现无法打压或泄压的情况下要知道从何处着手去处理相应问题。

7. 偏航控制调试

注：在进行偏航控制调试时，所有人员要远离偏航轴承和偏航小齿轮，严禁用手触碰任何转动部位。

1）将机舱控制柜柜门上的维护开关打到维护状态。

2）在调试软件上启动偏航控制界面，查看偏航状态是否处于维护状态，并选择手动偏航。

3）单台电动机左/右偏航调试。分别对每台偏航电动机进行运行调试，每台电动机的运行调试步骤如下：

① 闭合电动机的供电开关，确保电动机送电正常。

② 左偏航测试：按住机舱控制柜柜门上的左偏航控制按钮，从上往下看，查看电动机的运转方向是否符合要求；松开左偏航控制按钮，电动机应停止运转。

③ 右偏航测试：按住机舱控制柜柜门上的右偏航控制按钮，从上往下看，查看电动机的运转方向是否符合要求（应与左偏航相反）；松开右偏航控制按钮，电动机应停止运转。

注：每台电动机左偏航测试完成之后再进行右偏航测试。

4）偏航电动机过载事件调试。

① 闭合所有偏航电动机的供电开关，确保电动机送电正常。

② 任意断开一台偏航电动机的供电开关，查看调试软件的事件界面是否有偏航电动机过载事件触发。

③ 闭合所有偏航电动机的供电开关，查看调试软件的事件界面的偏航电动机过载事件是否消除。

5）整机偏航控制调试。

① 闭合所有偏航电动机的供电开关，确保电动机送电正常。

② 整机左偏航：按下机舱控制柜柜门上的左偏航控制按钮或者单击调试软件偏航调试界面上的左偏航测试按钮，查看所有电动机的运转方向是否符合要求，此时机舱控制柜与偏航电动机电磁制动相连的接线端子的DC24V消失；松开左偏航控制按钮，电动机应停止运转，此时机舱控制柜与偏航电动机电磁制动相连的接线端子的DC24V存在。

③ 整机右偏航：按下机舱控制柜柜门上的右偏航控制按钮或者单击调试软件偏航调试界面上的右偏航测试按钮，查看所有电动机的运转方向是否符合要求（与左偏航相反），此时机舱控制柜与偏航电动机电磁制动相连的接线端子的DC24V消失；松开右偏航控制按钮，电动机应停止运转，此时机舱控制柜与偏航电动机电磁制动相连的接线端子的DC24V存在。

④ 断开所有偏航电动机的供电开关。

注：不同制造商，不同机组，其偏航电动机的数量以及偏航电动机的回路设计也存在着差别。

8. 扭缆传感器调试

1）通过调试软件查看扭缆初始值是否为零转，如果不为零转，则根据其扭缆值确定是左偏航还是右偏航使其变为零转。

注：左偏航或右偏航的操作参考偏航控制调试中的整机偏航控制调试操作步骤进行。左偏航还是右偏航对应的扭缆值是正值还是负值，对于不同的控制设计其结果不同，下面均以右偏航扭缆值为正值增加，左偏航扭缆值为负值增加为例进行调试步骤的说明。

2）确保机组无任何偏航故障，在调试软件界面上选择手动偏航操作模式。

3）右扭缆调试：

① 闭合所有偏航电动机的供电开关，确保电动机送电正常。

② 单击调试软件界面上手动操作的右偏航按钮，查看扭缆值是否向正值增加，查看其增加到指定转数（一般1转）所需要的时间值（通过时间与转数可以计算出实际的偏航速率）。

③ 继续右偏航，当扭缆角度值达到设定的右极限值（一般为2.5转）时，电动机停止运转，机组停止偏航。

④ 查看调试软件的事件栏是否出现扭缆到达右极限值故障。

⑤ 继续按下机舱控制柜柜门上的右偏航按钮或调试界面上的右偏航按钮，都无法起动右偏航。

4）右扭缆解缆：

① 按住机舱控制柜柜门上的左偏航操作按钮或调试软件界面上的左偏航按钮，机组开始解缆。

② 查看调试软件事件界面上的扭缆右极限事件是否消除。

③ 继续左偏航，直到扭缆值达到零转。

5）左扭缆调试：

① 继续左偏航，当其扭缆值到达左极限（一般为 -2.5 转）时，记录从 0 到极限值所用的时间。

② 查看调试软件的事件栏是否出现扭缆到达左极限值故障。

③ 继续按下机舱控制柜柜门上的左偏航按钮或调试界面上的左偏航按钮，都无法起动左偏航。

6）左扭缆解缆：

① 按住机舱控制柜柜门上的右偏航操作按钮或调试软件界面上的右偏航按钮，机组开始解缆。

② 查看调试软件事件界面上的扭缆左极限事件是否消除。

③ 继续右偏航，直到扭缆值达到零转。

④ 松开控制柜柜门上的右偏航按钮或单击调试软件界面上的停止偏航按钮，机组停止偏航。

⑤ 断开所有偏航电动机的供电电源。

9. 绞盘（提升机）调试

1）根据电气接线图，闭合提升机的供电开关。

2）查看机舱控制柜内与提升机相连的电源接线端子是否有 AC380V 电源，并确定其相序及电压值是否符合要求。

3）断开提升机的供电开关。

10. 发电机冷却系统调试

以风冷发电机为例说明发电机冷却系统的调试。

注：在进行测试的时候要确保发电机冷却用的通风机的作用范围内无任何未固定好的物品；操作人员应远离通风机。

1）根据电气接线图，闭合通风机的供电开关。

2）通过调试软件采用手动模式起动通风机。

3）查看通风机电动机的转动方向是否与其标识方向相同。

4）通过调试软件手动停止通风机，查看通风机是否可以正常停止。

5）关断通风机的供电开关。

11. 机械式测风系统调试

（1）风向标测试

注：在风向标安装时，根据使用手册对其调零，使其零度点与机舱中轴线保持一致。

机舱上方安装的风向标一般有两个，每一个风向标要单独进行测试，具体测试步骤与方法均如下：

1）启动调试软件，打开风向标数据监测界面。

2）确保机舱控制柜内的DC24V已经正常工作，PLC模块以及风向标、风速计均已正常送电。

3）将机械式风向标1手动拨至与机舱方位相同位置，查看调试软件风向标1角度值是否为零度左右。

4）顺时针转动风向标1，此时风向向负180°方向靠近，当到达负180°时，此时风向标1方向正好和机舱中轴线相反。

5）继续顺时针转动风向标1，此时风向向0°方向靠近，当到达0°时，此时风向标1方向正好和机舱中轴线保持一致。

6）确保风向标1的加热器已经正常送电，等待一段时间查看风向标1的加热器是否可以正常工作（用手触摸加热器部位会发热）。

注：在调试过程如果发现风向标的监测角度与实际方位存在差别，需要继续对风向标进行校对调零。

（2）风速计测试

1）启动调试软件，打开风速计数据监测界面。

2）确保机舱控制柜内的DC24V已经正常工作，PLC模块以及风向标、风速计均已正常送电。

3）用手转动风速计使其快速运转，查看调试软件界面上风速计的数据是否发生变化。如果无变化，需要对线路及风速计进行检查。

4）确保风速计的加热器已经正常送电，等待一段时间查看风速计的加热器是否可以正常工作（用手触摸加热器部位会发热）。

12. 温度传感器测量

在机舱共设有三个温度传感器，分别为机舱控制柜柜内、机舱控制柜柜外、机舱顶部气象站外界温度测量传感器；同时发电机的气隙温度检测、轴承温度检测信号也通过接线盒送到控制柜内。机舱的每个传感器的调试方法均可按照如下步骤进行：

1）确保温度传感器已经正常送电。

2）用手握住温度传感器，查看调试软件温度监控界面相应的温度是否有变化。

发电机的温度检测需要将调试用的Pt100接到相应的测试点两端（不能带电接线）去进行线路调试，调试的步骤同上。

13. 加速度传感器调试

1）根据加速度传感器的配置手册采用指定的通信连接线（一般为串口线）将笔记本式计算机与加速度传感器的调试接口连接起来，打开加速度传感器专用的调试软件并进行配置，确保笔记本式计算机与加速度传感器已经建立通信。

2）将加速度传感器应用程序下载到加速度传感器内，并检测程序是否已经正常加载。

3）打开调试软件的振动加速度调试界面，单击界面上的调试按钮，查看加速度的数值是否增加到最大值；然后再单击停止测试按钮，查看加速度的数值是否降为零。

14. 偏航轴承/主轴承润滑系统调试

1）打开调试软件，进入偏航/主轴承润滑系统调试界面，选择手动控制模式。

2）确保机舱内 DC24V 电源正常，确保润滑油脂箱内已经注满润滑油，闭合润滑系统的油脂泵供电开关。

3）通过调试软件手动起动润滑泵，查看润滑泵是否运行，观察油脂箱内的油脂旋转情况，确定泵的运转方向是否符合要求，并查看 PLC 的油脂泵运行状态，检测通道的指示灯在泵运行的时候是否处于点亮状态。

4）测量两次活塞开启的时间间隔并记录，如果时间超过技术文件设定值，则需要对润滑回路进行检查并确定管道无漏液、管道内无异物等（检查管道时要确保油脂泵已经停止运转，检查完成后再重新起动油脂泵）。

5）确保在油脂足够的情况下，机组未报油脂液位低信号。

6）通过调试软件停止油脂泵。

15. 烟雾探测器的调试

1）在 DC24V 正常的情况下，确保烟雾探测器已经正常送电。

2）检查 PLC 烟雾检查通道的指示灯状态是否符合技术文件要求：一般无烟雾时点亮。

3）人为在烟雾探测器下方制造烟雾（不要点火），但是不要离探头太近，几秒后在调试软件的事件监视界面上会出现检测到烟雾的事件，此时 PLC 烟雾检测通道的指示灯状态也发生变化。

4）等烟雾消散后，断开烟雾探测器的供电电源，此时在调试软件事件监视界面上检测到烟雾事件消除。

16. 其他内容的调试

一般在机舱内还安装用于急停及轮毂锁紧等的控制设备，其控制按钮或状态指示灯的主要内容包括：轮毂锁紧、急停、状态指示灯等。

不同制造商，这种控制设备的安装方式不太相同，有的安装在机舱与发电机的连接处，有的直接采用移动式的设备。

这部分内容的调试主要是通过操作相应按钮查看状态指示及工作是否正常。

17. 调试完成

1）断开主控柜内、机舱控制柜内外的所有开关。

2）断开气象站的连接线并移走气象站。

3）撤掉机舱与主控柜之间的电缆及通信连接线。

4）拆除机舱控制柜内、主控柜内的所有短接线。

5）确保润滑系统油脂箱内的油脂液位满足要求，确保液压系统的液压油液位满足要求。

6）清理机舱内的垃圾，带走工具和多余的物料，确保装有油脂或液压油的管道内无漏油现象，并清理轴承内外多余的油脂。

7）关闭机舱控制柜及主控柜柜门并锁紧，将钥匙放到指定位置。

任务实施与评价

1. 任务实施

"风电机组机舱车间调试手册的制作及调试"任务实施表见表5-9。

表5-9 "风电机组机舱车间调试手册的制作及调试"任务实施表

<table>
<tr><td>任务名称</td><td colspan="3">风电机组机舱车间调试手册的制作及车间调试</td></tr>
<tr><td>小组成员</td><td></td><td>日期</td><td></td></tr>
<tr><td>成员分工说明</td><td colspan="3"></td></tr>
<tr><td>任务实施环节问题记录</td><td colspan="3"></td></tr>
<tr><td>任务描述</td><td colspan="3">某风机制造商新开发了一种2MW直驱机型，作为风电机组机舱系统的电气设计与调试人员，需要编制一份机舱系统的车间调试手册，用于电气调试人员对机组机舱系统的调试；同时辅助电气调试人员对机舱系统进行调试。具体任务要求描述如下：
（1）机舱系统车间调试手册的制作
机舱系统车间调试手册要满足如下要求：
1）封皮：调试手册名称、编号、版本号、编写、校对、审核、批准等
2）铸件基本信息记录：机舱铸件的制造商、出厂序列号等，机舱控制柜的制造商、出厂序列号、编号等
3）机舱调试前的准备工作：工具、资料、安全、检查、保护参数校正、接线等
4）机舱系统的调试步骤、方法及结果记录表
以合理的顺序设计调试步骤，每一步骤的测试方法及内容以简要的文字直观地描述，并预留用于记录每一步调试现象或结果的空间
（2）风电机组机舱系统车间调试
根据调试手册对风电机组机舱系统进行调试，调试过程中严格按照调试手册要求进行，并及时记录调试现象及结果</td></tr>
<tr><td>任务实施</td><td colspan="3">1. 提交车间调试手册的电子档，教师检查完成方可打印使用
2. 根据车间调试手册对机组进行调试，提交车间调试手册的纸质文档，包含调试记录</td></tr>
<tr><td>任务总结</td><td colspan="3"></td></tr>
</table>

2. 任务评价

任务评价表见表5-10。

表5-10 任务评价表

<table>
<tr><td>任务</td><td>基本要求</td><td>配分</td><td>评分细则</td><td>评分记录</td></tr>
<tr><td rowspan="5">设备检查</td><td>电气接线工艺检查</td><td rowspan="5">10分</td><td>遗漏问题点，一处扣2分</td><td rowspan="5"></td></tr>
<tr><td>所有开关必须断开</td><td>一个开关未断开，一处扣1分</td></tr>
<tr><td>所有短接线都要拆除</td><td>短接线未拆除，一根扣2分</td></tr>
<tr><td>温控开关的温度设定值要设置</td><td>温度未设置，一个扣1分</td></tr>
<tr><td>主断路器、过载保护开关的保护定值要设置</td><td>保护定值未设置，一个扣2分</td></tr>
</table>

（续）

任务	基本要求	配分	评分细则	评分记录
电源和通信连接	电源接线工艺符合要求且连接正确	10分	工艺不合格，一处扣2分	
			电源每相接线所用的线色不符合标准要求，一处扣1分	
	通信连接和配置均正确		通信接线未完成，扣3分	
			通信配置不正确，扣3分	
风电机组机舱系统车间调试手册的制作	内容设计合理、全面，可识读性和可参考性高，无错误点	20分	内容设计不合理，扣10分	
			内容设计不全面，扣10分	
			内容存在明显的错误点，视情况扣10～15分	
风电机组机舱系统车间调试	调试方法要正确	50分	方法错误，一次扣5分	
	操作步骤及方法要规范		不按调试手册随意调试，发现一次扣10分	
	调试结果要记录		记录表一处未记录扣1分	
个人防护及6S	个人防护用品穿戴符合要求	10分	一处不规范扣1分	
	工作区域符合6S规范要求		一处不规范扣1分	

任务四　叶轮系统车间调试

学习目标

1. 了解叶轮调试前的检查工作。
2. 掌握叶轮系统车间调试的电源连接及检测方法。
3. 掌握叶轮系统车间调试前的通信连接及检查方法。
4. 熟悉风电机组叶轮系统车间调试的基本内容。

任务导入

车间内现有一套已经装配完成的轮毂总成，在运往现场之前需要对其电气控制系统进行调试，确保其性能符合设计要求。风电机组叶轮系统车间调试的内容有哪些呢？操作步骤又是如何？每个步骤对应的正确现象应该是什么呢？请根据下面的讲述来了解一下风电机组叶轮系统车间调试的相关知识。

知识准备

一、轮毂总成及调试辅助设备的检查

1）准备一套已经调试完成并合格的主控柜、机舱总成以及气象站。

2）查看叶轮装配、变桨电动机/叶轮控制柜/集电环/超速传感器的出厂资料等是否齐全，并根据调试手册要求记录相关信息。

3）调试所需要的工具、手动变桨装置、短接线、资料、软件等全部准备到位，调试工程师着装符合要求。

4）所有控制柜内的所有开关均处于断开状态。

5）检查轮毂内的哈丁连接是否牢固可靠。

6）检查轮毂总成是否存在装配工艺问题，一旦发现，记录并进行处理。

7）检查所有保护元件的保护设定值、时间继电器的时间设定值、温控开关的设定值是否满足调试手册的要求，如果不符合要求，请按照调试手册进行设定。

8）根据调试手册要求对柜内一些端子进行短接。

9）确认轮毂总成已经按照要求装配完整合格，系统在地面牢固固定，系统干燥清洁，各电气系统已经按照接线要求接线完成。

10）确保变桨轴承内无异物，且与变桨电动机啮合良好。

11）确认各润滑系统、液压系统的油罐内装满油。

12）调试负责人要确保测试区域内无其他不相关人员，并确定参与调试的工程师已经熟悉调试的基本安全要求。

13）机舱总成到轮毂总成之间的距离控制在2m以内，且轮毂总成要放置在机舱与发电机连接侧的位置。

14）在带有后备电源（超级电容/电池组的）的风电机组中，要断开后备电源与变桨电动机间的主断路器，并且要注意不要触碰后备电源与其他设备的连接处，并确保高压危险的标识已经正确粘贴在此连接处。

二、叶轮控制柜电源连接与检测

1）按照操作规范将外部调试电源—主控柜—机舱控制柜—集电环—叶轮控制柜之间的电源线连接起来。

2）采用相序表、万用表检查外部电源、主控柜、机舱控制柜、叶轮控制柜的电源是否可以正常传递，并记录检测结果。

注：接线过程中请确保电源已经全部切断。

三、CAN总线通信连接与调试

1）确保主控柜与机舱的通信正常。

2）根据电气接线图，按照电气工艺要求将机舱控制柜内与叶轮通信的接线端子分别连接到集电环的CAN通信对应通道内。

3）确保集电环与叶轮控制柜之间的连接线已经连接到位。

注意：CAN通信一般有三根连接端，分别为H、L和GND，每个端子要按照要求接到CAN通道对应的位置上。

4）用万用表检测CAN通信连接线是否正常。

5）依次给主控柜、机舱控制柜、叶轮控制柜送电。

6）根据叶轮控制柜内PLC CPU单元的配置确定笔记本式计算机的配置，并可以ping通轮毂内的 CPU 单元。

7）采用笔记本式计算机，利用 PLC 管理软件将叶轮应用程序下载到叶轮控制柜内的 CPU 单元的存储卡内，重启 CPU。

注：接线过程中请确保电源已经全部切断。

四、叶轮控制系统车间调试

1. 叶轮供电电源检测

1）给主控柜送电。

2）给机舱控制柜送电。

3）给叶轮控制柜送电。

4）采用相序表、万用表检测叶轮控制柜内主断路器进线端电源的相序、线电压、相电压是否正常。

2. DC24V 电源调试

1）根据电气接线图闭合 DC24V 电源模块的供电回路上的所有开关。

2）查看叶轮供电电源监测设备的指示灯是否正常。

3）查看 UPS 电源模块的输入是否正常。

4）查看 DC24V 电源模块上的输出指示灯是否正常点亮。

5）根据电气接线图闭合看门狗模块的供电回路开关和熔断器，确保看门狗模块上的电源指示灯是否正常点亮。

6）根据电气接线图闭合超速继电器的供电回路开关和熔断器，确保超速继电器的电源指示灯可以正常点亮，并根据超速继电器的使用说明书将其应用程序装载到其指定的存储区内。

7）根据电气接线图闭合 PLC 模块的供电回路开关和熔断器，查看 PLC 模块的电源指示灯是否可以正常点亮。

8）确保叶轮内的应用程序已经正确装载到模块的相应存储卡内。

3. 后备电源检测

对于电动变桨系统，在轮毂内均装有后备电源，以备机组紧急收桨时使用。

一般情况下，轮毂内安装有三套后备电源，分别给每个叶片紧急收桨时使用。每组后备电源均具备单独的充电及输电回路，在进行调试时要对每一组后备电源单独进行调试，确保其工作性能的良好。

后备电源的形式主要分为两种：蓄电池组和超级电容。

（1）蓄电池组的车间检测

1）启动调试软件，确保调试软件与主控 CPU 通信正常，且调试软件事件监视界面上无与 PLC 通信类故障触发。

2）给蓄电池组充电，查看所有电池组是否可以正常扫描到，且电压显示正常。

3）查看调试软件事件监视界面上无电池组离线类或充电类故障。

4）查看调试软件变桨电池组监控界面上检测到的每个叶片的电池数量与实际是否一致。

（2）超级电容　超级电容也是由许多电容串联在一起组成的一种电力电子器件，其检测方法同蓄电池组。

4. 变桨系统温度监测

1）确保每个叶片的驱动柜、电池柜、变桨电动机的温度传感器均已正常送电。

2）打开调试软件的变桨系统温度监测界面，查看所有温度是否可以正常监测到。

3）用手给温度传感器的探头加热，查看调试软件界面上的相应温度值是否有变化。

5. 轮毂内哈丁连接检测

1）通过调试软件查看机组的哈丁连接是否正常，若正常，则调试软件事件监视界面上无哈丁连接类事件。

2）断开某一个哈丁连接接头，查看调试软件事件监视界面上的哈丁连接事件是否激活。

3）连接好拔掉的哈丁接头，查看调试软件事件监视界面上的哈丁连接事件是否消失。

6. 变桨驱动柜供电调试

每个叶片配置一套变桨驱动柜，所以需要对每个柜子的功能进行检测，检测步骤如下：

1）根据电气接线图以此闭合所有驱动柜的总供电断路器。

2）闭合单个驱动柜供电回路上的所有断路器或开关，查看驱动器是否可以正常送电。

3）闭合驱动柜内的散热风扇供电断路器，查看散热风扇是否可以在超过设定温度值的情况下正常起动。

7. 手动开环变桨

注：在此步骤中，变桨齿轮会转动，确保所有测试人员均站在安全区域内，严禁用手触摸任何转动部位，且在此测试期间不能有出/入轮毂的动作。

1）确保每个叶片的驱动器可以正常工作。

2）确保电池柜内的输电断路器均处于断开状态。

3）确保电池维护开关闭合。

4）打开调试软件，确保其与轮毂通信正常。

5）单个叶片手动变桨（每个叶片均按照如下步骤测试）：

① 在调试软件的手动开环变桨界面上选择单个叶片；

② 单击开环变桨界面上的收桨按钮，查看变桨电动机制动是否松开，变桨轴承是否往变桨限位开关位置转动；

③ 查看调试软件相应叶片变桨角度的数值是否有变化；

④ 查看当变桨轴承到达限位开关处是否停止变桨，查看开环变桨界面上相应叶片的变桨角度是否为90°，查看变桨到达限位点状态是否触发；

⑤ 松开收桨按钮；

⑥ 单击开环变桨界面上的开桨按钮，查看变桨电动机制动是否松开，变桨轴承是否向工作位置转动；

⑦ 等调试软件监视界面上的限位信号消失，松开开桨按钮，查看变桨限位辅助继电器是否动作；

⑧ 单击开桨按钮，使变桨轴承向工作位置转动，当到达工作位置时松开开桨按钮，并

复位相应叶片的角度编码器（仅在测试时会手动复位角度编码器）；

⑨ 单击收桨按钮，将叶片变桨到限位开关处，并记录变桨角度值。

8. 电池载入及加热

注：当电池载入后，变桨齿轮会突然转动，所以要确保所有测试人员已经离开变桨轴承位置，处于安全区域，且在此测试期间不能有出/入轮毂的动作。

1）闭合所有电池柜上的电池开关。

2）闭合所有驱动柜的开关。

3）查看电池维护开关起动信号是否已消失。

4）确保事件监视界面无电池离线类信号触发，且电池电压及监测信号正常。

5）检验：当电池温度低于加热起动设定值时，加热器可以起动；当温度高于停止加热设定值时，加热器停止工作。

9. 手动闭环变桨

注：在此步骤中，变桨齿轮会转动，确保所有测试人员均站在安全区域内，严禁用手触摸任何转动部位，且在此测试期间不能有出/入轮毂的动作。

1）启动调试软件，确保其与轮毂通信正常。

2）打开闭环变桨调试界面，选择所有叶片，查看变桨轴承是否可以转动到变桨等待位置，且三个叶片的变桨角度同步。

3）查看看门狗继电器的状态指示灯是否正常，且其对应的 PLC DI 信号通道是否随其变化而变化。

4）查看调试软件变桨驱动界面上的三个驱动器是否已经激活，且处于准备状态。

5）在调试软件界面上设定变桨角度值，写入到软件内。

6）查看调试软件变桨逆变器监视界面上的三个电流值是否可以监测到。

7）当叶片到达零度时，在闭环变桨调试界面上单击叶片变桨关闭按钮，使轴承停止运转。

10. 紧急变桨测试

注：在此步骤中，变桨齿轮会转动，确保所有测试人员均站在安全区域内，严禁用手触摸任何转动部位，且在此测试期间不能有出/入轮毂的动作。

1）在手动闭环变桨测试完成的基础上，确保叶片此时处于零度位置。

2）在调试软件紧急变桨界面上单击紧急变桨测试按钮，查看所有叶片是否可以转动到限位开关位置，且三个叶片的变桨是否同步。

11. 超速传感器

1）确保超速传感器已经根据要求正确安装到指定标志位上。

2）根据超速传感器的说明书采用笔记本式计算机将其应用程序下载到指定位置。

3）打开调试软件的手动闭环调试界面，选择所有叶片，查看所有叶片是否到达待机位置。

4）打开超速传感器的配置文件，选择“起动数据测量”。

5）慢慢转动集电环，在电缆允许的情况下尽可能使转动角度大些。

注：如果集电环转动太快，紧急变桨会被激活，变桨轴承突然向顺桨位置快速运动然后

停车。

6）查看调试软件界面上的叶轮转速与超速传感器的监视界面的转速测量值是否一致。

7）当转速达到车间调试要求的软件限速值 1（超速的最低阈值）时，查看调试软件叶轮转速相应的极限检测信号是否可以正常激活，调试软件界面上的叶轮超速事件是否触发。

8）停止旋转，查看超速故障是否会自动消除。

9）待超速故障消除后，继续按照上述方法缓慢转动集电环，当其转速上升到最高限速阈值时，查看叶轮超速故障是否触发。

10）停止转动集电环，此时叶轮超速故障不会自动消除。

11）断开超速传感器的电源，按下复位按钮，查看调试软件上的超速故障是否消除。

12. 轮毂速度编码器调试

1）打开调试软件的叶轮转速编码器监视界面。

2）逆时针转动集电环，直到调试软件界面上的轮毂角度接近零。

3）以此位置为基础，顺时针转动集电环 0.5 转或 1 转并记录调试软件上的轮毂角度值。

4）检验集电环实际转动转数与读数之间的误差是否在允许范围之内。

13. 变桨电动机冷却风扇调试

1）在未闭合变桨电动机 1 冷却风扇的过载保护开关的情况下，在调试软件的事件监视界面会有变桨电动机 1 冷却风扇故障类信号触发。

2）闭合变桨电动机 1 冷却风扇的过载保护开关，确保电源正确送至变桨电动机 1 的冷却风扇，此时会听到风扇起动的声音，同时事件界面上的变桨电动机 1 冷却风扇故障信号消失。

3）按照上述步骤对其他两台变桨电动机的冷却风扇进行调试。

14. 变桨电动机温度检测

1）确保三台变桨电动机及其对应温度传感器均已正常送电。

2）打开调试软件中变桨电动机的温度监视界面，查看三台电动机的温度值并记录。

3）查看当变桨电动机温度低于其允许最高工作温度时，无变桨电动机温度过高故障触发。

15. 变桨轴承油脂泵调试

一般变桨轴承油脂泵均为 DC24V 供电，在 DC24V 电源模块与油脂泵之间会设置相应的保护开关或熔断器。

1）确保叶轮控制柜内的 DC24V 电源模块正常工作，确保润滑管路内无杂质。

2）在油脂泵的供电保护回路未闭合的情况下，调试软件事件监视界面变桨轴承油脂泵故障会触发。

3）当油脂泵的供电保护回路闭合时，上述故障应消除。

4）打开调试软件的变桨轴承油脂泵监控界面，选择手动操作模式，手动起动油脂泵，此时油脂泵回路上的保护继电器闭合，油脂泵起动（运转时有声音）。

5）记录活塞动作两次之间的时间间隔，查看是否符合设计要求。

6）油脂泵继续运转，直到润滑管路内充满油脂。

7）通过调试软件手动停止油脂泵的运转，此时相应的保护继电器应断开，油脂泵停止运转。

8）通过手动断开或连接油脂泵液位传感器的信号线，查看油脂泵的液位低信号应触发或消失。

16. 调试完成

1）通过调试软件查看后备电源的电压是否正常，不符合要求时需要进行检查或充电。

2）叶轮调试完成时，确保叶片处于指定位置。

3）确保变桨轴承润滑油脂泵的管路内充满润滑油。

4）断开叶轮控制柜内、后备电源柜内、机舱控制柜内以及主控柜内的所有开关。

5）将叶轮内与后备电源柜相连的所有哈丁接头全部断开。

6）移走所有的临时短接线。

7）移除叶轮与机舱、机舱与主控之间的电缆连接线、通信连接线。

8）断开所有的测试线。

9）确保所有的电缆管套都已经安装到位，所有的垃圾都已经清理完毕，所有的连接线都已经正确连接到相应位置。

10）关闭所有柜子的柜门并锁紧，将钥匙放到指定位置。

11）将集电环上自带的电缆绑扎好。

12）移除变桨轴承润滑系统的多余油脂。

13）移除所有其他调试时临时安装的装置。

任务实施与评价

1. 任务实施

“风电机组车间联调调试手册的制作及调试”任务实施表见表5-11。

表5-11　“风电机组车间联调调试手册的制作及调试”任务实施表

<table>
<tr><td>任务名称</td><td colspan="3">20kW 风电机组车间联调调试手册的制作及调试</td></tr>
<tr><td>小组成员</td><td></td><td>日期</td><td></td></tr>
<tr><td>成员分工说明</td><td colspan="3"></td></tr>
<tr><td>任务实施环节问题记录</td><td colspan="3"></td></tr>
<tr><td>任务描述</td><td colspan="3">某风机制造商新开发了一种20kW 直驱机型，作为风电机组电气系统的设计与调试人员，需要编制一份车间调试手册，用于电气调试人员对此机型进行批量调试使用；同时辅助电气调试人员对样机进行车间调试。具体任务要求描述如下：
（1）20kW 风电机组车间调试手册的制作
调试手册要包含：
1）封皮：调试手册名称、编号、版本号、编写、校对、审核、批准等
2）设备基本信息记录：叶片、轮毂、机舱铸件的制造商、出厂序列号等，所有控制柜的制造商、出厂序列号、编号等
3）调试前的准备工作：工具、资料、安全、检查、保护参数校正、接线等
4）车间调试的调试步骤、方法及结果记录表
以合理的顺序设计调试步骤，每一步骤的测试方法及内容以简要的文字直观地描述，并预留用于记录每一步调试现象或结果的空间
（2）20kW 风电机组的车间调试
根据调试手册对风电机组进行车间联调，调试过程中要严格按照调试手册要求进行，并及时记录调试现象及结果</td></tr>
</table>

（续）

任务实施	1. 提交车间调试手册的电子档，教师检查完成方可打印使用 2. 根据车间调试手册对机组进行车间联调，提交车间调试手册的纸质文档，包含调试记录
任务总结	

2. 任务评价

任务评价表见表5-12。

表5-12　任务评价表

任务	基本要求	配分	评分细则	评分记录
设备检查	电气接线工艺检查	10分	遗漏问题点，一处扣2分	
	所有开关必须断开		一个开关未断开，一处扣1分	
	所有短接线都要拆除		短接线未拆除，一根扣2分	
	温控开关的温度设定值要设置		温度未设置，一个扣1分	
	主断路器、过载保护开关的保护定值要设置		保护定值未设置，一个扣2分	
电源和通信连接	电源接线工艺符合要求且连接正确	10分	工艺不合格，一处扣2分	
			线色与相对应错误，一处扣1分	
	通信连接和配置均正确		通信接线未完成，扣3分	
			通信配置不正确，扣3分	
20kW风电机组车间调试手册的制作	内容设计合理、全面，可识读性和可参考性高，无错误点	20分	内容设计不合理，扣10分	
			内容设计不全面，扣10分	
			内容存在明显的错误点，视情况扣10~15分	
20kW风电机组车间调试	调试方法要正确	50分	方法错误，一次扣5分	
	操作步骤及方法要规范		不按调试手册随意调试，发现一次扣10分	
	调试结果要记录		记录表一处未记录扣1分	
个人防护及6S	个人防护用品穿戴符合要求	10分	一处不规范扣1分	
	工作区域符合6S规范要求		一处不规范扣1分	

任务五　风电机组常见故障及解析

学习目标

1. 了解风电机组事件分类。
2. 了解风电机组不同事件对机组的影响。
3. 了解风电机组常见故障及故障原因。

任务导入

在车间调试过程中，通过调试软件可以观察到机组的事件有红色、绿色和黄色之分，这是为什么呢？在调试过程中遇到故障时，造成此故障的原因可能是什么呢？如何解决此问题呢？请根据下面的讲述寻找部分答案。

知识准备

一、风电机组事件分类

风电机组事件一般分为三种类型，分别为信息类（I）、警告类（A）和故障类（T）。

（1）信息类（I）事件　信息类事件用“I（Information 的第一个字母）+事件号”的形式表示。

信息类事件不会导致风电机组停机，它只是告诉运维工程师风电机组的一个基本信息，如 I-001 表示风电机组起动。

信息类事件在风电机组的事件监视界面一般用绿色字体表示。

注：风电机组的所有事件的事件号均具备唯一性特质。

（2）警告类（A）事件　警告类事件用“A（Alarm 的第一个字母）+事件号”的形式表示。

警告类事件也不会导致风电机组停机，它用于提示运维工程师要注意这些设备，这些设备可能要出现问题了，如 A-035 表示变桨轴承润滑系统油脂液位低。运维工程师发现警告类事件时，在其演变成故障类事件之前必须选择合适的时间对事件进行排除。

警告类事件在风电机组的事件监视界面一般用黄色字体表示。

（3）故障类（T）事件　故障类事件用“T（Trip 的第一个字母）+事件号”的形式表示。故障类事件发生均会导致风电机组停机。

故障类事件又分为普通类故障和紧急类故障。

1）普通类故障在停机后可以对风机进行自动重启，自动重启的次数会进行限制，若达到最大自动重启次数后风电机组还未正常运行，则风机就直接停机。此时需要将机组故障彻底排除后，风电机组才能自动重启或手动起动。

2）紧急类故障在停机后风电机组不能自动重启，需要将故障彻底排除后才能自动起动或手动起动。

二、风电机组常见故障及解析

风电机组常见故障及解析见表5-13。

表5-13 风电机组常见故障及解析

序号	故障现象	故障原因及解决方法
1	三个叶片变桨不同步	● 故障原因：叶片变桨角度编码器故障 ● 解决方法：线路无问题则更换编码器
		● 故障原因：后备电源不足 ● 解决方法：查看是否存在后备电源电压低或电池损坏类故障，若有则更换对应后备电源或电池
		● 故障原因：变桨驱动单元故障 ● 解决方法：查看变桨驱动装置的工作指示灯是否异常，如果异常则先查看线路，无问题则直接更换变桨驱动装置
2	变桨驱动故障	● 故障原因：变桨驱动器工作状态异常 ● 解决方法：查看变桨驱动器的工作状态指示灯，根据驱动器说明书确定产生此异常的原因
3	变桨通信故障	● 故障原因：变桨驱动器的通信指示灯异常 ● 解决方法：查看变桨驱动器的供电电源是否正常；查看变桨驱动是否按照要求进行配置；查看变桨驱动器的通信连接线是否出现断路；查看叶轮控制柜内的通信模块是否可以正常工作
		● 故障原因：集电环通信通道进入杂质 ● 解决方法：清洗集电环通信通道；定期对集电环进行维护与保养
		● 故障原因：CANOPen通信协议问题 ● 解决方法：重新上传此机组需要的CANOpen通信协议文件
4	轮毂转速波动或异常	● 故障原因：超速继电器损坏 ● 解决方法：检查超速继电器是否可以正常工作
		● 故障原因：轮毂转速编码器异常 ● 解决方法：检查轮毂转速编码器是否可以正常工作
5	后备电源异常	● 故障原因：后备电源电池损坏 ● 解决方法：查看每个电池（每个超级电容）的工作状态及电压值，确定损坏点
		● 故障原因：后备单元充电器故障 ● 解决方法：检查充电器的工作状态，确定其异常点并进行处理
6	发电机定子温度高	● 故障原因：发电机冷却系统未正常工作 ● 解决方法：检查或更换发电机冷却系统
		● 故障原因：风机内部通风不佳 ● 解决方法：风电机组内部及时进行通风散热

（续）

序号	故障现象	故障原因及解决方法
7	齿轮箱入口油压低	● 故障原因：齿轮箱缺油 ● 解决方法：加油
		● 故障原因：齿轮箱油过滤器堵塞 ● 解决方法：更换滤芯
		● 故障原因：压力传感器损坏 ● 解决方法：更换压力传感器
8	齿轮箱高速轴轴承温度高	● 故障原因：齿轮箱缺油 ● 解决方法：加油
		● 故障原因：温度传感器故障 ● 解决方法：更换传感器
		● 故障原因：轴承损坏 ● 解决方法：更换轴承
9	齿轮箱漏油	● 故障原因：油管连接处或油管漏油 ● 解决方法：紧固管接头，采用密封胶密封漏油处；找到漏油的油管并进行更换
10	齿轮箱油温高	● 故障原因：油冷散热器异常或损坏 ● 解决方法：检查寻找异常点或更换散热器
		● 故障原因：温度传感器损坏 ● 解决方法：更换温度传感器
11	偏航超时	● 故障原因：偏航传感器线路异常或损坏 ● 解决方法：检查偏航传感器线路或更换传感器
12	偏航噪声大	● 故障原因：偏航余压过大 ● 解决方法：测量并调整偏航余压
		● 故障原因：偏航打齿 ● 解决方法：查看装配间隙是否满足要求并进行调整；查看偏航面是否平整，否则进行打磨
13	偏航时机舱角度无变化	● 故障原因：偏航传感器线路问题或损坏 ● 解决方法：检查线路或更换传感器
14	偏航制动漏油	● 故障原因：液压油管/转接头松动或破裂 ● 解决方法：紧固或更换油管/转接头
		● 故障原因：制动内部液压缸密封圈破裂 ● 解决方法：更换密封圈或液压缸
15	液压系统无法正常打压或泄压	● 故障原因：电磁阀卡涩 ● 解决方法：清洗或更换电磁阀
16	无压力或压力跳变	● 故障原因：压力传感器接线问题或损坏 ● 解决方法：检查连接线或更换传感器

（续）

序号	故障现象	故障原因及解决方法
17	风速（风向）测量值异常	● 故障原因：电源或信号线异常 ● 解决方法：检查连接线并进行紧固或更换
		● 故障原因：风速仪（风向标）损坏 ● 解决方法：更换风速仪
		● 故障原因：测风回路的浪涌保护器损坏 ● 解决方法：更换浪涌保护器
18	塔筒照明无法正常点亮	● 故障原因：照明线路异常或照明灯损坏 ● 解决方法：检查照明线路并进行紧固或更换；更换照明灯
19	塔上、塔下之间的电缆磨损	● 故障原因：孔洞或定位环上的橡胶保护层安装不紧固，掉落或丢失 ● 解决方法：检查并紧固或重新安装橡胶保护层
20	变流器与主控单元之间的通信时断时续	● 故障原因：通信线异常 ● 解决方法：检查通信线连接是否牢靠；将通信线直接连接到主控单元内的 PLC CAN 通信模块上
21	变流器控制电路板故障	● 故障原因：电路板损坏 ● 解决方法：更换电路板
22	直流母线电压异常	● 故障原因：IGBT 故障 ● 解决方法：检查或更换
		● 故障原因：预充电电阻烧毁或 Crowbar 测试未通过 ● 解决方法：更换电阻，检查 Crowbar 回路
		● 故障原因：变流器参数配置错误 ● 解决方法：检查变流器参数并进行修改
23	PLC 死机或无响应	● 故障原因：PLC 自检异常或损坏 ● 解决方法：断电重启；查看 PLC 自身故障并进行处理或更换 PLC 模块

任务实施与评价

任务实施与评价表见表 5-14。

表 5-14 任务实施与评价表

任务名称	风电机组事件查询、分析及排除		
小组成员		日期	
任务实施环节问题记录			
任务描述	启动任意一套风电机组主控柜上配置的触摸屏，在机舱系统、叶轮系统均未上电的情况下，观察触摸屏上运行的调试软件的“事件”栏目里显示的事件，完成如下内容： 1）记录风电机组正在触发的事件，分析事件产生的可能原因及对应解决方法 2）根据上述分析，到实训设备上对故障进行排除，验证分析过程，并记录导致此故障的实际原因		

（续）

<table>
<tr><td rowspan="1">任务实施</td><td>任务记录表
<table><tr><th>事件号</th><th>事件描述</th><th>事件类别</th><th>原因分析</th><th>解决方法</th><th>实际原因</th></tr><tr><td></td><td></td><td></td><td></td><td></td><td></td></tr><tr><td></td><td></td><td></td><td></td><td></td><td></td></tr><tr><td></td><td></td><td></td><td></td><td></td><td></td></tr><tr><td></td><td></td><td></td><td></td><td></td><td></td></tr><tr><td></td><td></td><td></td><td></td><td></td><td></td></tr><tr><td></td><td></td><td></td><td></td><td></td><td></td></tr><tr><td></td><td></td><td></td><td></td><td></td><td></td></tr><tr><td></td><td></td><td></td><td></td><td></td><td></td></tr><tr><td></td><td></td><td></td><td></td><td></td><td></td></tr><tr><td></td><td></td><td></td><td></td><td></td><td></td></tr></table></td></tr>
<tr><td>任务总结</td><td></td></tr>
<tr><td>任务评价</td><td>1. 风电机组事件记录（共15分）
从风电机组监控软件界面上查看并记录风电机组的停机类事件，少一项事件扣5分；事件记录不详细，一处扣2分
2. 风电机组事件原因分析及记录（共40分）
根据故障描述，综合风电机组的结构及电气控制逻辑分析故障产生的可能原因并一一记录下来，对故障不能正确分析，一次扣8分，分析错误一处扣5分
3. 风电机组故障排除及记录（45分）
无法解决故障，一处故障扣10分；解决完成没有进行记录，一处扣8分</td></tr>
</table>

知识拓展——风电机组控制系统

风电机组控制系统相当于风电机组的大脑，它控制着风电机组的执行动作，以确保风电机组的安全性、可靠性、稳定性和高效性。

风电机组控制系统的主要功能包括：自动或手动起动或停止风力发电机组；叶片变桨控制实现风机的功率限制和叶轮的转速限制；偏航控制保证风电机组最大面积的迎风；风速和风向监测；风机保护系统、紧急保护系统和周期性紧急系统检查；各种监控功能（发电机组定子温度、轴承温度、控制柜温度等）；与变流器控制系统的CANOpen通信和控制；辅助控制功能（润滑、加热、冷却、锁紧销等）；操作界面接口：与本地操作界面的通信。

风电机组控制系统的功能由软件和硬件两部分共同配合来实现。根据控制系统硬件的安装位置不同，可以将风电机组的控制系统分为五大部分，分别为主控柜、机舱控制柜、叶轮控制柜、变流器以及监控系统，如图5-8所示。

一、主控系统

风电机组的主控系统一般由一台功能完善的控制柜组成，也即主控柜。

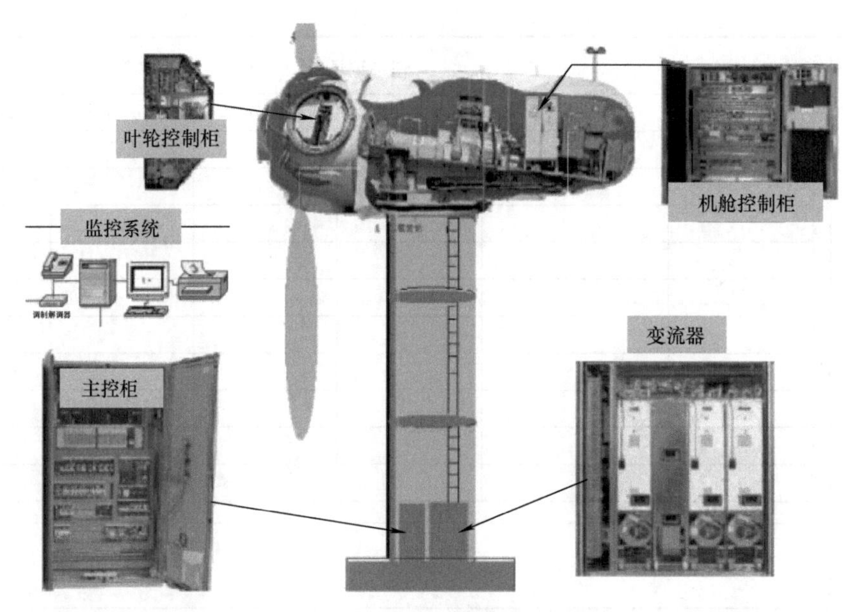

图 5-8 风电机组控制系统的组成

主控柜安装在塔筒的底部平台，所以也可以称之为塔筒控制柜、塔底控制柜或塔基控制柜。

主控柜一般由标准柜体（高 2200mm、宽 600mm、深 800mm）、PLC 模块、接触器、继电器、熔断器、辅助控制装置（加热/冷却/照明等）、电源模块、各种开关/断路器、操作按钮、端子排、人机交互终端等组成。

风电机组主控柜的主要功能包括：电源分配、风电机组整体控制、与其他控制系统的数据交互。

1. 电源分配

风电机组内所有用电设备的电源均直接或间接取自主控柜，具体如图 5-9 所示。

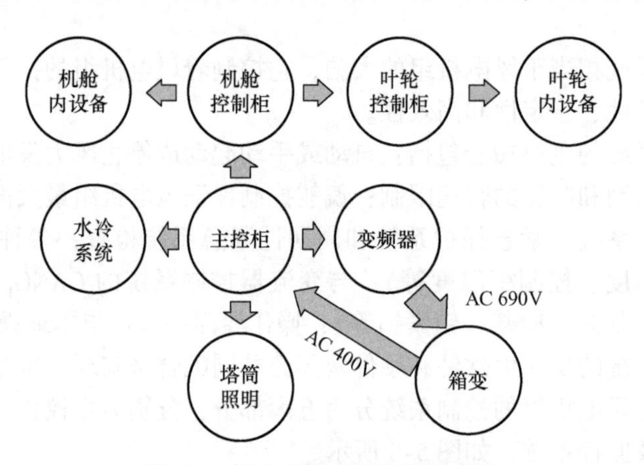

图 5-9 风电机组电源分配示意图

在对主控柜进行调试时，必须要检验主控柜的电源容量设计是否足够整台机组所有用电设备使用。

2. 风电机组整体控制

风电机组的整体控制也即风电机组针对自然界条件变化而具备的随机应变能力。这种能力除了需要保证机组可以安全、可靠和稳定运行，还要确保机组尽可能多地输出电能。

风机的整体控制功能及目标是通过主控应用程序协调其他子系统的应用程序一起来实现的。风电机组的主控应用程序一般装载到主控柜内 PLC 模块的 CPU 单元内，应用程序配合相应的硬件即可实现需要的控制功能。

风电机组主控柜实现的主要控制功能如下：

(1) 风电机组的硬起停等操作控制　风电机组的硬起停等操作控制通过主控柜柜门上的按钮或旋转开关来实现，如图 5-10 所示。

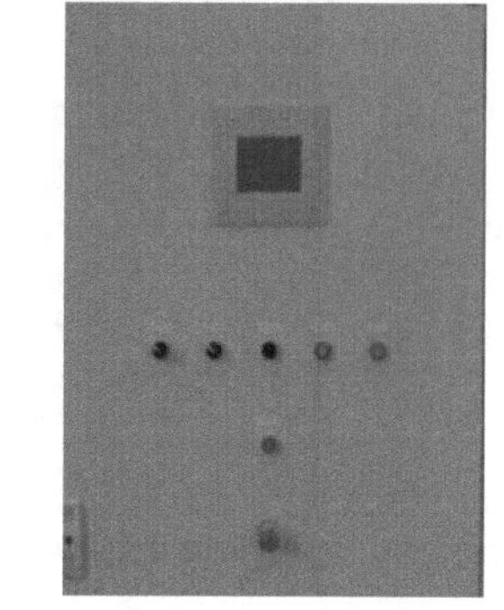

图 5-10　主控柜柜门上的操控元件

主控柜柜门上的按钮或旋转开关主要包括：风电机组的起动/停止/复位/紧急停止按钮、本地/远程模式选择、维护模式选择、紧急复位操作按钮。

通过这些按钮可以快速地对风机进行本地操作，除了便于对整机进行操作外，也加强了机组的安全措施。

风电机组内安装的所有操作按钮或旋转开关的操作必须严格按照用户手册、调试手册的要求进行，严禁随意操作，否则容易造成各种人为事故，有的甚至会危及机组安全及个人生命。

(2) 变流器的起停控制（并网控制）　变流器的起停控制是主控程序通过判别风电机组综合条件是否满足变流器的起停（并网）要求来进行控制的。

主控应用程序根据条件判别后，将起动/停止信号发送给变流器内的控制单元，变流器控制单元根据接收到的信号控制变流器自身的起停。

变流器的具体控制策略是变流器自身的应用程序配合其控制回路来实现的。

(3) 变流器冷却控制及保护　变流器内部安装有大型的 IGBT 模块以及复杂的控制回路，发热量大，很容易造成变流器内部温度过高，从而影响整个变流器的性能，甚至危及机组的安全。

为了避免上述情况的发生，变流器内部必须配备相应的散热系统，目前市场上变流器主导的散热系统基本上均为风冷-水冷结合的方式。

风冷系统是在变流器内部安装散热风扇（见图 5-11）加相应的控制元件来实现的，风扇的起停由变流器自身的应用程序进行控制。

变流器的水冷系统（见图 5-12）一般由冷却风扇、变流器水冷柜、水冷管道以及冷却液四部分组成。

冷却风扇一般安装在塔筒外面，用于对冷却液进行热交换。

变流器水冷柜一般安装在主控柜上方的塔筒平台上，其内部一般由水泵、过滤器、电磁阀、加热器、压力表、温度与压力变送器、控制与配电模块、排气阀、冷却液、散热风扇以及管道等组成。

水冷管道按照变流器内热气流的流动方向以及主要发热点进行布置。

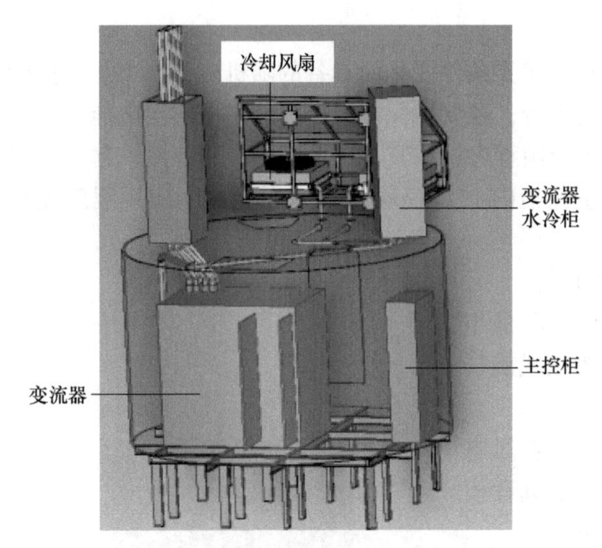

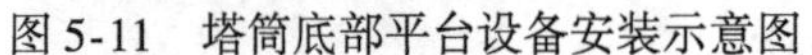
图 5-11 塔筒底部平台设备安装示意图

图 5-12 变流器水冷柜内部结构示意图

在变流器内温度过高需要冷却的时候，主控应用程序或变流器应用程序控制水冷泵、电磁阀等将冷却液送入水冷管道内，待冷却液充满所有管道后从电磁阀出口流出，如此循环执行。在整个运行过程中要保证管道内充满冷却液，直到变流器内部温度恢复到适合运行温度为止。在水冷系统运行的过程中，通过压力和温度传感器时刻监视电磁阀入口及出口的温度和压力值，确保冷却效果，同时作为辅助设备运作的输入信号。

冷却风扇、变流器水冷柜内的水冷泵都设有过载保护措施，一旦发现过载问题，机组会立即采取相应的保护机制保证设备的安全。

（4）安全回路 风电机组的安全链分布在主控柜、机舱控制柜以及叶轮控制柜内，三部分之间通过硬接线进行连接。一旦安全链断开，整台机组的供电切断，从而保证机组的安全。

机组的总供电断路器及保护装置设置在主控柜内，所以在安全链断开时只要主控柜内的总供电装置自动断开即可。在安全链问题处理完毕后，可以通过手动紧急复位按钮使安全链恢复正常。

（5）辅助控制 主控柜的辅助控制功能主要包括：柜内照明、柜内插座、柜内冷却/加热系统以及防雷系统。

一般在主控柜柜体内部的顶端安装有 AC220V 的照明系统，便于运维人员对机组进行维护。在柜内一般会安装一个 AC220V 插座，用于运维人员给调试用的笔记本式计算机充电。柜内的电气元件需要在合适的温度范围内才能正常工作，所以在控制柜内一般都设置有加热/冷却系统，确保柜内温度控制在工作范围内。加热系统一般由加热器、加热温控开关及其电气控制线路组成，当外界环境温度低于温控开关的设定温度时，加热器起动。冷却系统一般由冷却风扇、温控开关及其电气控制线路组成，当外界环境温度高于温控开关的设定温度时，冷却风扇起动。电控柜内的防雷以及风电机组防雷系统的设计可以参考本书项目一。

（6）塔筒照明控制 塔筒照明灯的开关一般安装在主控柜的柜体上，便于操作。

3. 与其他控制系统的数据交互

风电机组控制系统之间的通信协议一般采用图 5-13 所示的通信协议。

(1) 主控与机舱　主控与机舱之间交互的数据包含了叶轮内的所有监测数据和控制指令、机舱内所有监测数据和控制指令、主控应用程序的部分控制指令。

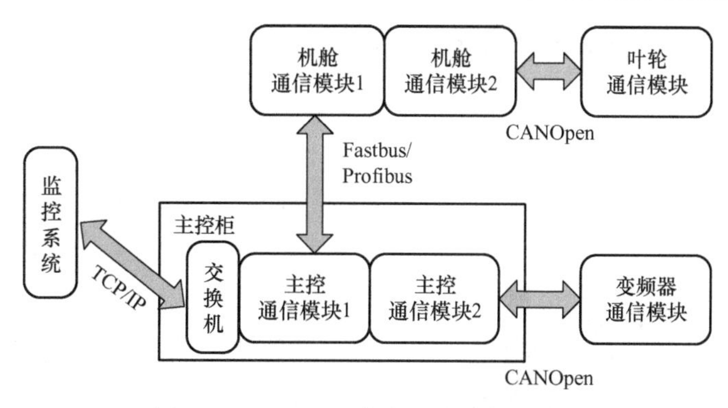

图 5-13　风电机组控制系统通信示意图

叶轮的数据通过一根电缆采用 CANOpen 通信协议与机舱内的 CAN 通信模块进行数据交互。为了避免因为叶轮旋转对机舱与轮毂的连接电缆造成损坏，所以在机舱与叶轮之间添加了一个转接装置——集电环。在集电环内部设有通信及电源通道(如果为液压变桨，则还设有液压油通道)，所以接线方面一定要注意其牢固性及屏蔽性，避免松动或受到外部干扰。

机舱将自身以及叶轮的信号采用光缆输送到主控柜内的光纤模块上，数据再经过 PLC 内部通信设置回路最终送到主控 CPU 单元内。

所有通信接线需要按照相应通信模块的操作说明书以及风电机组的电气接线图进行连接。机舱与叶轮之间的转接装置——集电环，它的一部分会随着叶轮的转动而转动。

(2) 主控与变流器　主控与变流器之间采用 CANOpen 通信协议进行通信，两者之间采用电缆进行连接。

电缆接线的通信方式容易受电磁干扰，所以一定要确保主控柜以及变流器的电磁兼容性及电磁脉冲等达到电控柜设计要求。

(3) 主控与监控系统　主控与监控系统之间的数据交互集中在主控柜内的以太网交换机上。

主控柜的 CPU 单元收集整机的运行数据，通过网线将数据传送到以太网交换机内。本地监控系统通过网线连接到以太网交换机上，风电场远程监控系统通过现场的光缆通信网络将数据传送到监控室内。

4. 风电机组的本地监控

本地监控软件可以运行于安装在主控柜柜门上的触摸屏内，也可以运行在装有合适操作系统的计算机上。

本地监控软件与主控柜内的 CPU 单元采用以太网进行通信，数据交互一般通过安装在主控柜内的以太网交换机（见图 5-14）来实现。

本地监控软件既可以作为风电机组的监控软件，也可以用于风电机组的调试，如图5-15所示。

本地监控界面包含：风电机组的实时运行界面、风电机组控制操作界面、偏航调试、变桨调试、变流器调试、水冷系统调试、气象站观测等。

操作者根据需求进行相应界面的操作或监视。

在风电机组装配、调试、安装、运行与维护的过程中，相互配合的工作人员在利用监控系统或其他手动设备对机组进行相应操作时，一定要确保其他人员处于安全状态或安全范围内后再进行，同时一定要严格按照用户手册、维护手册、调试手册等的要求进行，严禁随意操作，否则会造成设备及人员的生命危险。

图 5-14　以太网交换机

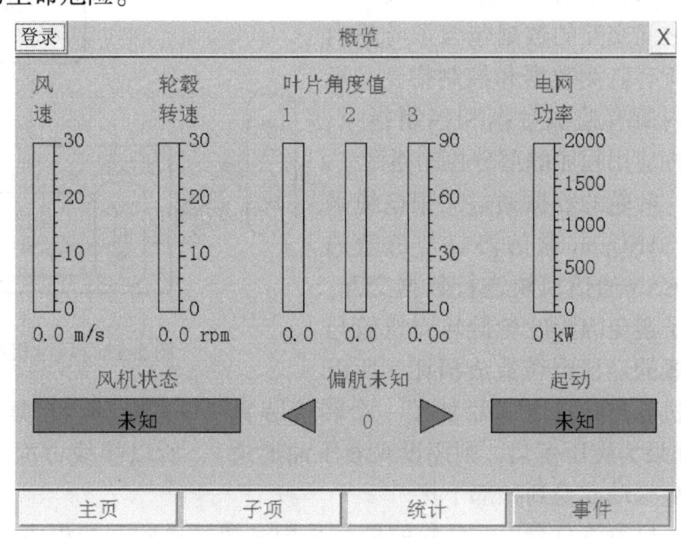

图 5-15　本地监控（调试软件）示意图

二、机舱系统

对于直驱机组，机舱内的设备包括：机舱控制柜（包含发电机及柜内柜外温度检测装置）、偏航电动机、偏航轴承、偏航制动器、偏航液压站（采用液压变桨的机组还设有变桨液压站）、扭缆传感器、发电机组冷却系统、偏航轴承及主轴承润滑系统、提升机、振动检测装置、气象站、消防系统、转接盒等其他附件，如图 5-16 所示。

对于双馈或半直驱机组，机舱内还包含发电机及其冷却系统、齿轮箱及其冷却系统，如图 5-17 所示。

图 5-16　直驱机组的机舱内部结构示意图

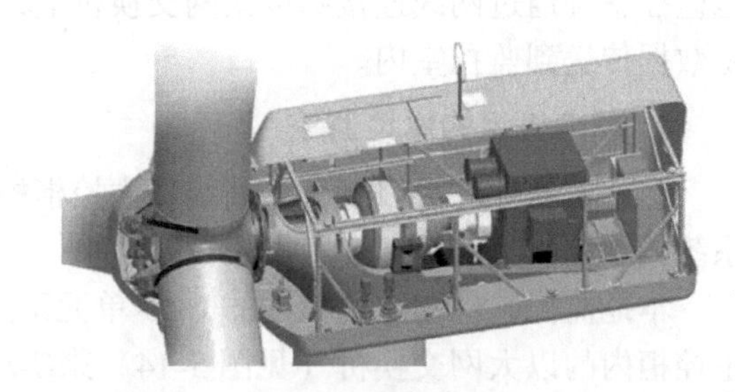

图 5-17　双馈机组机舱内部结构示意图

根据机舱 PLC 控制系统设计是否设置有 CPU 单元，可以将机舱的整体控制分为两种：

1）机舱内无 PLC CPU 单元，机舱内所有部件的相互动作由主控统一控制。

2）机舱内设有独立的 CPU 单元，此 CPU 接收来自主控 CPU 的统一指令控制机舱内相关部件的动作。

无论整机制造商采取什么类型的控制方式，机舱系统的基本控制功能都是类似的，分别为：与主控、叶轮之间的电源连接；与主控、叶轮控制系统的相互通信；机舱照明功能；机舱控制柜柜内、机舱控制柜柜外、机舱内、应急照明；机舱控制柜加热/冷却控制；温度检测：机舱控制柜内外温度、室外温度控制；偏航轴承/主轴承润滑系统控制；发电机冷却/加热控制；齿轮箱冷却/加热控制；偏航控制；偏航液压制动；解缆；风速/风向检测；航空障碍灯控制；烟雾检测；振动监测。

1. 机舱照明

机舱的照明系统主要为机舱控制柜柜内、机舱控制柜柜外、机舱内部提供照明。

机舱内的所有照明灯均为AC220V，部分照明灯座上配有AC220V插孔或蓄电池，用于调试或应急照明使用。

照明灯的开关一般均安装在机舱控制柜柜内或柜体上。

2. 机舱控制柜加热/冷却

为了确保机舱控制柜内电气元件可以正常工作，在其内部设置了可以根据外界环境温度变化自动起动或停止的加热/冷却系统。

加热/冷却系统的组成及工作原理同主控柜。

3. 机舱温度检测

在机舱控制柜柜体内外安装有Pt100温度传感器，用于控制柜内加热/冷却系统的起停。

在机舱顶部气象站上也安装有Pt100温度传感器，用于外部环境温度的检测，保证气象站及机组处于安全可靠的运行温度下。

4. 偏航轴承/主轴承润滑系统

大多数兆瓦级的风电机组的偏航轴承、主轴承的润滑系统集中到一起，统称为集中润滑系统。

一种类型的风电机组偏航轴承润滑系统如图5-18所示，其结构主要包括：

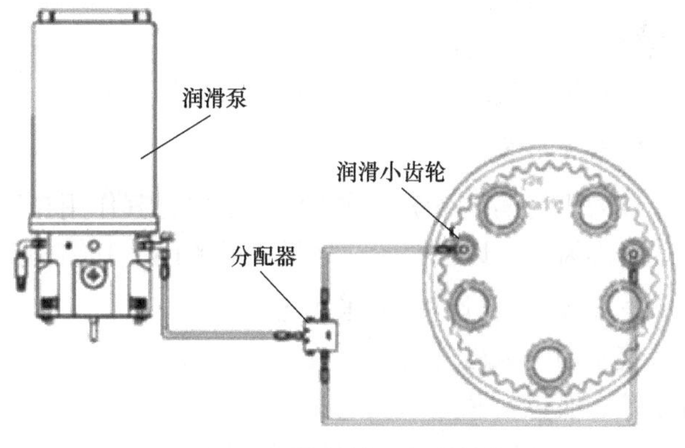

图5-18　偏航轴承润滑系统

1）润滑泵：一般为DC24V供电，从油脂罐内抽出油脂送入管道内。

2）油脂罐：内部装有专用的润滑脂，在油脂入口、出口处一般设有油脂过滤装置。

3）油脂分配器：用于对不同设备的润滑通道油脂的分配。

4）油脂管道：按照工艺要求及润滑部分布置在被润滑的装置内。

5）润滑小齿轮：将油脂均匀地送到偏航轴承的大齿轮上。

6）润滑系统一般是周期性运行的系统，每次润滑的间隔时间及运行时长均进行了设定。

5. 发电机冷却系统

发电机的主要冷却设备一般安装在机舱内，根据发电机冷却方式的不同一般可以将其分为两种冷却模式：

- 风冷系统；
- 风冷-水冷结合的冷却系统。

（1）风冷系统　发电机仅通过冷却风扇进行冷却，冷却风扇从风机外部抽取自然风送入到发电机内部。同时，发电机自身也配有相应的散热设计，其内部与外部可以直接进行冷热交换。

此种冷却方式结构组成较简单，一般由抽风机和相应的送风管道组成。

（2）风冷-水冷结合　此种冷却系统一般由两大部分组成：水冷系统、散热风扇。

水冷系统由水冷泵、阀门、管道、温度传感器、压力传感器等组成，部分管道布置在发电机内部，发电机内部设有内置冷却扇，用于冷却液的散热、内部散热。在机舱内安装的针对发电机冷却的散热风扇，主要是用于给发电机水冷系统的冷却液散热。

6. 齿轮箱冷却控制

在双馈或半直驱机组中，一般都安装有齿轮箱（见图5-19），它主要是用于连接叶轮与发电机的传动件，同时可以起到增速的效果。

齿轮箱与发电机的连接侧转动速度快，产生的热量大，当温度达到一定的值之后，必须对齿轮箱进行冷却，才能确保齿轮箱及发电机可以正常地运作。齿轮箱的冷却一般采用油冷的方式，油冷系统安装在机舱内部，一般由冷却泵、阀块、管道以及控制系统等组成。

图5-19　风电机组齿轮箱图

7. 偏航控制

风力机的偏航系统也称为对风装置，其作用在于当风速矢量的方向变化时，能够快速平稳地对准风向，以便风轮获得最大的风能，其结构如图5-20所示。

兆瓦级风电机组一般采用电动的偏航系统来调整风轮并使其对准风向。偏航系统一般包括感应风向的风向标、偏航电动机、偏航行星齿轮减速器、偏航制动器（偏航阻尼或偏航卡钳）、偏航轴承等。

偏航系统的工作原理：风向标作为感应元件将风向的变化用电信号传递到偏航电动机的控制回路的处理器里，经过比较后处理器给偏航电动机发出顺时针或逆时针的偏航命令，为了减少偏航时的陀螺力矩，电动机转速将通过同轴

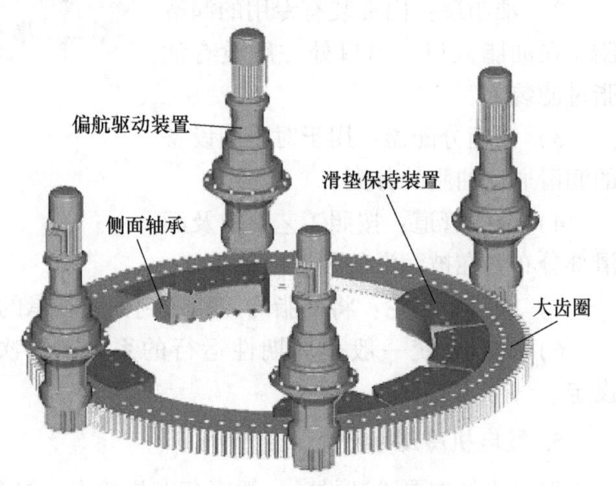

图5-20　偏航系统示意图

连接的减速器减速后，将偏航力矩作用在偏航轴承上，带动风轮偏航对风，当对风完成后，风向标失去电信号，电动机停止工作，偏航制动器卡紧，偏航过程结束。

在进行偏航系统的调试时，要确保所有电动机可以正常运转，可以按照操作要求进行左偏航或右偏航，偏航到位后可以停止偏航。同时，确保偏航系统的故障可以正常触发（人为设置或自动触发）。

8. 偏航液压制动系统

在偏航对风完成后，机组需要停止偏航，除了要控制偏航电动机停止运转之外，还要使偏航系统中的制动器抱紧偏航法兰盘，从而起到一个机械制动的效果。偏航制动器的动作一般都是通过液压系统进行控制的。

一套完整的液压系统一般包括：液压油、动力元件、执行元件、控制元件以及将这四部分组合到一起组成一个完整液压系统的辅助元件，如图 5-21 所示。

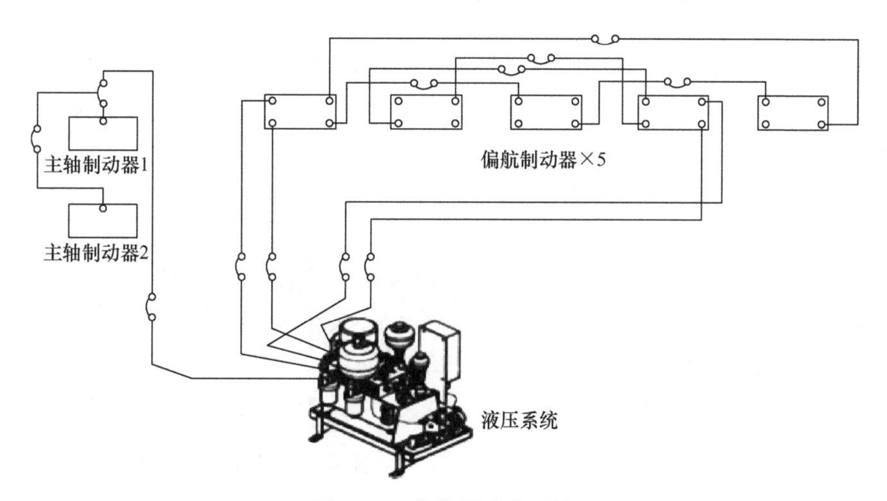

图 5-21 偏航制动液压站

在偏航的过程中，偏航液压回路呈现低压或零压状态，此时制动器处于松开状态；偏航到位后，偏航液压回路呈现高压状态，此时制动器处于卡紧状态。

在对偏航液压系统进行调试的过程中，一定要测试的内容包含：高压、低压、零压以及蓄压四种状态的测试。

9. 解缆

风电机组在偏航对风的过程中，塔筒内的动力电缆、控制电缆等也会随之扭转。电缆扭转会对电缆的使用寿命造成影响，一旦电缆出现断裂的现象还会造成漏电危险，所以必须通过一种方式确保机组电缆不会出现过度扭转的状态，此功能即为解缆。

风电机组的电缆扭转状态一般由一台扭缆传感器（如图 5-22 所示，一般为电位计）进行检测。风电机组控制程序根据检测到的扭缆值，结合其他外部条件综合判断，并最终确定是否需要及是否可以进行解缆。

风电机组在进行解缆前，需要先停止机组运行，然后偏航执行机构带动风电机组往扭缆的反方向进行偏航，直到扭缆值为零转为止。

在进行解缆测试时，一定要检测扭缆传感器是否可以正常工作，并确保机组在解缆请求

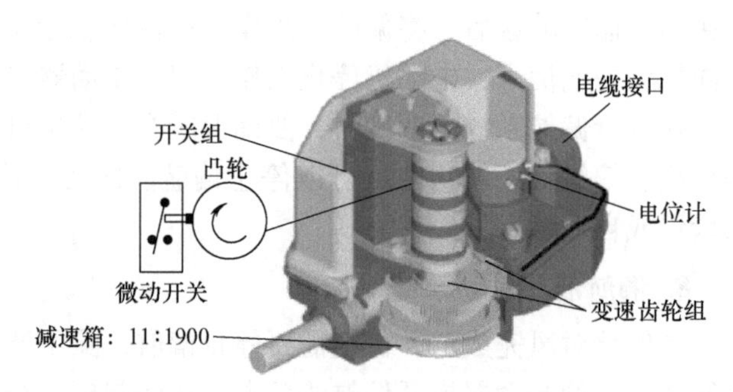

图 5-22 扭缆传感器

发出时，可以自动停机并进行解缆工作。

10. 风速/风向检测

风速/风向参数是机组运行的两个重要输入量参数。

风速/风向通过安装在气象站上的相应传感器进行检测。目前市场上广泛应用的风况检测传感器一般包括机械式和超声波式两种，在需要加热的风电场还需要安装相应的加热装置确保传感器不会被冻住。

对于机械式的风速/风向传感器，如图 5-23 所示。一般由一个风速计、两个风杯、每个传感器的加热装置、电缆、固定支架等组成。在对机械式的测风系统进行测试时，要对每个传感器进行测试，确保其功能的正确性。

图 5-23 风电机组测风装置

对于超声波式的风速/风向传感器，风速/风向传感器、加热装置均集成在其内部，体积小，检测精度较机械式的高。

不管是机械式还是超声波式，在安装的过程中均要进行调零，调零要求严格按照用户手册、调试手册以及维护手册要求进行。

11. 航空障碍灯

航空障碍灯一般安装在机舱顶部的气象站支架上，如图 5-23 所示。航空障碍灯的类型、安装位置及个数根据机组外观设计结合国家标准进行综合确定。

12. 烟雾探测

在机舱内部的顶端一般安装有烟雾探测装置，如图 5-24 所示，用于检测机舱内部是否有烟雾产生，保护机组以及人身的安全。

13. 振动监测

机舱内安装的振动监测装置（见图 5-25）主要用于监测塔筒的振动加速度，防止振动过大对机组造成致命性的损坏。

振动监测模块内部的应用程序由供应商提供，机组调试、维护工程师利用供应商提供的操作软件将程序下载到其内部，并监测其监测数据的准确性。

图 5-24　烟雾探测器

图 5-25　振动传感器

不同制造商的机组，振动监测模块的类型、数量、安装位置均不同。

三、叶轮系统

不同的变桨驱动方式，其叶轮系统内部结构组成不同。风电机组的变桨驱动方式一般分为两种：电动变桨、液压变桨。

对于电动变桨系统，其叶轮系统主要结构包括：叶片、轮毂铸件、变桨轴承、变桨限位开关、变桨限位缓冲块、变桨驱动电动机、叶轮控制柜、集电环、转速编码器、后备电源柜、后备电源智能充电模块、变桨轴承润滑系统、轮毂冷却/加热系统、各种电气接头及电缆固定支架等。

对于液动变桨系统，其叶轮系统主要组成部分包括：叶片、轮毂铸件、变桨轴承、变桨限位开关、液压缸、液压管道、液压分配阀、液压缸摆动轴、液压缸活塞杆、变桨摇柄、叶轮控制柜、紧急变桨蓄能器及支架、变桨轴承润滑系统、轮毂冷却/加热系统、各种电气接头及电缆固定支架等。

综合上述两种变桨方式的结构组成，可以将叶轮系统实现的主要功能总结为：与机舱的电源传递：通过集电环从机舱获取叶轮所需要的电源；与机舱的通信：通过集电环采用CANOpen 协议与机舱 PLC 模块进行数据交互；加热/冷却：叶轮控制柜柜内加热/冷却、密封轮毂铸件的内部散热；后备电源（电动变桨）：后备电源用于电动变桨系统紧急收桨时给变桨驱动系统供电；智能充电模块（电动变桨）：用于实时监测后备电源状态并及时给后备电源充电，保证后备电源的可用性；变桨控制；转速检测：通过安装在集电环上的转速编码器和超速开关检测叶轮转速，确保机组的安全性；超速保护；通过安装在集电环上的超速开关检测叶轮转速，一旦超过设定的上限值确保机组的安全性；变桨轴承润滑；叶轮锁紧。

1. 电源传递及通信传输

机舱到轮毂之间的电源及通信是通过集电环（见图 5-26）来实现的。

风电机组在运行过程中，叶轮会 360°无限制连续旋转，电源线以及通信线需要连接到旋转部件上才不会产生扭缆缠绕等问题，这个旋转部件就是集电环。集电环是风电机组系统中非常关键的部件，其在风电机组中的主要作用就是传输动力和信号。

在进行通信及电源线的连接过程中，首先先将电缆送至集电环的相应通道内，再经过集电环内部引至叶轮控制柜内。

叶轮内其他用电设备的电源均来自叶轮控制柜，相互之间一般采用哈丁（Harting，如

图5-27所示）连接器进行固定和连接。

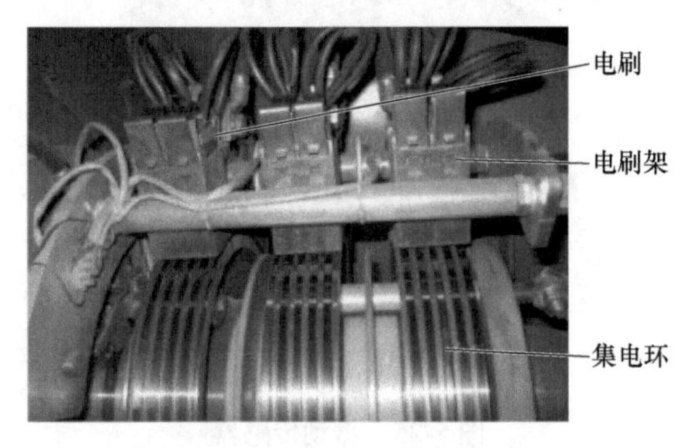

图5-26 集电环

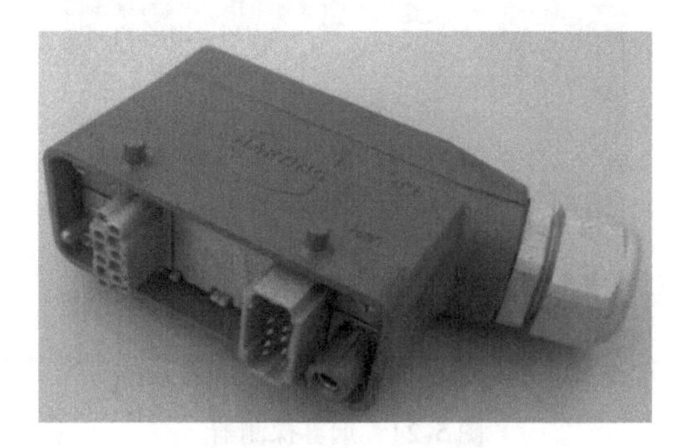

图5-27 哈丁连接器

2. 加热/冷却

叶轮控制柜的加热方式同其他控制柜，在冷却方面略有不同。

很多制造商的轮毂是处于完全密封的状态下工作的，轮毂内部的温度提升较快，尤其是夏天，轮毂内的环境温度很容易超过元件的工作温度范围，所以在设计叶轮控制柜的冷却系统时要考虑到这个因素。

为了避免轮毂内温度过高的现象，也需要在轮毂内部设置冷却系统，确保其散热性能良好，从而保证内部的设备可以尽可能长时间地正常工作。

不管是柜内还是柜外的散热，基本都是采用安装散热风扇的模式，具体风扇的安装位置需要根据不同的轮毂结构进行合理的设计。同时因为轮毂是可旋转部件，在设计其散热时一定要考虑散热设备安装的牢固性。

3. 后备电源（电动变桨）

交直流的电动变桨系统都必须配置后备电源，其主要目的是用于风电机组紧急收桨时使用。当电网发生故障时，整台风电机组的电源切断，为了保证机组的安全必须使叶片回到顺桨位置，此时变桨电动机需要的电源就来自后备电源。每个叶片配备一套后备电源柜，所以在叶轮内共有三套后备电源柜。

后备电源的形式有两种：蓄电池组、超级电容，如图5-28所示。

4. 智能充电模块（电动变桨）

智能充电模块（见图5-29）实时监测蓄电池组中每块电池或超级电容的电压值，一旦发现电压低于规定值即开始给蓄电池组或冲击电容充电。

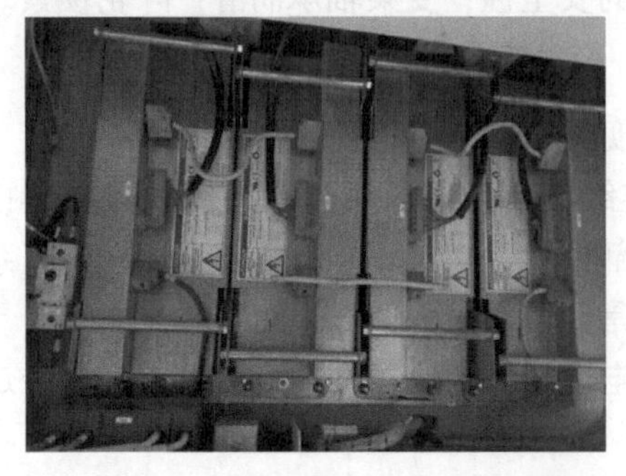

图5-28 风电机组紧急收桨后备电源

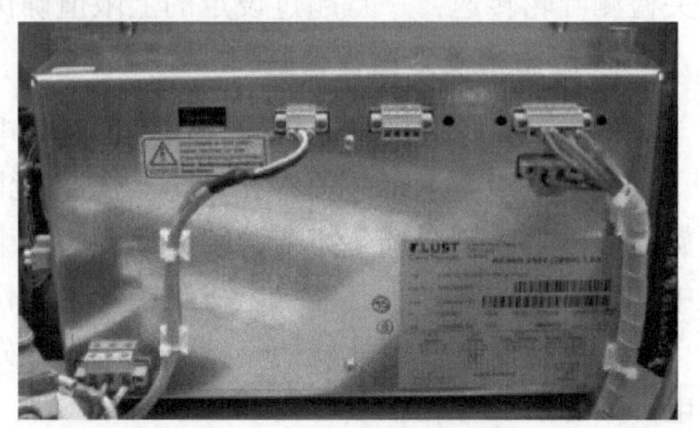

图5-29 智能充电模块

5. 变桨控制

变桨控制是通过改变叶片的迎风面积来调整风电机组的输出功率，并用于风电机组的空气动力制动使机组可以安全停机。

风电机组的变桨方式分为电动变桨（结构如图 5-30 所示）和液压变桨（结构如图 5-31 所示）。

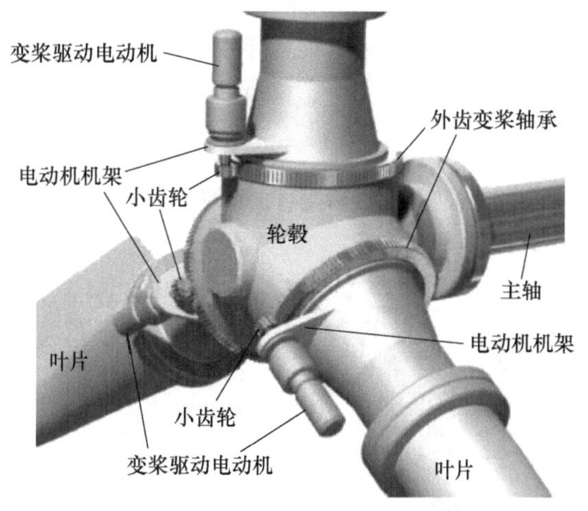

图 5-30 电动变桨系统结构示意图

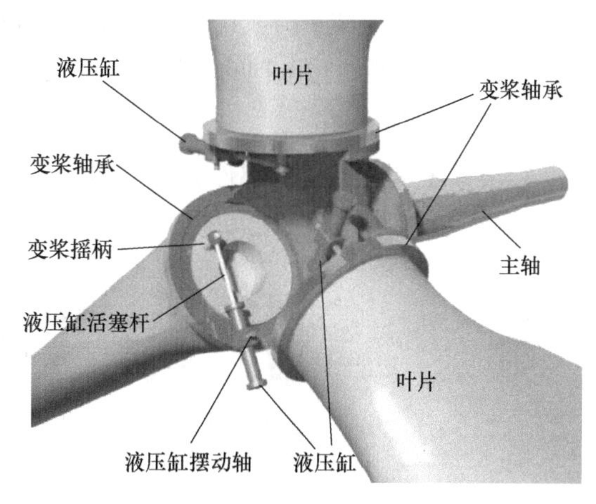

图 5-31 液压变桨系统结构示意图

风机的叶片（根部）通过变桨轴承与轮毂相连，每个叶片都要有自己的相对独立的电控或液压的变桨驱动系统（见图 5-32）。变桨驱动系统通过一个小齿轮与变桨轴承内齿啮合联动。

风机正常运行期间，当风速超过机组额定风速时，通过控制变桨角度（通过图 5-33 所示的编码器进行测量）使机组的功率输出维持在额定功率附近。

图 5-32 变桨驱动器

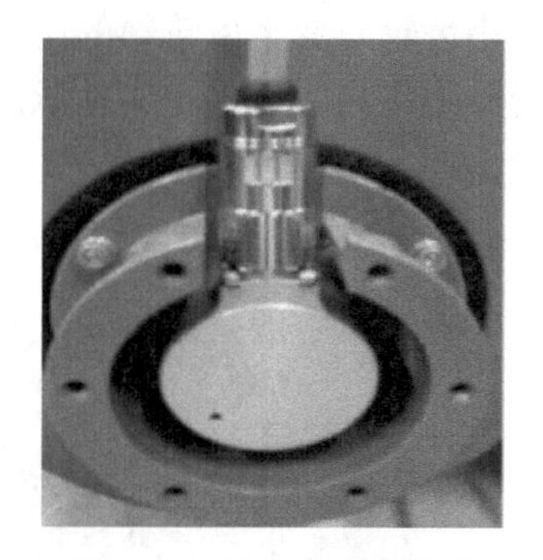

图 5-33 叶片角度编码器

任何情况引起的停机都必须保证叶片可以到达顺桨位置。在机组正常带电的情况下，机组可以通过正常的电气控制回路或液压控制回路带动叶片回到顺桨位置。在电网掉电的情况下，机组断电，电气回路断开/液压元件失电，此时变桨系统需要通过后备电源/紧急变桨蓄能器进行收桨动作。

因此变桨系统必须配紧急收桨后备电源或蓄能器以确保机组发生严重故障或重大事故的情况下可以安全停机。此外一般还会添加一个极限保护开关（变桨限位开关后相差 3°左右的位置再安装一个限位开关)，在变桨限位失效时确保变桨电动机的安全制动。

6. 变桨限位及保护

对于大部分的变桨型机组，在其变桨90°的位置以及93°左右的位置会分别放置一个行程开关，分别用于变桨限位以及变桨超限保护。

当机组变桨到90°位置也即触碰到第一个行程开关后，变桨驱动应停止运转，变桨电动机制动，变桨轴承停止动作，叶片停留在此位置确保机组的安全。当机组运行到第一个行程开关处并未停止变桨，待其碰到第二个行程开关则会触发安全链，从而导致机组急停。

所以在对机组运行维护的过程中，要及时检查行程开关是否完好，确保机组的安全停机。

7. 变桨润滑系统

变桨系统需要润滑的部件有变桨轴承、变桨齿轮箱，如图5-34中标号为1、2的部件。

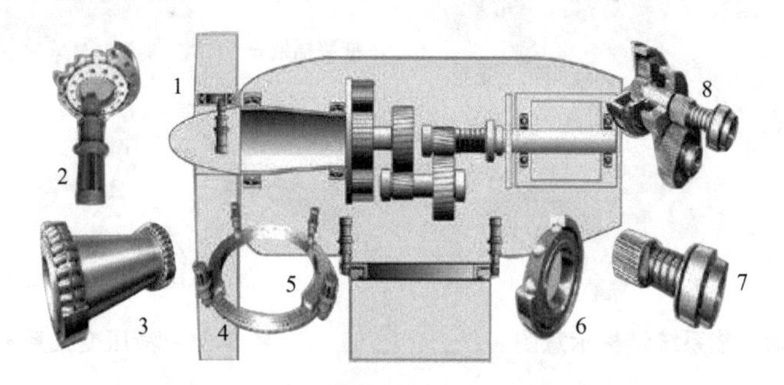

图5-34 风电机组需要润滑的部件示意图

1—变桨轴承 2—变桨齿轮箱 3—主轴承 4—偏航齿轮箱

5—偏航轴承 6—发电机轴承 7—主齿轮箱 8—变速齿轮

变桨润滑系统主要由一台润滑泵、一个油脂罐、三个变桨小齿轮（见图5-35）、分配器、油嘴以及若干管道组成。润滑泵一般为DC24V供电，按照程序设定的周期动作；三个变桨小齿轮与变桨齿轮箱的齿轮啮合，定期对其进行润滑；变桨轴承内部设置有润滑通道，润滑系统将油脂送入变桨轴承的润滑通道，在每个接口处也设置有油脂接收盒，防止多余油脂溢出。

8. 叶轮锁紧

叶轮锁紧一般是通过安装在主轴上的锁紧销（见图5-36）来实现的。

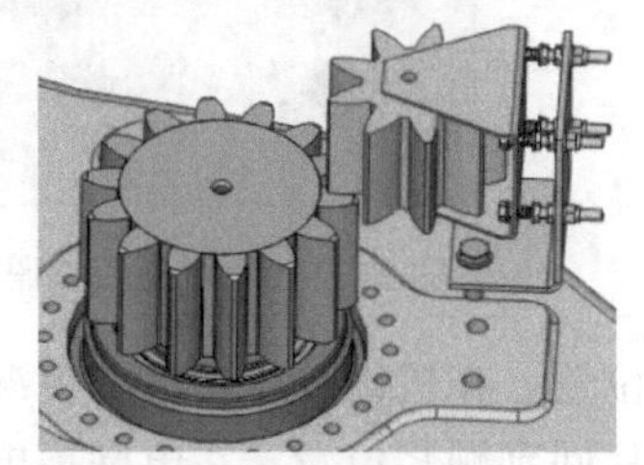

图5-35 变桨齿轮箱润滑小齿轮

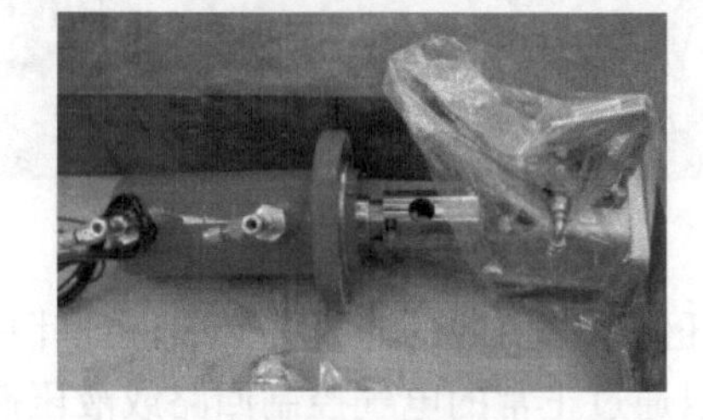

图5-36 锁紧销

锁紧销通过液压驱动，当需要将轮毂锁紧时，液压带动销体伸出至轮毂铸件上设置的销孔内；当轮毂操作任务完成后，一定要把锁紧销收回。

四、变流器

风力并网发电系统由风力发电机组、变流器、主控系统及配电系统组成。风力发电机组将风能转换为幅值与频率都变化的交流电，再通过变流器的控制转换为恒频恒压且与电网同相位的交流电馈入电网。

根据机组结构的不同，变流器一般分为两种：双馈变流器和全功率变流器。无论哪种类型的变流器，其内部都必须配置 LVRT 模块，以满足国家电网关于低电压穿越功能的标准要求。

1. 双馈变流器

双馈变流器一般应用于双馈型风力发电机组，并网形式如图 5-37a 所示，其最大功率是

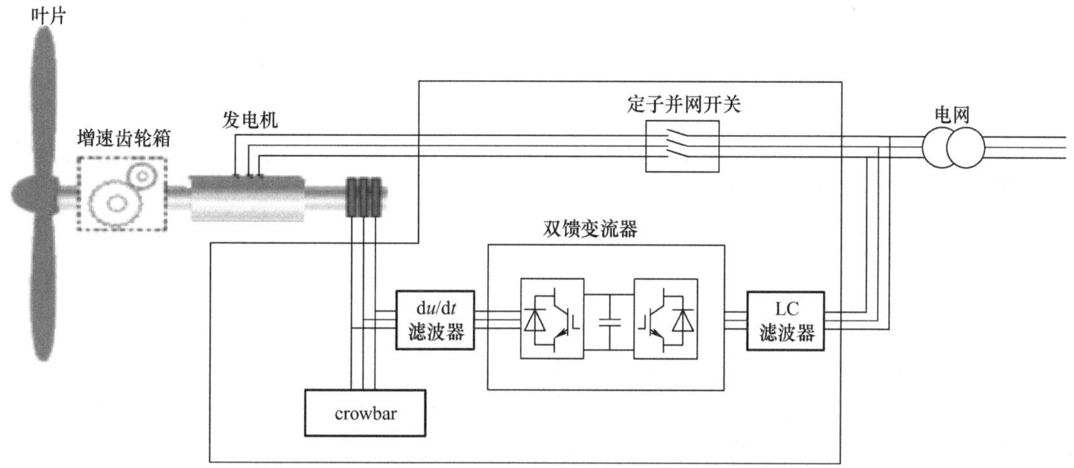

a) 双馈风力发电系统结构示意图

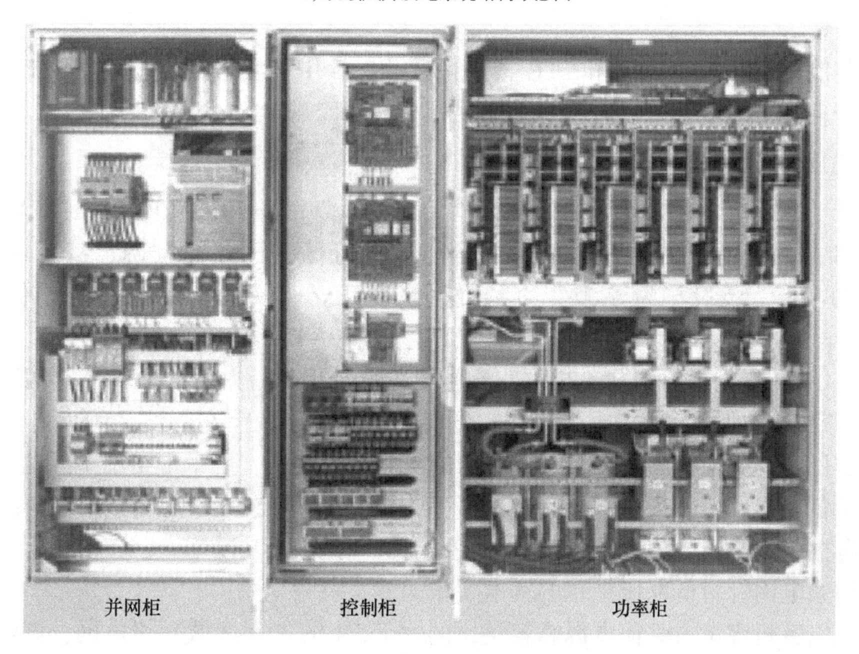

b) 双馈变流器内部结构图

图 5-37　双馈变流器

发电机额定功率的1/3。

双馈变流器由三部分（见图5-37b）组成，分别如下：

1）并网柜：变流器与电网电源以及发电机定子连接的单元，同时具有电网滤波、实时电压检测以及防雷等多种保护功能。

2）控制柜：一般由DSP和PLC共同组成；

- DSP：用于电量检测及PWM控制；
- PLC：实现逻辑控制及变流器状态检测，并向现场用户灵活地提供各种接口，满足用户的特殊需求。

3）功率柜：包含了变流器的核心部件，如网侧、机侧IGBT模块以及相应的直流支撑电容等；交流滤波单元抑制交流电压畸变和电流谐波，减小变流器向电网产生的干扰，使变流器满足并网电能质量的要求。

2. 全功率变流器

全功率变流器一般应用于直驱和半直驱类型的风力发电机组，并网形式如图5-38a所示，其最大功率等于发电机的额定功率。

全功率变流器由三部分（见图5-38b）组成，分别如下：

（1）并网柜　网侧、机侧电缆与变流器连接的单元，同时也具备滤波、软并网及防雷等功能。

（2）功率柜　包括电抗器柜以及主电路柜。

1）电抗器柜：其内部安装有交流滤波单元，用于抑制交流电压畸变和电流谐波，从而减小变流器向电网产生的干扰，使变流器满足并网电能质量的要求。

2）主电路柜：其内包含了变流器的核心器件，如网侧、机侧IGBT模块以及相应的直流支撑电容等。

（3）控制柜　一般由DSP和PLC共同构成。DSP用于实现逻辑控制及PWM控制，内置PLC用于向用户现场提供各种接口，满足用户的特殊需求。

3. 低电压穿越

（1）低电压穿越的基本要求　低电压穿越（Low Voltage Ride Through，LVRT）指在风力发电机并网点电压跌落的时候，风机能够保持低电压穿越并网，甚至向电网提供一定的无功功率，支持电网恢复，直到电网恢复正常，从而“穿越”这个低电压时间（区域）。

可见，LVRT是对并网风机在电网出现电压跌落时仍保持并网的一种特定的运行功能要求。不同国家（和地区）所提出的LVRT要求不尽相同。目前在一些风力发电占主导地位的国家，如丹麦、德国等已经相继制定了新的电网运行准则，定量地给出了风电系统离网的条件（如最低电压跌落深度和跌落持续时间），只有当电网电压跌落低于规定曲线以后才允许风力发电机脱网，当电压在凹陷部分时，发电机应提供无功功率。

我国国家电网针对低电压穿越的基本要求如下：

对于风电装机容量占其他电源总容量比例大于5%的省（区域）级电网，该电网区域内运行的风电场应具有低电压穿越能力，如图5-39所示。

1）风电场内的风电机组具有在并网点电压跌至20%额定电压时能够保证不脱网连续运

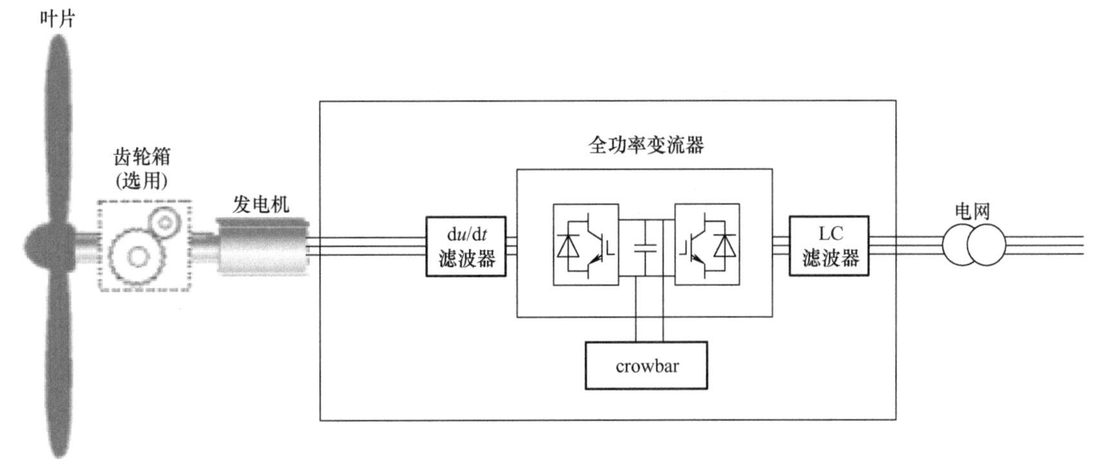

a) 全功率风力发电系统结构示意图

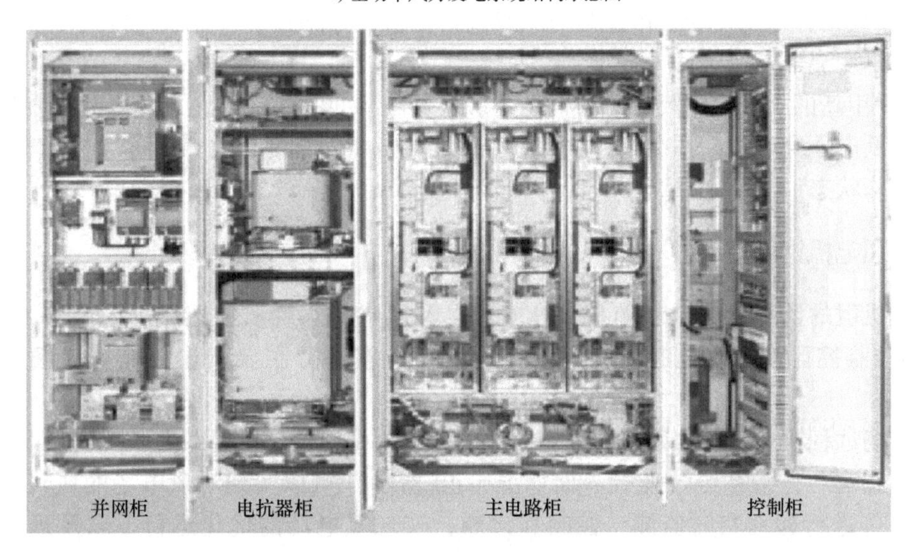

b) 全功率变流器内部结构图

图 5-38　全功率变流器

行 625ms 的能力。

2）风电场并网点电压在发生跌落后 2s 内能够恢复到额定电压的 90% 时，风电场内的风电机组能够保证不脱网连续运行。

（2）低电压穿越功能的实现　实现低电压穿越功能的方法很多，目前应用比较广泛的方法如下：

1）转子短路保护技术（crowbar 电路）。目前大多数的低电压穿越功能是通过在发电机转子侧（双馈机组）或直流母线（直驱机组）安装 crowbar 电路。对于双馈机组，crowbar 电路为转子侧电路提供旁路，在检测到电网系统故障出现电压跌落时，闭锁双馈感应发电机励磁变流器，同时投入转子回路的旁路（释能电阻）保护装置，达到限制通过励磁变流器的电流和转子绕组过电压的作用，以此来维持发电机不脱网运行（此时双馈感应发电机按感应电动机方式运行）。

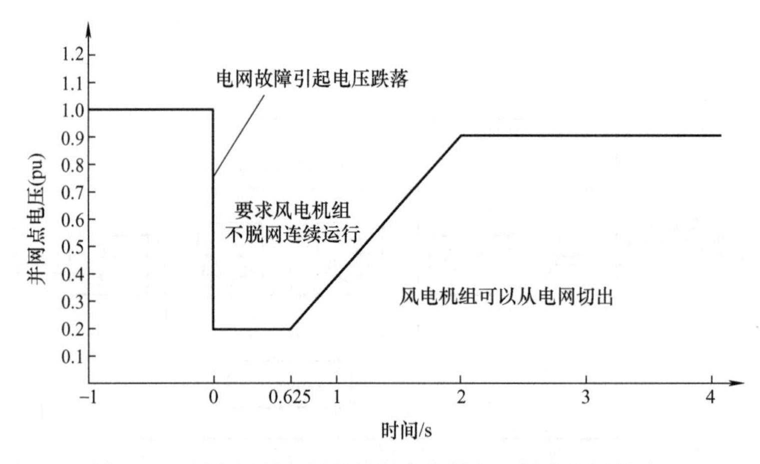

图 5-39 风电场低电压穿越要求的规定（国家电网标准）

2）新型拓扑结构。新型拓扑结构一般包括：新型旁路系统、并联连接网侧变流器、串联连接网侧变流器。

3）采用新的励磁控制策略。在不改变系统硬件结构的基础上，通过修改控制策略来达到相同的低电压穿越效果：在电网故障时，使发电机能安全度越故障，同时变流器继续维持在安全工作状态。

五、风电机组监控系统

风电机组的监控分为本地监控（HMI）以及风电场远程监控系统（风电场 SCADA 系统），本地监控已在上面主控部分进行了介绍，故本部分主要阐述的是风电场远程监控系统。

风电场远程监控系统的客户端安装在风电场升压站的中央监控室内。

风电场远程监控系统（监控界面如图 5-40 所示）可以实现对风电场的风机、箱变以及测风塔等进行远程实时监测、控制和诊断，实现风电场的优化运行，以及远程对风电机组进行起动、停止、复位和功率调节等，最大限度地减少劳动力密集型的现场考察和管理。

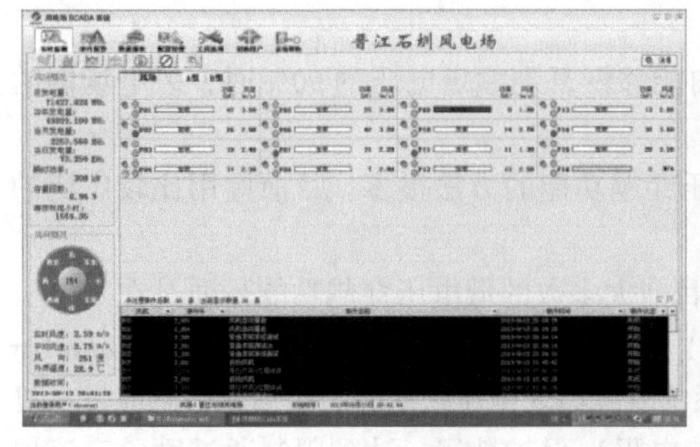

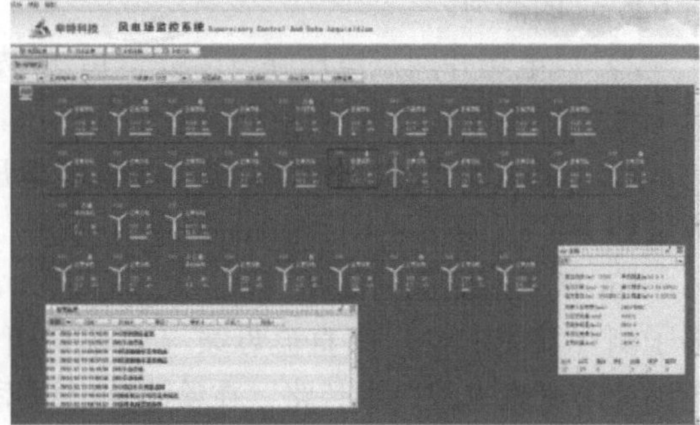

图 5-40 风电场远程监控系统监控界面

风电场远程监控系统通过现场的光纤环网与主控柜内的 CPU 单元进行数据交互，具体通信连接及结构组成如图 5-41 所示。

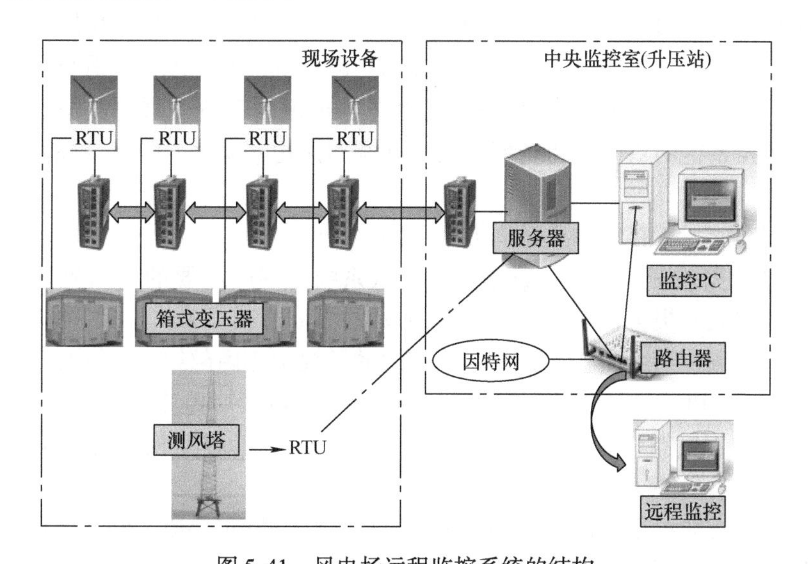

图 5-41 风电场远程监控系统的结构

注：目前现场的监控系统普遍都取消了风电机组内安装的 RTU 单元。

风电场远程监控系统的主要功能如下：

（1）风电场数据采集 风电场数据采集指的是远程监控系统与主控 CPU、箱式变压器等之间的数据交互，是远程监控系统的核心功能。此功能提供了风场 SCADA 系统运行监测所需要的基本数据。

（2）风电场数据传输 风电场数据传输是远程系统实现实时监测与远程控制的基础，主要由现场网络、光纤网络以及其相关设备单元组成。

数据传输包含：主控与远程监控系统、远程监控与其他监控客户端之间的相互通信。

不同传输阶段所采用的传输介质（见图 5-42）及通信协议不同，所传输的内容也有差异。

a) 光纤

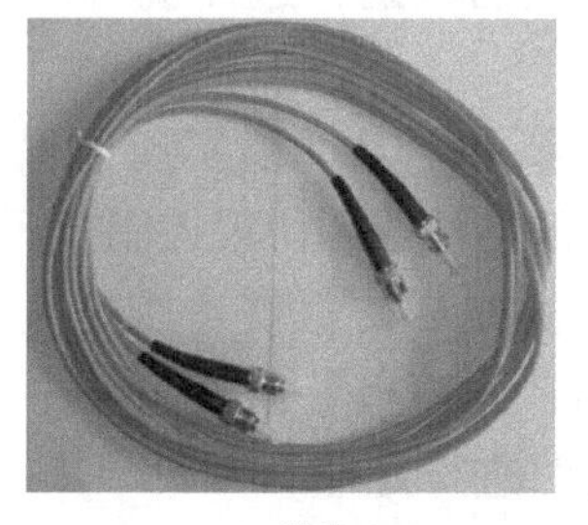

b) 跳线

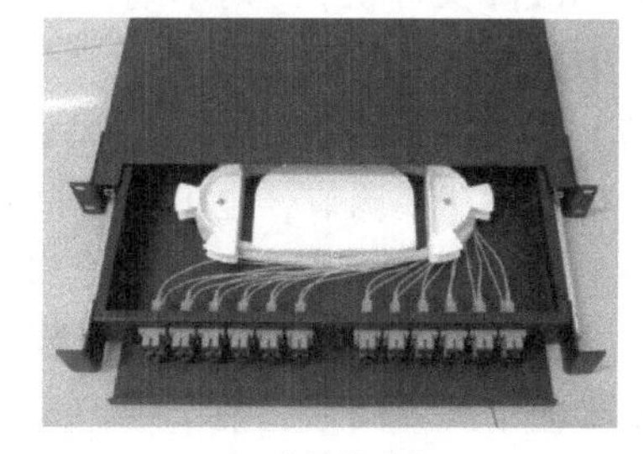

c) 光缆终端盒

图 5-42 数据传输介质示意图

（3）风电场数据存储 风电场数据存储是用于完成风电场数据的实时存储以及历史数据的压缩存储，一般分为数据库实时存储、数据文件压缩存储以及备份存储三种方式。

1）数据库实时存储的数据应用于风电场远程监控实时监视界面、部分统计报表功能，可以实时监控风电场设备的运行情况，也可以将实时数据转化成历史数据用于风机报表的输出。

2）数据文件压缩存储主要是把历史数据进行打包处理，以便节省存储空间，同时也将风电机组的高分辨率数据提取打包，便于工程师对风电机组的性能进行分析。

3）备份存储的主要目的是为了防止一台服务器出现故障造成监控数据丢失的现象。现在风电场远程监控系统的双机热备功能就要求必须对风电场设备的运行数据进行双份存储，以备不时之需。

不同的数据存储，其存储介质及周期也不同。

（4）风电场数据监测　风电场数据监测提供系统终端所需要的监测界面与分析计算手段，以及远程用户无线报警机制，如图 5-40 所示的界面。

风电场数据监测包括面向各类终端用户使用的监控中心内部终端、远程网络终端、监测报警终端以及移动 APP 等，从而实现对风电场设备状态的实时监测。

（5）风电场数据发布　风电场数据发布指的是风电场远程监控系统与第三方监控系统之间的相互数据传输功能。

风电场数据发布能提供面向远程用户的一种标准数据发布手段，它由监控中心的应用服务器实现，接口一般采用标准的 OPC 技术，远程用户通过客户端或者 Web 浏览器实现数据浏览和访问。

（6）风电场数据分析　风电场数据分析提供风电场数据的分析手段，包括风电场数据统计、报表、性能评估等，如生成报告、功率曲线、气象数据等功能，根据这些数据可以对风机进行优化设计，例如：

1）风机功率曲线。风机的功率曲线算法是根据 IEC61400－12 的标准进行计算的，通过实际的功率曲线可以很直观地判别风机的性能是否满足设计需求。

2）风机可利用率。风机可利用率要结合风机的设计性能去综合分析和计算。风电机组在运行过程中会遇到各种各样的工况导致其停机，在进行可利用率计算之前要对停机故障的类型进行分析，如果超出机组的设计性能导致的停机（如机组设计能承受的极限风速为 70m/s（可持续承受 3s），超过此极限风速导致机组停机可以归纳为不可抗拒力停机，而非故障类停机），则不纳入故障停机的行列，这样就可以保证可利用率计算的客观性和有效性。

（7）风电场设备控制功能　风电场设备控制功能能实现远程对风电机组进行起动、停止、复位及对功率调节，也可以通过特定的接口或者协议控制变压器的合闸和断开。

（8）系统异常报警及系统安全日志　系统异常报警功能是风电场远程监控系统检测系统自身异常报警，如：网络异常报警、RTU 异常报警以及监控中心设备异常报警等，并将报警信号输出到界面上，便于维护人员及时进行处理。

风电场远程监控系统可以记录任何用户的操作轨迹并形成操作日志，对于重要的运行操作日志信息将通过网络等方式通知到相应的监测终端，确保责任到人。

（9）用户配置管理　用户配置管理一般是针对风电场以及风机信息的配置管理、用户权限设置等。

不同的用户提供不同的访问权限。

思考与练习

一、选择题

1. 当风向标检测到风向发生持续性变化时，风电机组会执行________。

A. 运行　　B. 停机　　C. 偏航　　D. 变桨

2. 当风速持续高于额定风速但还未超出机组的切出风速时，风电机组会执行________。

A. 运行　　B. 停机　　C. 偏航　　D. 变桨

3. 在解缆的过程中，风电机组的状态应该为________。

A. 运行　　B. 停机　　C. 急停　　D. 变桨

4. 风电机组主控系统与变流器之间一般采用________进行通信；主控系统与本地监控系统之间一般采用________进行通信。

A. CANOpen　　B. Fastbus　　C. Profibus　　D. TCP/IP

5. 风电机组主控系统与机舱控制系统之间一般采用________进行通信。

A. 网线　　B. 跳线　　C. 尾纤　　D. 光纤

二、简述题

1. 在车间调试环节中，如果发现控制柜内存在漏电现象，该如何处理？

2. 举例说明如何采用相序表对电源进行相序检测。

3. 在风电机组调试过程中，需要对某条回路的电流进行检测且不能动原有线路的接线，应该采用什么仪表去检测电流？并说明此仪表的使用方法。

4. 在风电机组调试过程中有故障产生，导致此故障的可能原因是线路问题，请说明如何对线路进行检测并排除相应故障。

5. 简述风电机组紧急安全回路的组成。

6. 在风电场现场，机舱内部发生某些问题但机组未自动停机，此时现场指挥要求你在不能进入机舱的情况下必须给机舱断电，该如何操作才能确保机舱断电？其控制原理是什么？

7. 某类型的风电机组，其自身用电总电源要求为AC380V/125A，且需要将电源引入到塔基控制柜（主控柜）内的X0—1、2、3、N、PE端子上。按照操作要求，工程师已经将外部电源引入到塔基控制柜内并按照电气工艺要求正确接线，接线完成之后要求你对此电源进行测试，确保其符合机组用电要求，请写出电源测试的主要步骤、内容及正确现象。

如果总电源要求为AC 690V/125A，其正确现象又该如何？

8. 在每个控制柜内均设置有柜内冷却及加热系统，其主要目的是什么？

9. 风电机组在车间调试过程中要使用到调试软件，调试软件一般安装在调试计算机上，请简要说明如何接线及配置才能确保计算机上的调试软件可以与风电机组建立通信。

10. 已知一个风速计的输出信号为一组脉冲信号，通过特定电缆已经将此信号送至机舱控制柜内的PLC I/O模块的指定输入接口，在风速计及PLC设备完好且对应电源供应正常情况下，手动转动风速计：

- 正常情况下，PLC风速检测接口的状态指示灯应该呈现怎样的状态？

• 在确定了设备都是完好且电源供应都正常的情况下，发现PLC风速检测接口的指示灯未能按照要求显示，那么造成此问题的可能原因是什么？该如何解决此问题？

注：已知风速计到PLC之间的信号线走向如下：

风速计信号线（黄色）----X4.30（机舱控制柜内的端子排）----PLC数字量输入/输出模块A的35号通道。

11. 在车间调试过程中，通过监控系统发现风电机组报出了“偏航电动机1过载”故障，请说明此故障产生的可能原因及对应的排除方法。

12. 请举例说明风电机组常用的一种类型的扭缆传感器的结构及性能检测方法。

13. 请简要说明：在对风电机组叶轮系统进行车间调试前需要做哪些准备工作？叶轮系统车间调试过程中的主要注意事项有哪些？

项目六　风电机组现场调试

风电机组现场调试是风电机组可以并网发电的最后一个步骤，只有确保整机的控制功能、安装工艺全部符合设计要求才可以正常发电。风电机组现场调试的目的主要如下：

1）排除风电机组各子系统存在的各种问题，如车间调试未发现以及运输过程或吊装过程中导致的故障。

2）确保风电机组各子系统之间可以达到协调一致的配合，最终实现控制目标。

3）确保风电机组可以正常并网和输出电能。

4）确保风电机组可以满发。

根据上述目的可以将风电机组现场调试分为四个步骤：

1）检查工作：机械装配、电气装配以及现场安装工艺检查。

2）静态调试：各子系统功能检查。

3）空转调试：除变流器外子系统可以协调一致工作。

4）并网调试：整机可以并网发电并可以在外界条件满足的情况下达到满发状态。

基于离网调试与并网调试内容类似，仅仅是个别环节需要设置一下，所以将此两部分放在一起进行讲解，统称为并网调试。

任务一　风电机组现场调试前的检查工作

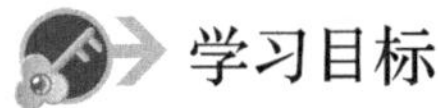

学习目标

了解风电机组现场调试前的检查工作。

任务导入

风电机组现场调试前的检查工作主要做的是哪些事情呢？如果不进行检查即直接上电调试会对机组造成怎样的影响呢？请从下面的知识准备环节中寻找答案。

知识准备

风电机组现场调试之前，必须要对现场的机械安装工艺和电气装配工艺进行检查，确保之前的工艺完全符合要求才能进入调试环节。

一、风电机组装配及安装检查

1）检查现场的风电机组整机组件是否已经全部吊装完成，安装手册中对应项的签字手续是否也已经签字确认。

2）检查机组的所有高强度紧固螺栓组是否全部预紧到位，每个安装平面随机抽取10%进行检查，查看紧固力矩是否符合要求。

3）查看机组的所有电气部件及子系统是否已经全部安装完成，并确认安装合格。

4）检查变流器与发电机之间的动力电缆的连接是否已经完成，并对相序以及绝缘性能进行测试。

5）检查接地系统的电缆全部连接完成，接地电阻符合技术文件要求。

6）确定箱变到塔基的电缆已经连接完成，检查其相序、绝缘性能是否符合要求。

7）确定塔基与机舱之间的通信光纤、供电电缆以及安全链等全部连接完成，并对绝缘性能进行测试。

8）确保机舱与轮毂之间的通信以及电源传递电缆全部连接完成，且连接可靠。

9）查看控制柜内的主断路器、开关、熔断器以及过载保护元件全部处于断开位置。

10）检查润滑系统的油脂液位是否符合要求，检查其管路是否存在漏油点。

11）检查液压系统的液压油的液位是否符合要求，检查液压管路是否存在漏油点。

12）检查变桨齿轮的齿面和偏航齿轮的齿面的润滑油脂是否全部涂抹完成。

13）查看现场调试所需要的图样和资料是否全部准备到位，所需资料见表 6-1。

表 6-1 风电机组现场调试所需图样和资料

序号	图样或资料名称
1	主控柜电气控制原理图
2	机舱控制柜电气控制原理图
3	叶轮控制柜电气控制原理图
4	风电机组现场安装手册
5	风电机组现场调试手册
6	电气接线相关的工艺手册（车间和现场）
7	风电机组部件、传感器的相关说明书/手册

14）查看调试工具是否已经全部准备到位，所需要的调试工具见表 6-2。

表 6-2 风电机组现场调试所需的调试工具

序号	工具名称	数量	单位	说明
1	数字式万用表	2	块	
2	钳形表	1	块	
3	绝缘电阻测试仪	1	个	
4	相序表	1	块	
5	红外测温枪	1	把	
6	调试用笔记本式计算机	1	台	
7	网线	2	根	每根长 5m 左右
8	对讲机	3	个	用于塔基、机舱、轮毂的通话
9	工具箱	1	个	内部装有螺钉旋具、斜口钳、剥线钳等
10	攀爬安全装置	若干	套	包括安全帽、安全带、滑块、安全绳索、防坠装置、助爬器等

二、风电机组电气装配及电缆核对

风电机组有些部件和其电缆是必须在现场安装的，所以这些部件和电缆并未系统地做过测试，在现场调试之前必须对部件装配和所用电缆进行核对。

对现场新敷设的所有电缆（见表6-3）均要进行检查和核对，确保电缆用对，安装工艺也符合要求。现场敷设的电缆包括：发电机、变流器、箱变、塔基、机舱之间的动力电缆、信号电缆等，电缆的类型、数量、电缆头的制作、接线等工艺应符合工艺要求；整台机组包括箱变的接地电缆均要进行检查。

表6-3 风电机组现场调试前的电缆检查

序号	检查项目名称	说明
1	风速仪电缆	
2	风向标电缆	
3	航空障碍灯电缆	
4	气象站接地电缆	
5	机舱接地电缆	
6	塔筒间接地线	
7	塔基控制柜接地电缆	
8	变流器接地电缆	
9	箱变接地电缆	
10	发电机到开关柜的动力电缆	AC690V
11	开关柜到马鞍面的动力电缆	AC690V
12	马鞍面到变流器机侧的动力电缆	AC690V
13	变流器网侧到箱变的动力电缆	AC690V
14	箱变到主控柜的动力电缆	风电机组自身用电
15	主控柜到机舱的动力电缆	机舱电气设备用电
16	主控柜到机舱的通信光纤	
17	主控柜到机舱安全链电缆	
18	主控到变流器的通信电缆	
19	主控到变流器的电源传递电缆	一般为AC220V
20	主控到变流器水冷柜的供电电缆	水冷泵等的用电
21	主控对变流器水冷柜的信号电缆	水冷压力及温度等信号
22	主控到变流器水冷风扇的电源传递电缆	水冷风扇用电
23	机舱到叶轮的通信电缆	
24	机舱到叶轮的电源传递电缆	
25	叶片的防雷系统接线	

三、风电机组上电前的检查

上述检查全部合格的情况下，可以准备给机组进行上电。上电前需要对如下内容进行检查：

1）查看机组主断路器、所有控制柜内的开关/熔断器是否全部断开。

2）所有电气接线是否存在短路现象。

3）接地是否牢靠。

4）查看主控柜柜门上的维护开关是否处于维护状态。

5）采用万用表检测主控柜内主断路器的进线端是否有电压。

6）闭合控制柜内所有的开关和熔断器。

7）检测风电机组用电总进线端的相间电阻、对地电阻，并确认无短路。

8）检测风电机组弱电总电源端子的对地电阻，并确认无短路。

9）断开控制柜内所有的断路器、熔断器和过载保护元件。

10）检查箱变低压侧是否已经上电，电压是否符合要求，检查引出线的相序是否为正相序。

11）闭合箱变低压侧给机组供电的断路器，查看风电机组主控柜主断路器进线端电源的相序、线电压、相电压是否符合要求。

任务实施与评价

1. 任务实施

“风电机组现场调试前的检查工作”任务实施表见表6-4。

表6-4 “风电机组现场调试前的检查工作”任务实施表

<table>
<tr><td>任务名称</td><td colspan="3">风电机组现场调试前的检查工作</td></tr>
<tr><td>小组成员</td><td></td><td>日期</td><td></td></tr>
<tr><td>任务描述</td><td colspan="3">任意选择一台现场吊装完成的机组，根据其电气接线图和机械装配工艺手册对电气线路、机械连接以及调试前必须准备到位的资料或设备等进行检查，并采取易读易理解且简单明了的方式记录检查结果，将检查结果提交给相关负责人</td></tr>
<tr><td>任务实施</td><td colspan="3">检查记录：</td></tr>
<tr><td>任务总结</td><td colspan="3"></td></tr>
</table>

2. 任务评价

任务评价表见表6-5。

表6-5　任务评价表

任务	基本要求	配分	评分细则	评分记录
检查前的准备工作	检查所需要的记录表格准备到位；电气接线图准备到位；机械装配工艺手册准备到位	20分	记录表格不完整，一处扣3分	
			资料未准备到位，一份扣5分	
			看不懂电气点接线，发现一次扣3分	
			不熟悉机械装配工艺点要求，发现一次扣3分	
检查记录	表格记录要完整，所记录的内容简单且易懂；发现异常时要进行判断并记录处理方法	60分	缺少、漏记或记录不规范，一处扣2分	
			未发现检查结果异常，一处扣3分。发现检查结果异常：不会处理，一次扣5分；会处理但是未登记，一次扣5分	
个人安全防护用品穿戴	个人安全防护用品穿戴符合要求	10分	每发现一处不合格，扣3分	
6S	工作区域符合6S规范要求	10分	每发现一处，扣3分	

任务二　风电机组静态调试

学习目标

了解风电机组静态调试的主要内容及调试方法。

任务导入

风电机组静态调试的具体内容有哪些呢？调试方法和步骤跟车间的子系统功能调试是否有区别呢？请从下面的知识准备环节中寻找答案。

知识准备

风电机组的静态调试就是对风机的各个部件及功能进行单独调试。调试内容一般包括：通信测试、安全链测试、液压站测试、齿轮箱系统测试、偏航系统单独测试、变桨系统单独测试、发电机系统测试、变流器测试等。下面将详细阐明静态调试相关内容。

一、风电机组上电

风电机组现场调试前的检查工作全部完成，风电机组即将准备调试，此时即可准备给机组上电。上电的步骤如下：

1）确定箱变低压侧电源的相序和电压正常，且风电机组的电源回路无短路现象。

2）将机组切换到维护状态。

3）闭合箱变低压侧给机组供电的断路器。

4）检测主控柜进线端相序和电压是否正确。

5）按照技术文件要求的上电顺序依次给机组送电，机组的送电顺序按照下列顺序进行：

• 塔基设备送电：主控柜主断路器（相序、电压及相电流检测）→其他断路器按要求闭合（涉及三相电的必须检测相序、电压及相电流；单相电和弱电必须测电压和电流）；

• 机舱设备送电：机舱主断路器（相序、电压及相电流检测）→其他断路器操作按要求闭合（涉及三相电的必须检测相序、电压及相电流；单相电和弱电必须测电压和电流）；

• 叶轮设备送电：叶轮供电主断路器（涉及三相电的必须检测相序、电压及相电流；单相电和弱电必须测电压和电流）→其他断路器操作按要求闭合（涉及三相电的必须检测相序、电压及相电流；单相电和弱电必须测电压和电流）。

注：在调试期间，未对机舱或叶轮内的电气控制功能进行调试时，一般不需要给机舱或叶轮送电。

二、控制系统设置及程序下载

1）检查机组是否处于维护状态，若未处于则需要切换到维护状态。

2）风电机组上电完成后，在机组塔基位置的工程师查看机组塔基的 PLC 系统是否正常送电，在机舱位置的工程师查看机舱的 PLC 是否正常送电。

3）设置调试用笔记本式计算机的 IP 地址与主控单元在一个网段内，通过一根网线连接到主控单元。

4）将主控单元的 IP 地址的最后一位地址（如 192. 168. 1. * 中的 *）更改为要求值（一般是与风电机组编号相同，如 1 号风机设为 1，19 号风机设为 19），然后重启主控单元。

5）若机组主控柜柜门上安装有触摸屏，则按照同样的模式将触摸屏地址的最后一位数按照要求更改到位。

6）用 PLC 管理软件对硬件进行组态，查看塔基内的硬件模块是否可以全部连接到，若发现个别模块无法通过软件查看到其运行状态，则需要检查它与主控单元的通信。采用技术文件规定的方法将风电机组的所有 PLC 模块组态，确保所有 PLC 硬件的状态全部可以通过软件观测到，一旦发现异常要及时进行处理。

7）PLC 管理软件与塔基、机舱以及叶轮内的 PLC 全部建立通信后，将机组对应的应用程序分别灌输到指定位置，切记应用程序版本一定要正确。

8）重启 PLC。

三、安全链调试

1）确保机组带电，但机组的偏航系统的驱动、变桨系统的驱动、液压制动系统、变频器等强电系统均未送电，PLC 系统及操作按钮等均可以正常工作。

2）确保塔上、塔下 PLC 之间通信正常，机组处于安全停机状态。

3）分别按下塔基急停、机舱急停以及其他机组急停按钮，检查机组的安全链是否会断开；分别人为触发振动过大、超速等信号，检查安全链是否断开。

4）安全链断开后，松开急停或人为关闭振动过大、超速等信号，按下机组复位按钮，查看机组的安全链是否恢复。

5）查看车间调试报告，安全链未调试的项目在现场必须要调试一遍。

说明：不同厂家的机组的安全链设计不同，在现场要对安全链上所有的触点进行调试。

四、子系统调试

子系统调试是在机组吊装完成且现场电气装配完成之后对机组进行调试和校准的一个步骤。

子系统的调试步骤和内容类似车间调试环节，在车间调试环节未进行调试的项目必须在现场进行一次静态调试；在车间调试中已调试过的内容也需要再进行一次现场调试，以排除机组在运输、吊装、电气装配过程中可能导致的各种问题。

注：下面即将要说明的现场静态调试的内容选取的是部分主要内容，并未对所有调试项目一一阐明，在实际调试时，要以公司提供的现场调试手册为准，本部分仅供参考。

1. 塔筒照明调试

塔筒照明系统由主控柜供电，其操作开关在塔筒门入口处（塔筒内壁）或安装在主控柜侧面，塔筒照明系统的调试步骤如下：

1）确保主控柜已经带电。

2）按照调试手册要求依次闭合主控柜内塔筒照明回路上的供电开关，检测主控柜柜内塔筒照明端子是否正常带电。

3）闭合塔筒照明开关，查看塔筒照明灯是否点亮。

4）根据现场调试需求，看是否需要关闭塔筒照明灯。

2. UPS 调试

1）查看 UPS 与 PLC 的通信是否正常，确保 PLC 可以检测到 UPS 的状态。

2）从机组开始调试即开始给 UPS 充电，充电时长按照 UPS 说明书要求。

3）断开 UPS 的外部供电，查看 UPS 是否可以正常运行，查看 UPS 的供电回路是否可以正常送电；检验 UPS 在输入电源断开的情况下是否可以持续运行预期时长并记录。

4）当 UPS 耗电完成后，此时闭合 UPS 的外部供电开关，查看 UPS 是否可以自动重启和输出。

3. 通信功能调试

通信功能是指风电机组控制系统之间的相互通信，在对机舱、叶轮或变流器调试之前必须先对通信进行调试，调试的内容如下：

1）查看通信连接线是否连接到位。

2）查看机组供电是否正常，DC24V 是否正常。

3）对机舱调试前给机舱送电，查看机舱控制柜内的 PLC 模块是否可以正常工作；对叶轮调试前给叶轮送电，查看叶轮控制柜内的 PLC 模块是否可以正常工作。

4）通过 PLC 管理软件查看是否可以对所有 PLC 硬件进行组态，若出现异常，请对电源、通信连接线、PLC 的背板通信以及 PLC 模块进行综合检查和判别。

4. 风速风向仪的调试

1）给风速风向仪送电。

2）通过调试软件查看风速、风向信号是否有变化。

3）查看风向标的零点与机舱方位的关系（零点与机舱正尾方的角度差），是否符合调试软件界面显示的数值。

4）转动风向标，使其头部对向机舱正前方，此时调试软件上的风向数值应为零。

5）在步骤3）的基础上将风向标头部分别顺时针、逆时针各摆动90°，查看调试软件上的风向数值是否分别显示正90°、负90°。

6）在步骤3）的基础上顺时针将风向标转动180°，查看调试软件界面上的风向是否为180°。

注：在对风向标进行操作时，操作人员须爬到机舱顶部，在此之前必须做好个人安全防护，并通过安全绳将自己固定在机舱上。

5. 液压系统的调试

1）检查工作：

① 液压油管的连接是否正确。

② 查看油管是否有破损或漏油的点，确保排气孔已经完全堵上。

③ 查看液压油的油位是否符合要求。

④ 查看阀门的初始状态是否都符合设计要求。

2）通过调试软件查看液压油位情况是否与实际相符合。

3）参考车间液压系统调试过程对液压系统进行打压和泄压调试，并记录；确保液压系统可以正常工作。

4）通过调试软件关闭液压制动系统。

5）检测偏航制动片前后的间距是否在规定范围内，如果异常需要在松开制动（低压或零压）的状态下对间隙进行调整，使其达到规定范围。

6. 偏航及扭缆调试

1）检查工作：

① 采用塞尺检查偏航齿轮与偏航减速器齿轮的啮合间隙是否符合工艺文件要求并记录。

② 在起动偏航系统之前，确保齿轮润滑已到位。

③ 确保所调机组的偏航系统已经进行过车间调试，几个偏航驱动的旋转方向保持一致。

④ 查看调试软件界面上的风向标角度值与实际角度值是否一致。

⑤ 查看偏航报警信号是否全部清除。

2）闭合偏航驱动系统的供电电源，确保偏航电动机已经正常送电。

3）选择手动偏航模式进行左偏航或右偏航，使调试软件所显示的扭缆角度为零，查看动力电缆是否垂直无弯曲。

注：一旦发现弯曲现象，可以通过偏航调整为垂直，同时对扭缆传感器进行调整，确保主电缆垂直无弯曲时，调试软件界面显示的扭缆角度值为零。

4）手动测试合格后，确保液压系统可以正常工作，此时将偏航控制调整为自动控制模式，查看风电机组的偏航方向是否符合要求，风向标的指向是否正确，偏航到位后风向角度值是否在允许范围内，偏航到位后液压制动系统是否起动，并读取制动压力值；同时查看在自动偏航过程中是否有相关事件被触发。

5）通过调试软件关闭偏航系统。

7. 温度传感器的调试

1）确保机组的所有温度传感器均已正确送电。

2）通过调试软件界面查看对应设备的温度检测数值，正常应该为每个温度传感器所处环境温度。

3）若调试软件界面显示的数值为 $-273°C$，则需要对 Pt100 的接线进行检查。

8. 润滑系统的调试

1）根据技术文件要求设置润滑周期和间隔。

2）给润滑系统送电。

3）通过调试软件手动起动润滑泵，查看润滑泵是否正常运转，并检验系统运行的平稳性和噪声情况；查看润滑系统是否堵塞。

4）手动触发油位低信号或活塞堵塞信号，查看是否可以正常触发相应事件。

5）通过调试软件手动停止润滑泵，复原系统，清理油脂。

9. 发电机冷却功能调试

1）查看冷却风扇外部的保护网或过滤网是否有杂质，一旦发现必须清除。

2）根据调试手册闭合发电机冷却系统的电源开关。

3）根据环境温度设置冷却扇的起动温度，确保起动温度要低于环境温度。

4）通过调试软件起动发电机冷却扇，查看风扇的旋转情况（抽风还是吹风）。

5）若风扇旋转情况与要求不一致或噪声异常，则需要检查电源是否接反。

10. 变桨系统调试

1）检查工作：

① 查看机组的方位是否符合变桨调试时机组的位置要求，若不是，通过手动偏航将机组偏航至指定位置并制动。

② 检查变桨系统调试前的准备工作是否到位，若存在后备电源，必须断开后备电源断路器。

③ 检查变桨齿轮是否已经有效润滑，确保齿轮缝隙内无杂物。

④ 确保轮毂已经打到维护状态且已经被锁紧。

⑤ 确保工作人员已经远离转动面。

2）通过调试软件选择手动控制模式。

3）依次对每个叶片进行顺时针和逆时针方向的变桨，查看每个叶片是否可以变桨，其方向是否正确，变桨速率是否符合要求。

4）依次将叶片变桨到限位开关处，查看限位指示灯是否点亮，查看调试软件变桨角度数值是否符合技术文件要求。

5）依次将叶片再变桨至零度位置，查看叶片零位和安装零位指示是否对齐；查看调试软件界面上的变桨角度是否为零，若不为零，复位角度编码器。

6）通过调试软件停止手动变桨。

11. 紧急变桨调试

1）确认叶轮已经锁紧，轮毂控制柜上的维护开关打到维护状态。

2）通过手动偏航按钮调整机舱方向，使其与技术文件要求相同。

3）每个叶片的紧急变桨过程一般如下：

① 将叶片先变桨至技术文件要求的位置，然后设定变桨角度最终位置为零度位置，起动变桨。

② 查看叶片是否可以按照规定的方向变桨到零位，变桨过程中注意查看相应变桨参数，查看轴承转动是否平稳且无异响，到达零度点是否停止。

③ 再设置变桨角度到安全位置，起动变桨，查看叶片是否按照规定的方向从零位往安全位置转动。

④ 停止变桨。

注：

● 变桨轴承润滑系统的测试同上述润滑系统的测试；变桨内温度的监测同上述温度传感器的调试。

● 若采用电动变桨，还需要对后备电源进行测试，确保电池均可正常工作；若为液压系统变桨，需要对蓄能器进行测试，确保其存储的能量足够叶片进行紧急收桨。

● 一般情况下，风速高于8m/s时严禁进入叶轮。

● 叶轮测试内容全部完成后，解除叶轮锁定。

12. 叶轮转速编码器的调试

1）确定叶轮已经解除锁定。

2）通过调试软件的叶轮转速监测界面查看叶轮转速是否在变化，且其数值与实际转速是否相符合。

13. 变流器冷却系统的调试

（1）冷却泵的调试

1）闭合变流器冷却泵的供电开关，确保已经正确送电。

2）确保冷却管路内充满规定压力的冷却液。

3）在变流器冷却系统的调试界面，选择手动控制模式。

4）起动变流器冷却泵，查看冷却泵的运转方向、入口及出口压力值、入口及出口温度值是否符合要求。若压力不满足要求，则需要排除管路内的气泡或确定压力传感器正常；若温度异常，请检查接线或温度传感器。

5）通过调试软件手动关闭冷却泵。

（2）冷却风扇的调试

1）确保冷却风扇均可以正常送电。

2）通过调试软件选择手动控制模式，对每个冷却风扇进行调试，具体如下：

手动起动一个冷却风扇，查看风扇是否运行且其运转方向是否符合要求，并听一下运行的声音是否异常；

手动关闭冷却风扇。

（3）冷却液加热器的调试

1）查看冷却液入口及出口温度是否与环境温度相符。

2）给冷却液加热器送电。

3）接通冷却泵，确保冷却阀打开到指定位置。

4）在调试软件的冷却液加热控制界面控制选择手动控制，手动起动冷却液加热器。

5）查看冷却液入口及出口的温度是否依次增加。

6）手动关闭冷却液加热器，并将冷却阀关闭。

7）关闭冷却泵。

14. 变流器调试

1）闭合主控柜内给主、从变流器送电的断路器。

2）确定主、从变流器电源进线端已经带电，按照要求闭合变流器的相应断路器，确保其控制器可以正确送电。

3）将变流器参数上载，重启 PLC 和变流器的控制器。

4）查看事件界面是否有规定的变流器事件触发，是否可以通过主控柜柜门上的复位按钮对相应事件进行复位。

5）查看主、从变流器的控制电路温度值是否与环境温度相符。

6）采用指定方法操作变流器，查看 PLC 的 I/O 通道的亮灭是否符合要求。

7）按照规定人为触发部分变流器相关事件，查看事件是否可以通过调试软件观察到。

8）恢复操作前的状态，若要继续对机组进行下一步的测试，可以先不关电源。

任务实施与评价

1. 任务实施

“风电机组现场静态调试”任务实施表见表 6-6。

表 6-6 “风电机组现场静态调试”任务实施表

任务名称	微型直驱型风电机组现场静态调试		
小组成员		日期	
成员分工说明			
任务实施环节问题记录			
任务描述	现有一台微型直驱型风电机组，其可以正常起动、发电、存储电能、变桨和偏航等。目前现场吊装及电气装配环节均已完工且合格，在并网前需要对机组进行静态调试 已提供的资料包含：风电机组电气控制原理图、风电机组电气调试手册、风电机组现场安装手册 请根据上述资料对机组进行现场静态调试并记录		
任务实施	提交记录完整的现场调试手册一份		
任务总结			

2. 任务评价

任务评价表见表6-7。

表6-7 任务评价表

任务	基本要求	配分	评分细则	评分记录
工具的准备	静态调试所需要的工具准备到位	10分	少一个工具，扣2分	
			工具损坏未发现，一个扣2分	
			拿错一个工具，扣1分	
资料及其他准备	调试所需要的资料、软件、耗材等的准备	10分	资料缺少一份扣2分	
			其他材料缺少一份扣2分	
风电机组现场静态调试	严格按照调试手册对机组进行静态调试和记录	70分	带电改线或接线，扣70分	
			调试跳步，缺少一步扣5分	
			调试记录缺少一处扣5分	
			调试操作不规范，发现一次扣5分	
			调试未按步骤进行，发现一次扣5分	
6S及个人安全防护	工作区域符合6S规范要求	10分	每发现一处，扣3分	
	个人安全防护用品穿戴符合要求		每发现一处不合格，扣3分	

任务三 风电机组并网调试

学习目标

了解风电机组并网调试的主要内容及调试方法。

任务导入

风电机组并网调试的具体内容有哪些呢？调试方法和步骤跟静态调试是否有区别呢？请从下面的知识准备环节中寻找答案。

知识准备

风电机组现场静态调试环节完成且各项调试均通过后，方可进入并网前的调试。在风电机组正式并网调试前，先要进行空转调试，确保除机组变流器之外其他子系统之间可以协调一致地工作。空转测试合格后，方可进入并网调试环节。

一、风电机组空转调试

1. 风电机组空转调试前的检查及准备工作

1）确保风电机组控制柜内所有开关均处于闭合状态，断路器均已合上。

2）查看当前风速，一般要求风速在 10m/s 以下。

3）确保当前机组的所有急停开关的功能正常。

4）在空转期间，要确保机组不会以共振转速运转。

5）确保机组处于安全状态，其运行频率不会与塔筒固有频率相同。

6）空转测试时，一旦出现不确定或者不正常的情况，必须立即停机，紧急时可以按下主控柜柜门上的急停按钮。

7）确保风电机组的应用程序已经为现场空转调试版本，查看调试软件的事件列表里的所有停机类故障是否均已清除。

8）确保紧急变桨所需要的后备电源或蓄能器均可以正常工作。

2. 风电机组空转调试

1）将主控柜柜门上的维护开关关闭。

2）再次查看风电机组正在触发的事件并记录，若有故障类事件必须要进行排除；故障处理完成后，按下主控柜柜门上的复位按钮对事件复位。

3）打开调试软件：查看机组目前所处的状态；查看当前风速计叶轮转速值。

4）主控柜柜门上风电机组起/停控制调试。

① 风电机组起动条件满足时，手动按下主控柜柜门上的起动按钮去起动风电机组，查看风电机组的起动运行状态是否被激活；

② 在起动运行状态被激活但是还未并网发电前，按下停止按钮，查看机组状态是否切换成待机状态。

5）调试软件界面上风电机组起/停控制调试。

① 风电机组起动条件满足时，单击调试软件风电机组控制界面上的起动按钮，查看风电机组的起动运行状态是否被激活；

② 在起动运行状态被激活但是还未并网发电前，按下调试软件风电机组控制界面上的停止按钮，查看机组状态是否切换成待机状态。

6）风电机组空转调试内容和方法。

① 正常起/停控制调试。

• 确保风速在调试允许范围内，通过调试软件的风电机组控制界面起动风电机组，查看风电机组的起动运行状态是否被激活；

• 确认风电机组的偏航系统、变桨系统、冷却系统以及润滑系统等均处于自动运行状态；

• 观察机组起动后，是否开始执行偏航对风操作，变流器是否起动；

• 对风完成后，风电机组是否开始变桨动作，将叶片往起动位置转动；查看轮毂的转速是否在增加；

• 当轮毂转速达到并网转速值时，查看风电机组是否处于发电状态；

• 风电机组运行规定时间后，在此期间观察：偏航控制功能是否可以保持机组叶轮迎风；轮毂转速是否在设定值范围内；

• 规定时间到达后，通过调试软件的风电机组控制界面停止风电机组，确认风电机组是否可以执行正常停机动作，叶片是否开始往变桨起动位置转动且到达起动位置时停止，查看机组的待机状态是否被激活；

• 按照规定要求将调试过程和结果进行记录。

② 紧急起/停调试。

• 确认风速在调试允许范围内，通过调试软件上的风电机组控制界面起动风电机组，查看风电机组的起动运行状态是否被激活；

• 当叶轮转速上升到规定值且稳定运行指定时长后，按下紧急停止或触发超速信号，查看机组是否是急停状态，查看变桨角度是否按照要求进行快速收桨，查看机组是否有与急停相关的事件触发，查看机组最终是否可以达到安全停机状态，根据调试手册要求记录相关文档或数据；

• 机组可以按照紧急停机模式安全停机，调试合格。

③ 空转调试。

• 确认当前风速在允许空转调试的风速范围内；

• 打开调试软件，确保无停机类事件触发；

• 通过调试软件记录调试手册中要求记录的设备运行参数，如主轴温度、发电机定子温度、风速、风向、变桨角度等；

• 通过调试软件起动风电机组，待风电机组处于空转运行稳态时，记录调试手册中要求记录的设备运行参数；

• 待风电机组空转运行指定时间长度后，再次对上述参数进行查看并记录，同时查看是否有新的事件触发并记录；

• 对上述参数进行比对分析，确保机组处于安全空转状态；

• 待风电机组运行指定时间长度后，进行正常停机操作，确保机组可以切换到安全停机状态。

注：

现场空转调试时，具体细节和操作方式请以厂家提供的现场调试手册为基准，本部分仅供参考。

空转调试完成且合格后，方可进入试运行也即并网调试阶段。

二、风电机组并网调试

风电机组并网调试前的如下条件必须满足：

1）现场风电机组空转测试完全合格。

2）风电机组无故障触发。

3）未来一段时间的风速在规定并网调试的风速范围内。

4）变流器调试合格。

风电机组并网调试前的检查及准备工作同空转测试，唯一需要再次确认的就是变流器功能是否还是同之前一样正常。所以如果有要求，就需要再对变流器进行一次调试，确保其可以与发电机建立正常的控制功能。

1. 注意事项

1）风电机组开始并网运行前，要确保所有工作人员已经撤离机舱和轮毂。

2）风电机组运行过程中产生故障时，必须立即停机并进行处理。

3）确认变流器可以远程控制。

4）风速要在允许范围内。

5）风电机组在试运行阶段，必须有人时刻监控风电机组的运行状态。

2. 风电机组并网调试内容

（1）限功率（慢速）运行调试

1）通过调试软件将风电机组所有子系统的控制模式均改为自动控制模式。

2）查看机组的维护开关等是否都已松开，偏航对风工作是否已经完成，主轴的制动是否松开。

3）通过调试软件限定风电机组最大输出功率（按照规定设置）。

4）通过调试软件起动风电机组，查看风电机组是否可以自动起动并且达到发电运行状态，变流器是否可以在规定的转速时合闸，在起动的过程中时刻观察变桨角度等相关参数，确保机组的安全。

5）机组开始发电后，时刻监控风电机组的运行状态。

6）限功率运行最小时长以调试手册要求为准，到达指定时长后根据当前风速条件确定是否要停止风电机组运行，若停止时要查看风电机组是否可以安全停机。

7）机组安全停机后且风速条件满足的情况下，即可进入下一步：满载运行调试。

（2）满载运行调试

1）确保限功率运行时，风电机组的各种工况良好，且触发的事件已经得到完善的解决。

2）查看风电机组以及其他子系统当前的状态，确保其可以安全正常起动。

3）修改风电机组限定功率输出（一般采用分段逐渐放开功率的方式，并非一步直接设定为额定功率）以及转速等参数，确保机组可以逐渐达到满发状态。

注：*每次修改参数前都必须停止风电机组，修改完成后要重新起动 PLC。*

4）通过调试软件起动风电机组，查看风电机组是否可以正常起动，变流器是否可以正常合闸，待风电机组发电后，记录变流器并网参数。

5）运行指定时长后，停止风电机组，查看风电机组是否可以正常切换到待机状态。

6）再次起动风电机组，按照要求继续观察风电机组的运行状态并记录相关参数，待运行一段时间后，条件允许的情况下再对风电机组进行超速等急停测试，查看风电机组是否可以正常急停。

7）根据调试手册要求再对机组进行必要的无功功率测试、低电压穿越测试等。

8）待风电机组稳定运行至少 24h 后，记录风电机组的运行参数并进行分析，确保风电机组处于安全且功能良好的运行状态下。

9）满载且连续稳定运行指定时长后，可以停止风电机组，查看机组的状态并记录相关参数，此时风电机组的所有现场测试均已完成。

(3) 调试完成　风电机组现场调试完成后，需要再完成以下工作：

1) 确保机组已经安全停机，且叶片在指定位置。

2) 按照规定确定是否要给机组断电，并且机组维护开关是否要打到维护状态等。

3) 确保控制柜内的所有相关文档都已归位，柜门也已关闭，柜门钥匙放到指定位置。

4) 现场调试记录已经完成且已归档，并将变流器现场调试记录也一并归档。

5) 备份变流器的参数设置文件。

6) 备份变压器以及变电站等与机组安全相关的资料。

7) 其他与风电机组安全相关的文档、操作等按照要求进行。

任务实施与评价

1. 任务实施

“风电机组现场并网调试”任务实施表见表6-8。

表6-8　“风电机组现场并网调试”任务实施表

任务名称	微型直驱型风电机组现场并网调试		
小组成员		日期	
成员分工说明			
任务实施环节问题记录			
任务描述	现有一台微型直驱型风电机组，其可以正常起动、发电、存储电能、变桨和偏航等。目前现场吊装及电气装配环节均已完工且合格，且已经完成现场的静态调试，现需要对其再进行并网调试 已提供的资料包含：风电机组电气控制原理图、风电机组电气调试手册、风电机组现场安装手册 请根据上述资料对机组进行现场并网调试并记录		
任务实施	提交记录完整的现场调试手册一份		
任务总结			

2. 任务评价

任务评价表见表6-9。

表6-9　任务评价表

任务	基本要求	配分	评分细则	评分记录
工具的准备	并网调试所需要的工具准备到位	10分	少一个工具，扣2分	
			工具损坏未发现，一个扣2分	
资料及其他准备	调试所需要的资料、软件、耗材等的准备	10分	资料缺少一份扣2分	
			其他材料缺少一份扣2分	

（续）

任务	基本要求	配分	评分细则	评分记录
风电机组现场并网调试	严格按照调试手册对机组进行并网调试和记录	70分	带电改线或接线，扣70分	
			调试跳步，缺少一步扣5分	
			调试记录缺少一处扣5分	
			调试操作不规范，发现一次扣5分	
			调试未按步骤进行，发现一次扣5分	
6S及个人安全防护	工作区域符合6S规范要求	10分	每发现一处，扣3分	
	个人安全防护用品穿戴符合要求		每发现一处不合格，扣3分	

思考与练习

一、判断题

1. 在风电机组现场调试之前，必须要检查机械装配以及电气装配工作是否均已完成，相关文档的签字文件是否已经签字盖章。 （ ）

2. 为了保证风电机组接地保护效果更好，所选接地电阻阻值越大越好。 （ ）

3. 在风电机组调试之前，为了检查机组的电源分配是否正常，必须把控制柜内的所有断路器及普通开关全部闭合。 （ ）

4. 任何三相电源都必须进行相序的检查。 （ ）

5. 机组的送电顺序是由上到下，也即先要把叶轮内、机舱内的供电开关全部依次闭合，再按照顺序依次闭合塔基控制柜内的相应开关。 （ ）

6. 一般情况下，按下风电机组急停按钮，机舱和轮毂内非UPS电源供电回路的其他回路的供电全部断开。 （ ）

7. 在调试过程中，一旦发现故障，一直按复位即可把故障消除。 （ ）

8. 在机组无任何故障、风况条件满足起动条件且电源已经全部正常供应时，按下起动按钮风电机组应该可以正常起动。 （ ）

9. 风电机组起动即开始执行并网动作。 （ ）

10. 风电机组在并网调试时进行限功率运行的主要目的是因为本地电网限电。 （ ）

二、填空题

1. 风电机组静态调试时，风电机组的维护开关应该处于________位置；风电机组离网调试时，风电机组的维护开关应该处于________位置；风电机组并网调试时，风电机组的维护开关应该处于________位置。

2. 当机组偏航到位时，风向标的零点与机舱方位的关系应为________。

3. 在静态调试前，电控柜内开关应该________（全部闭合/全部断开）；静态调试完成后再进行离网调试之前，必须要把开关全部置于________状态。

4. 当按下急停按钮时，安全链应该处于________（闭合/断开）状态；当机组发生光纤通信故障时，风电机组应该处于________状态；当风电场远程监控系统服务器故障、风电机组自身无故障且风况符合运行要求时，风电机组应该处于________状态。

5. 变流器冷却系统的出口压力________（大于/小于/等于）入口压力，冷却液出口温度________（大于/小于/等于）入口温度。

三、简答题

1. 请归纳总结一下风电机组现场调试之前的检查工作。
2. 请简述风电机组的上电顺序。
3. 请简述风电机组现场调试的基本内容。
4. 在对风电机组进行现场调试时，风电机组出现停机类故障时，应该怎么处理？
5. 请采用三种方式对风电机组进行起/停控制。

附　　录

附录 A　常用液压元件图形符号

序号	元件名称	元件的图形符号
1	液压泵	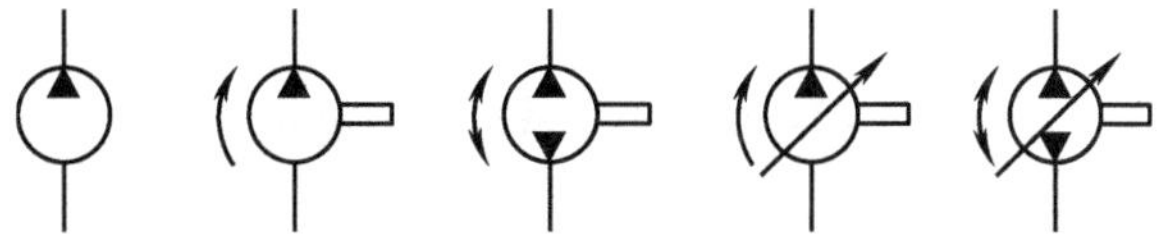
2	液压缸	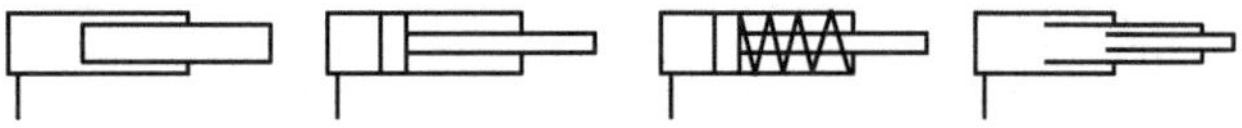
3	液压马达	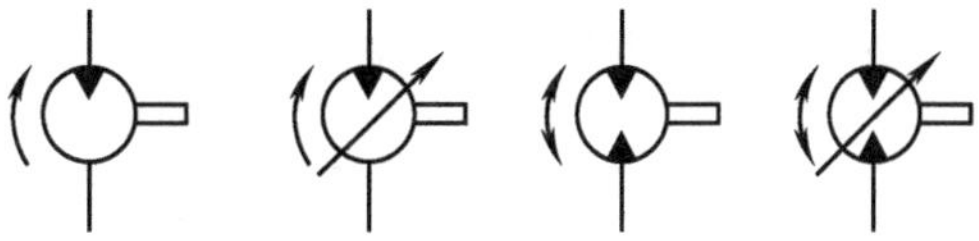
4	单向阀	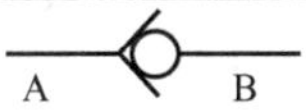 A B
5	换向阀	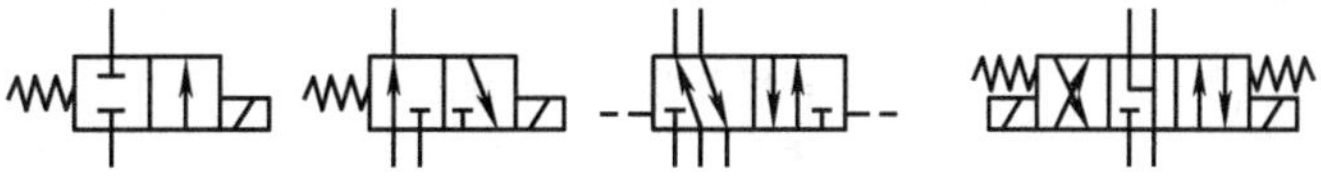
6	溢流阀	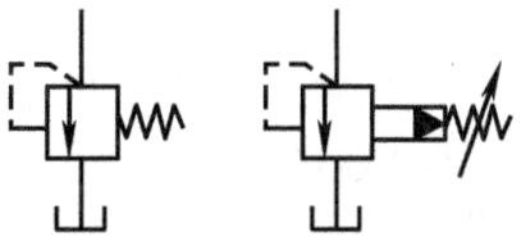
7	减压阀	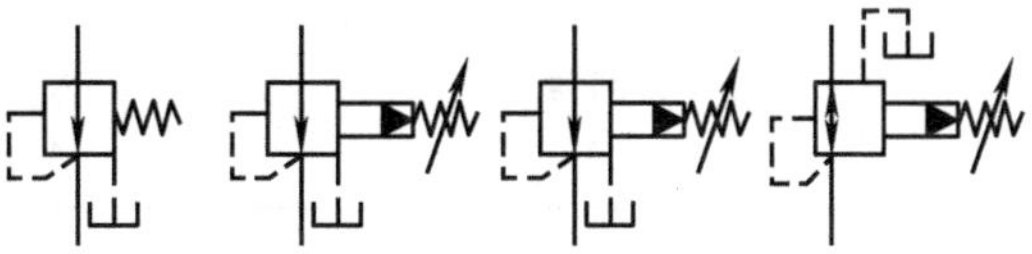
8	比例阀	 A B P T
9	压力继电器	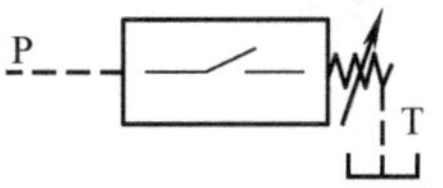 P T
10	节流阀	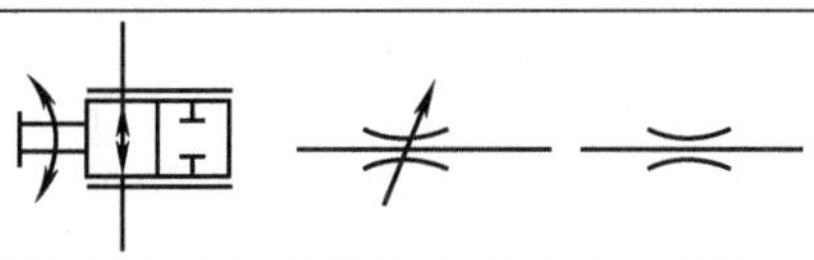

（续）

序号	元件名称	元件的图形符号
11	调速阀	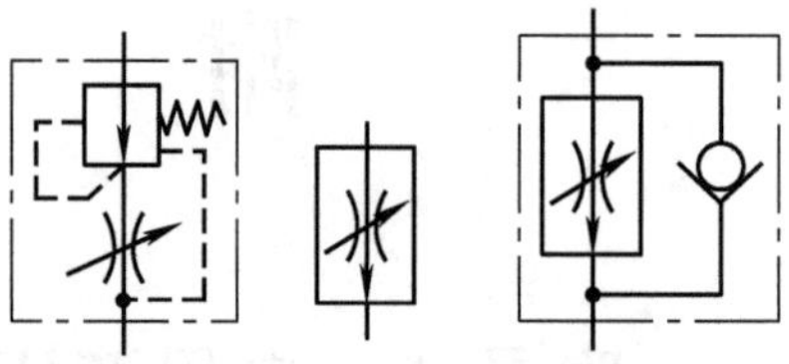
12	压力表	

附录 B　电气原理图中常用的图形符号

图形符号	说明	图形符号	说明
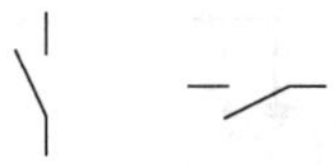	开关（机械式）	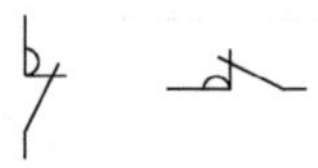	接触器（在非动作位置触点闭合）
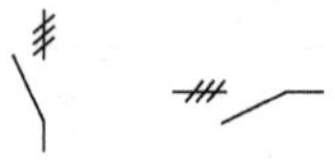	多级开关一般符号，单线表示	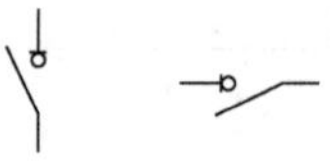	负荷开关（负荷隔离开关）
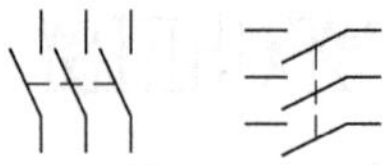	多级开关一般符号，多线表示	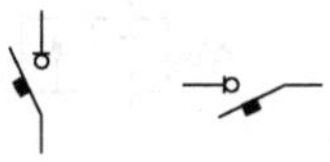	具有自动释放功能的负荷开关
	接触器（在非动作位置触点断开）	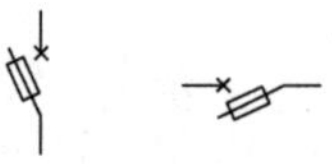	熔断器式断路器
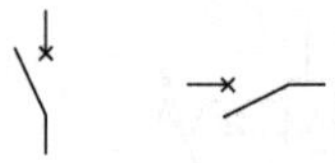	断路器	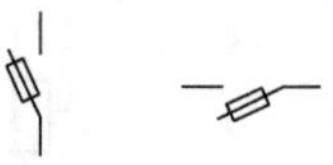	熔断器式开关
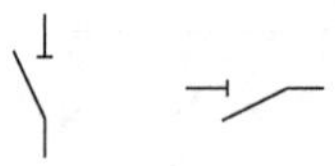	隔离开关	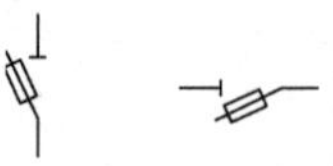	熔断器式隔离开关
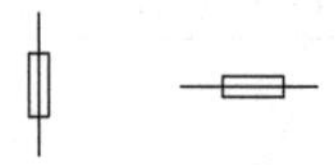	熔断器一般符号	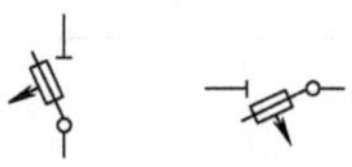	熔断器式负荷开关
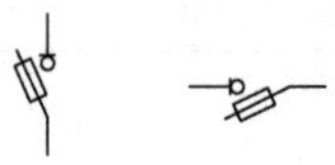	跌落式熔断器	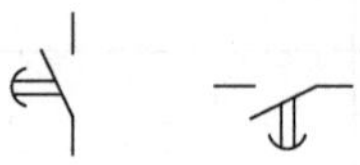	当操作器件被吸合时延时闭合的动合触点

（续）

图形符号	说明	图形符号	说明
	当操作器件被释放时延时断开的动合触点		按钮（不闭锁）
	当操作器件被释放时延时闭合的动断触点		旋钮开关、旋转开关（闭锁）
	当操作器件被吸合时延时断开的动断触点		位置开关，动合触点 限制开关，动合触点
	延时动合触点		位置开关，动断触点 限制开关，动断触点
θ　θ	热敏开关，动合触点 注：θ 可用动作温度代替		动断（常闭）触点
(热继电器动断触点)	热敏自动开关，动断触点 注：注意区别此触点和下图所示热继电器的触点		先断后合的转换触点
	具有热元件的气体放电管荧光灯起动器		当操作器件被吸合或释放时，暂时闭合的过渡动合触点
	动合（常开）触点 注：本符号也可用作开关一般符号		座（内孔的）或插座的一个极
	插头（凸头的）或插头的一个极		双绕组变压器
	插头和插座（凸头的和内孔的）		三绕组变压器

（续）

图形符号	说明	图形符号	说明
	接通的连接片		自耦变压器
	换接片		电抗器扼流圈
	电流互感器 脉冲变压器		三相三绕组变压器，两个绕组为有中性点引出线的星形联结，中性点接地，第三绕组为开口三角形联结
	具有两个铁心和两个二次绕组的电流互感器	*	指示仪表（星号必须按规定予以代表）
	在一个铁心上具有两个二次绕组的电流互感器	V	电压表
	具有有载分接开关的三相三绕组变压器，有中性点引出线的星形-三角形联结	A	电流表
A $I\sin\varphi$	无功电流表	Hz	频率表
W P_{max}	最大需量指示器（由一台积算仪表操作的）	θ	温度计、高温计（θ 可由 t 代替）
var	无功功率表	n	转速表
$\cos\varphi$	功率因数表	*	积算仪表、电能表（星号必须按规定予以代替）
Ah	安培小时计	Wh	由电能表操纵的遥测仪表（转发器）
Wh	电能表（瓦特小时表）	Wh	由电能表操纵的带有打印器材的遥测仪表（转发器）

（续）

图形符号	说明	图形符号	说明
varh	无功电能表		屏、盘、架一般符号 注：可用文字符号或型号表示设备名称
Wh	带发送器的电能表		列架一般符号
	人工交换台、中断台、测量台、业务台等一般符号		带抽头的原电池组或蓄电池组
	控制及信号线路（电力及照明用）		接地一般符号
	原电池或蓄电池		接机壳或接底板
	无噪声接地		保护接地
	等电位		控制和指示设备
	电缆终端头		报警起动装置（点式-手动或自动）
3　3	电力电缆直通接线盒		线型探测器
3　3　3	电力电缆连接盒 电力电缆分线盒		火灾报警装置
	热		发声器
	烟		电话机
	易爆气体		照明信号
	手动起动		手动报警器
	电铃		感烟火灾探测器
	扬声器		感温火灾探测器
	气体火灾探测器		逃生路线、逃生方向

（续）

图形符号	说明	图形符号	说明
	火警电话机		逃生路线，最终出口
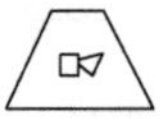	报警发声器	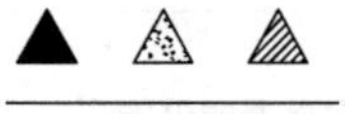	二氧化碳消防设备辅助符号
	有视听信号的控制和显示设备		氧化剂消防设备辅助符号
	在专用电路上的事故照明灯		卤代烷消防设备辅助符号
	自带电源的事故照明灯装置（应急灯）		警卫信号区域报警器
	警卫信号探测器		警卫信号总报警器
	机械的连接 气动的连接 液压的连接		定位，非自动复位
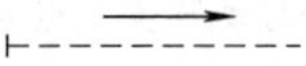	具有力或者运动指示方向的机械连接	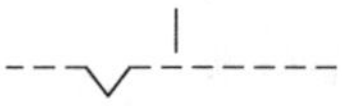	脱离定位
	延时动作 注：三角为指向返回方向		进入定位
	自动复位 注：三角为指向返回方向		两器件间的机械联锁
	脱扣的锁扣器件		机械联轴器、离合器
	扣住的锁扣器件	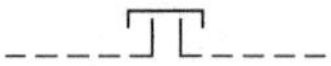	脱开的机械联轴器
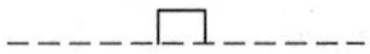	堵塞器件	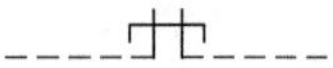	连接的机械联轴器
	向左边移动被堵塞的已堵住的堵塞器件		一般情况下手动控制
	推动操作		受限制的手动控制
	接近效应操作		拉拔控制
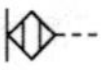	接触效应操作		旋转控制
	紧急开关		手轮操作

（续）

图形符号	说明	图形符号	说明
	脚踏操作		曲柄操作
	杠杆操作		滚轮操作
	可拆卸的手柄操作		凸轮操作
	钥匙操作		过电流保护的电磁操作
	电磁执行器操作		液位控制
	热执行器操作		计数控制
M	电动机操作		流体控制
	电钟操作		气流控制
p	压力控制	θ	温度控制 （θ 可用 t 代替）
	滑动控制		可拆卸的端子
	端子		连接点
	交换器一般符号 转换器一般符号		逆变器
	直流/直流变换器或换流器		整流器/逆变器
	整流器		电动机起动器的一般符号
	桥式全波整流器		步进起动器
	调节-起动器		星-三角起动器
	带自动释放的起动器		自耦变压器式起动器
	可逆式电动机直接在线接触器式起动器 可逆式电动机满压接触器式起动器		带可控整流器的调节-起动器

（续）

图形符号	说明	图形符号	说明
	接近传感器		接触敏感开关动合触点
	接触传感器		磁铁接近时动作的接近开关，动合触点
	接近开关动合触点	Fe	铁接近时动作的接近开关，动断触点
	单相插座		带接地插孔的密闭（防水）单相插座
	暗装单相插座		带接地插孔的防爆单相插座
	密闭（防水）单相插座		带接地插孔的三相插座
	防爆单相插座		带接地插孔的暗装三相插座
	带保护触点的插座 带接地插孔的单相插座		带接地插孔的密闭（防水）三相插座
	带接地插孔的暗装单相插座		带接地插孔的防爆三相插座
3	多个插座（示出3个）		插座箱（板）
	具有单极开关的插座		带熔断器的插座
	具有隔离变压器的插座		开关一般符号
	单极开关		三极开关
	暗装单极开关		暗装三极开关
	密闭（防水）单极开关		密闭（防水）三极开关
	防爆单极开关		防爆三极开关
	双极开关		单极拉线开关

（续）

图形符号	说明	图形符号	说明
	暗装双极开关		单极限时开关
	密闭（防水）双极开关		具有指示灯的开关
	防爆双极开关		双极开关（单极三线）
	调光器		变电所
	室外箱式变电所		杆上变电所
	熔断器		

附录 C　风力发电新技术、新趋势

一、分布式风能技术

分散式风电和分布式光伏是两种主流的可再生能源分布式应用模式。在过去数年里，受制于建设成本高、土地、并网等诸多因素，分散式风电相对于集中式风电和分布式光伏，依然发展缓慢。分散式风电在欧洲兴起，特别是丹麦和德国，技术和商业模式都臻于成熟。在中国和美国，相比高歌猛进的光伏却略显落寞。2021 年，国家能源局正式提出“千乡万村驭风计划”，就此打开了分散式风电的市场空间。

除了政策助力，在技术革新方面，分散式风电也有新的突破。英国某公司生产的一种独特的风能面板系统如图 C-1 所示，可利用来自地面和低空环境的风能生产可持续能源。与传统涡轮机相比，该面板使用更广泛的风频和风速，使用单独作用的翼型来捕获动能并将其转换为绿色电力。风力发电板中包含多层机翼，不同尺寸的机翼增加了利用动能的表面积，当风穿过面板时，它们会独立振荡，产生能量，然后可以将其转化为可持续的电力。在实践中，面板可以安装在跑道附近、路边或建筑物顶部。由于其较小的尺寸和模块化配置，它们还可以与现有陆上风电场等新建场地互补，最大限度地发挥场地的发电潜力。

图 C-1 英国某公司生产的风能面板系统

二、漂浮式海上风电机组

经过 10 余年发展，我国海上风电从潮间带走向近海，现在正由近海走向深远海。国家气候中心数据显示，深海风资源总量约 10 亿 kW，相当于近海风资源的 2 倍，发展潜力巨大，发展深海域海上风电技术势在必行。

我国现有的海上风电主要采用固定式基础安装在浅海区域（小于 30m 水深），随着水深增加导致固定式风力机建造安装费用急剧增加，水深大于 50m 以后，漂浮式风机系统建造成本将大幅降低，因此，水深大于 50m 的海域一般采用漂浮式基础作为风机的支撑平台。

在海上漂浮式风机的设计工作中，首要的目标是能够保证其漂浮式基础的稳定性，以保障其在服役的各阶段不发生倾覆性后果。漂浮式风机作为海上漂浮式结构物，需要通过系泊系统进行位置和运动的约束，其力学作用机理主要通过系泊材料的变形或悬空重量改变来提供约束张力。海上风电需要通过海底电缆送出电能，相比固定式风机而言，漂浮式风机由于支撑平台运动具有一定范围，因此电缆近端需要采用动态海缆技术，并且需要利用浮力单元将海缆悬挂，呈现“S”形态，以使得海缆在一定的摆动范围内可随平台运动，起到缓冲的作用。动态海缆跟随浮体运动的过程中，会受到相对运动的海流作用，因此承受较大的弯矩、剪切和扭矩的综合作用，受力特性复杂。

漂浮式海上风电被业内寄望为未来深远海海上风电开发的主要技术，已在多个国家和地区开展探索。与传统固定于近海海床上的风电机组相比，漂浮式机组可实现在深远海部署的愿景，在获取深远海域稳定优质风电资源的同时，不影响近岸渔业及其他相关产业活动。

漂浮式海上风电机组如图 C-2 所示。

图 C-2　漂浮式海上风电机组

三、双机头风电机组

双机头风电机组如图 C-3 所示，由德国某公司设计，1：10 的演示样机已经在德国北部完成了为期两年多的测试和验证。该机型采用特定的反旋翼工作原理：一套为顺时针旋转转子；另一套为逆时针旋转转子。该机型配套的塔筒设计有两个独立的塔，呈 V 字形排列，共享的基座合并成一个短管式钢塔，安装在混凝土基础上。

与最新一代、单机规模更大的单头风电机组相比，双机头风电机组能提供更高的单个漂浮式基础可支持的机组容量，将与传统的单头风电机组方案和其他多头风机系统竞争。

图 C-3　双机头风电机组

四、风电机组激光雷达智能控制技术

激光雷达智能控制技术相当于给风机装上一双“慧眼”，提前感知来流风的多维、复杂的信息，通过先进的分析和控制算法，智能地控制风机适时地响应，随风而动，在大幅降低机组载荷的同时，提高发电量。激光雷达智能控制技术的价值主要体现在以下三个方面：

1）降低机组的结构载荷，机组关键部位的载荷有 5% ~10% 不同程度的降低。

2）可以提升机组的年发电量，提升比例约在 2% 的水平。

3）可以使机组运行更加稳定，优化转速的跟踪，使转速保持更加平稳，减少机组的变桨动作及历程，提前探测到极端风况并响应，降低极端风况引起的故障停机。

五、创新型风电塔筒

1. 风电机组柔塔技术

柔塔的“柔”，是与风机叶轮额定转速有关的，叶轮额定转速下的 1 阶频率称为 1P、3 阶频率称为 3P；当塔架自身的频率在叶轮 1 阶频率以上的，是传统塔架；1P 以下的，是柔塔。柔塔是专门为低风速、大容量和大叶轮机组所设计的一款塔架产品。柔性塔架设计是利用风剪切的影响，通过增加塔架高度追寻更高更稳定的高空风资源，以增加发电量为目的，同时精益化塔架设计和先进的控制技术，匹配整机开发，从而达到合理使用钢材，降低塔架重量。

柔性塔架的频率低于 1P，机组在运行转速带之间的某一点转频和塔架一阶相交，如果机组停留在此点，机组会产生共振，这也是柔塔技术需要攻克的主要技术问题。

2. 螺旋焊接塔筒

美国一家塔筒技术公司研发出了一种创新型风电塔筒——螺旋焊接塔筒，如图 C-4 所示。该塔筒可以直接在风力项目现场操作，允许钢材作为平板运输，然后在项目现场轧制和焊接而成，这可以大大降低运输难度，降低整体工程建造成本，不失为一种颠覆性风电技术。

图 C-4　螺旋焊接式塔筒

3. 新型混塔设计

河北省张家口市张北县一种全新的风力发电塔现世，该风塔高度 140m，底部高度 50 多米，由 8 条钢管混凝土两两相交成“人字形”空间结构组成，中间设检修平台，上部为纯钢塔筒。该风塔具备以下优点：

1）刚度大，可有效避免涡激共振发生。

2）结构有弹塑性发展能力，弹塑承载力比弹性承载力高 1.3 倍以上。

3）结构材料延性好，抗冲击变形能力高。

4）制造简单，运输方便，安装容易。

该新型混合式塔筒如图 C-5 所示。

图 C-5　新型混合式塔筒

参考文献

[1] 卢为平，卢卫．风力发电机组装配与调试［M］. 北京：化学工业出版社，2015.

[2] 丁立新．风电场运行维护与管理［M］. 北京：机械工业出版社，2014.

[3] 叶杭冶．风力发电机组的控制技术［M］. 3 版．北京：机械工业出版社，2015.

[4] 叶杭冶．风力发电机组监测与控制［M］. 北京：机械工业出版社，2011.

[5] 风力发电职业技能鉴定教材编写委员会．风力发电机组电气装调工：中级［M］. 北京：知识产权出版社，2016.

[6] 风力发电职业技能鉴定教材编写委员会．风力发电机组电气装调工：初级［M］. 北京：知识产权出版社，2016.

[7] AHMAD HEMAMI. 风力发电机组技术与应用［M］. 张春朋，戚庆茹，等译．北京：机械工业出版社，2013.

[8] 任清晨．风力发电机组生产及加工工艺［M］. 北京：机械工业出版社，2010.